图2-12　一串红

图2-13　万寿菊

图2-14　矮牵牛

图2-15　鸡冠花

图2-16　藿香蓟

图2-17　翠菊

图2-18　波斯菊

图2-19　凤仙花

图2-20　美女樱

图2-21　百日草

图2-22　蛇目菊

图2-23　金盏菊

图2-24　三色堇

图2-25　雏菊

图2-26　金鱼草

图2-27　长春花

图2-28　虞美人

图2-29　蜀葵

图2-30　萱草

图2-31　玉簪

图2-32　景天

图2-33　荷包牡丹

图2-34　桔梗

图2-35　宿根石竹

图2-36　耧斗菜

图2-37　百合

图2-38　美人蕉

图2-39　大丽花

图3-27　瓜叶菊

图3-28　彩叶草

图3-29　蒲包花

图3-30　大花君子兰

图3-31　四季海棠

图3-32　仙客来

图3-33　大岩桐

图3-34　八仙花

图3-35　倒挂金钟

图3-36　杜鹃花

图3-37　一品红

图3-38　山茶花

图3-39 桂花

图3-40 米兰

图3-41 吊兰

图3-42 绿萝

图3-43 万年青

图3-44 龟背竹

图3-45 白鹤芋

图3-46 印度橡皮树

图3-47 富贵竹

图3-48 马拉巴栗

图3-49　散尾葵

图3-50　袖珍椰子

图3-51　金橘

图3-52　代代

图3-53　仙人掌

图3-54　令箭荷花

图3-55　金琥

图3-56　昙花

图3-57　虎皮兰

图3-58　龙舌兰

图3-59　鸟巢蕨

图3-60　波斯顿蕨

图3-61　春兰

图3-62　蕙兰

图3-63　卡特兰

图3-64　蝴蝶兰

图4-1　切花月季

图4-2　唐菖蒲

图4-3　香石竹

图4-4　菊花

图4-5　非洲菊

图4-6　铁线蕨

图4-7　肾蕨

图4-8　天门冬

图4-9　常春藤

图4-10　栀子

图4-11　火棘

图4-12　冬珊瑚

高等职业教育园林园艺类专业系列教材

花卉生产技术

主　编　周淑香　李传仁

副主编　廖咸康　胡延生　李　瑛

参　编　杜　艳　闫晓煜　张国锋　王　艺

主　审　杜兴臣　李培樱

机械工业出版社

本书共分为6个项目，即认识花卉、草本花卉生产、盆栽花卉生产、切花花卉生产、病虫害防治、花卉生产经营与管理。本书以花卉生产技术为主体，对工作岗位应具备的花卉生产的基本技能及目前花卉产业的特点进行了系统的阐述。

本书可作为高等职业院校园林园艺类专业学生“花卉生产技术”课程教学用书，也可作为相关专业教师、学生及广大花卉生产与爱好者的参考用书。

图书在版编目（CIP）数据

花卉生产技术/周淑香，李传仁主编. —北京：机械工业出版社，2012.9（2021.7重印）

高等职业教育园林园艺类专业系列教材

ISBN 978-7-111-40388-3

Ⅰ.①花… Ⅱ.①周…②李… Ⅲ.①花卉－观赏园艺－高等职业教育－教材 Ⅳ.①S68

中国版本图书馆CIP数据核字（2012）第271860号

机械工业出版社（北京市百万庄大街22号 邮政编码100037）

策划编辑：覃密道 王靖辉 责任编辑：覃密道 王靖辉

版式设计：闫玥红 责任校对：赵 蕊

封面设计：马精明 责任印制：单爱军

北京虎彩文化传播有限公司印刷

2021年7月第1版第3次印刷

184mm×260mm · 14.25印张 · 4插页 · 354千字

标准书号：ISBN 978-7-111-40388-3

定价：42.00元

电话服务	网络服务
客服电话：010-88361066	机 工 官 网：www. cmpbook. com
010-88379833	机 工 官 博：weibo. com/cmp1952
010-68326294	金 书 网：www. golden-book. com
封底无防伪标均为盗版	机工教育服务网：www. cmpedu. com

前　言

随着城市与乡镇建设的飞速发展，城市生态环境的进一步改善，人们对城市环境的绿化、美化、彩化、香化的要求和标准也越来越高。创建园林城市、旅游城市、花园城市，创建园林式居住区、园林式单位，建设市民广场、公园、游园、景观道路，举办国际、国内及各省市花卉博览会、花卉专题展，进行花卉新品种的引进、生产新技术的提高、生产及设施的规模化等，均对花卉生产提出了更高更新的要求。花卉产业因此也就成为最有希望和活力的产业之一，被誉为“朝阳产业”。花卉产品也正向着专业化、标准化、商品化的方向发展，因此花卉产业对实用型、应用型人才的需求也快速增长。

本书是根据花卉生产与经营相关企业从事花卉生产经营与管理的要求和行业发展现状而编写的。全书以花卉生产技术为主体，对工作岗位应具备的花卉生产的基本技能及相关的理论知识体系进行了系统的阐述。本书由专业教师携手企业技术专家共同编写，在编写过程中打破以往花卉栽培教材的编写格局，重构教材内容，将岗位操作技能与职业资格证书考试知识融入教材，将理论知识与技能知识相融合，理论课与实践课结合为一体，不再将理论和实训部分分开来讲。本书重点对花卉生产技术中实际操作部分进行具体阐述，并以拓展任务形式列举了大部分常见花卉的生产技术，讲授时可参照地域和季节等因素进行选项，与国内高职同类教材有了很大的区别。

本书在编写体例上体现了“教、学、做”一体的风格，形成了以项目为导向、任务为驱动的模式。全书共分为6个项目，即认识花卉、草本花卉生产、盆栽花卉生产、切花花卉生产、病虫害防治、花卉生产经营与管理。项目1包含花卉的概述、分类及应用三个任务，是对花卉含义、发展现状与存在问题以及花卉的分类、应用的基本认识和了解；项目2包含三个任务，即育苗技术、生长调控和花期管理，是对草本花卉生产技术在实际工作岗位上运用技能的具体阐述；项目3包含繁殖技术、生长调控和花期调控三个任务，是对盆栽花卉生产技术在实际工作岗位上运用技能的具体阐述；项目4包含切花苗培育技术，生长调控和切花的采收、保鲜、加工与运输三个任务，是对切花生产技术实际操作技能的具体阐述；项目5主要阐述不同时期、不同种类的花卉易出现的病虫害诊断和防治方法；项目6是对花卉生产经营与销售、生产管理相关基本知识的介绍。为了加强对花卉生产技术与基本理论的理解与掌握，每个任务都设置了相应的知识目标、技能目标，每个项目进行了知识归纳，列出了复习思考题，并对具体花卉的生产技术进行了任务拓展，学习时可根据当地实际情况来选择，使学习更有目的性、技能训练更有针对性。

本教材供高等职业院校园林园艺类专业学生“花卉生产技术”课程教学使用。学时分配建议：总学时90～120学时。相关专业和不同层次、不同地域的教学，可酌情选择内容。

本书由黑龙江农业经济职业学院周淑香、黑龙江生物科技职业学院李传仁任主编，安康学院廖咸康、吉林农业科技学院胡延生、哈尔滨师范大学李瑛任副主编，编写分工如下：项目1的基本任务1、2由周淑香编写，基本任务3由李瑛编写；项目2的基本任务1、3及拓展任务由周淑香编写，基本任务2由黑龙江农业经济职业学院闫晓煜编写；项目3的基本任务1由胡延生编写，基本任务2、3由李传仁编写，拓展任务由黑龙江生物科技职业学院张国锋编写；项目4的基本任务1、2由廖咸康编写，基本任务3由山西运城农业职业技术学院杜艳编写，拓展任务由周淑香编写；项目5的基本任务1由李传仁编写，基本任务2由廖咸康编写，基本任务3由黑龙江农业经济职业学院王艺编写；项目6的基本任务1、2由周淑香编写。全书的最终统稿、修改工作由周淑香完成，闫晓煜、王艺协助审核、修改与整理。本书由黑龙江农业经济职业学院杜兴臣、黑龙江省高路园林绿化有限公司李培樱任主审，在审定过程中提出了许多宝贵的意见，在此表示衷心的感谢！本书在编写过程中参考了相关图书、资料，在此也一并表示感谢！

本书配有电子课件，凡使用本书作为教材的教师可登录机械工业出版社教育服务网www. cmpedu. com下载。咨询邮箱：cmpgaozhi@ sina. com，咨询电话：010－88379375。

本书力求做到内容实用，突出可操作性；科学严谨，突出系统性；通俗易懂，突出可参考性。但由于时间仓促和编者水平有限，疏漏与不当之处在所难免，敬请读者批评指正。

编　者

目　　录

认 识 花 卉

基本任务1　花卉的概述

> 知识目标

- 了解花卉的基本概念和作用。
- 理解和掌握当前花卉产业现状及发展方向。

> 能力目标

- 能够掌握花卉生产研究的范畴。
- 学会解决目前制约花卉产业发展的关键技术。

一、花卉的概念和研究范畴

（一）花卉的概念

一是从花的字面含义理解为种子植物的繁殖器官，卉为草的总称。二是从观赏性、生长习性和用途等方面来解释，主要应用于园林、园艺上，有广义和狭义之分。

广义上讲，随着人类生产、科学技术及文化水平的不断发展和提高，花卉的范围也在不断扩大。具体地说，广义的花卉是指具有一定观赏价值，并经精心栽培养护，能美化环境、丰富人们文化生活的草本植物和木本植物的统称。它包含了所有具有观赏价值的观花、观叶、观果、观茎、观根及观姿等类植物，如各类草花、草坪草与地被植物、花灌木、观花乔木以及树桩盆景等。

狭义上讲，花卉是指具有一定观赏价值的草本植物，包括露地草本花卉和温室草本花卉，多为观花和观叶植物，如鸡冠花、一串红、三色堇、金鱼草、芍药、郁金香、吊兰等。

（二）花卉的研究范畴

在广义花卉生产和应用范畴中研究的木本植物，通常是指那些原产于热带或亚热带地区，耐寒性弱，在北方需要盆栽保护越冬，具有较高观赏价值的木本植物，如山茶花、扶桑、白兰花、月季等。而那些树体高大，耐寒性较强，可以在当地露地栽培越冬的木本植物，则常归于园林树木的研究范畴之中。二者的主要区别在于：前者常盆栽观赏，盆栽后株体矮小，对环境条件比较敏感，栽培管理相对精细，移动便利；后者多地栽，株体随着年龄的增长变化较大，养护管理粗放，一旦栽植可终生不动。但两者没有严格的界限，学习时可根据所在地区及南北地域的不同灵活掌握。

在花卉的实际应用中，不同种类的花卉生产与应用也略有区别。露地绿化（如花坛、花境、花钵等）应用的花卉素材，多为草本花卉；室内观赏用的盆栽花卉，既有草本花卉，也有木本花卉，这些花卉多原产于热带和亚热带，不耐寒冷和强光直射，需要盆栽并室内摆放。

二、花卉栽培的意义和作用

（一）花卉在生态环境中的作用

1．绿化、美化、香化环境

花卉是绿化、美化和香化人们的生活环境和工作环境的良好材料，是用来装点城市园林、工矿企业、学校、会场及居室内外等的重要素材，用来构成各式美景，创造怡人的生活、休憩和工作环境。绿化、美化、香化环境主要体现在三个方面：

1）花卉是绿色植物，对环境起到绿化的作用，让人们在绿色中得到放松。

2）花卉具有各种美丽的姿态、色彩和怡人的香气，给人以美的享受。它既能体现自然美，也能反映人类匠心独运的艺术美。它既是大自然色彩的来源，也是季节变化的标志，让人们从中体味到大自然的美好。

3）花卉具有独特的风韵和生命的动态美及旋律美，从其发芽、展叶、抽茎，一直到开花结果各个阶段的生长发育节奏中，让人无不感受到勃勃的生机。

2．保护和改善生态环境

花卉栽培可以提高环境质量，促进身心健康。保护和改善生态环境主要体现在四个方面：

1）改善环境，如调节空气温度和湿度，防风固沙、保持水土等。

2）吸收 CO_2 和有害气体，放出 O_2，并通过滞尘、分泌杀菌素等净化空气，使空气变得清新宜人，减少病害的发生。

3）花卉是绿色植物，可以消除视神经疲劳，起到保护视力的作用。

4）某些花卉对有害气体（如 SO_2、Cl_2、O_3、HF 等）特别敏感，在低浓度下即可产生受害症状，可以用来监测环境污染。如百日草、波斯菊等可以监测 SO_2 和 Cl_2；向日葵除可以监测 SO_2 外，还可以监测氮氧化物；矮牵牛、丁香等可以监测 O_3；唐菖蒲可以监测大气氟等。

（二）花卉在经济建设中的作用

花卉栽培是潜在的商品化生产，可以获取较高的经济效益。花卉在经济建设中的作用主要体现在四个方面：

1）花卉栽培是一项重要的园艺生产，可以出口创汇，增加经济收入，改善人民生活条件。

2）花卉业的发展带动了其他相关产业的发展，如花肥、花药、栽花用的机具、花盆、基质等的生产及鲜花保鲜、包装储运业等。同时对化学工业、塑料工业、玻璃工业、陶瓷工业等也有极大的促进作用。

3）花卉在国际交往中，可以增进国际友谊，促进国际贸易，增加外汇收入。

4）花卉除观赏之外，还具有多种用途，如食用、药用、制茶、提取香精等。

（三）花卉在文化生活中的作用

1）消除疲劳，促进身心健康。通过养花、赏花，可以丰富人们的业余生活和老年人的晚年生活，增加生活的情趣，消除一天的工作疲劳，增进身心健康，提高工作效率。

2）赋予花卉精神内涵，给予人们以精神激励和享受。从古至今，很多文人墨客在种花赏花的同时，常以花为题材吟诗作画。同时，人们还常将花卉人格化，并寄予深刻的寓意，从花中产生某种境界、联想和情绪，赋予花卉丰富的文化内涵，使人们从中得到精神激励和精神享受，如梅、兰、竹、菊被誉为花中“四君子”，除常用于作画之外，还常将其拟人化，比喻不同的性格和境界。

3）标志社会文明和精神文明的程度。随着人们文化素养层次的提高，花文化逐渐与社会物质文明和精神文明产生了密切的联系，成为良好文明的标志。纵观中国历代花卉事业的发展，可以看出，每当国泰民安、富强兴旺、科技文化昌盛的时代，人们种花、养花、赏花的兴趣和水平就得到提高，花卉事业就会得到发展，反之，花卉业的发展就会受到摧残与破坏。

近二十几年来，由于科技水平和生活水平的不断提高，花卉的应用更加广泛。人们在庆祝婚典、寿辰、宴会、探亲访友、看望病人、迎送宾客、庆祝节日及国际交往等场合中，把花作为馈赠的礼物，且逐渐成为时尚，并逐渐进入人们生活的各个角落。

三、花卉产业发展概况

（一）花卉产业的概念和研究范畴

花卉产业是世界各国农业中唯一不受农产品配额限制的产业，是21世纪最有希望的农业和环境产业之一，被誉为“朝阳产业”。同时，花卉产业又是高科技、高投入、高效益的“三高产业”，但也具有较高的风险性。

花卉产业属于第三产业，有狭义和广义之分。狭义上讲，花卉产业是指传统花卉产业，即是指将花卉作为商品进行研究、开发、生产、贮运、营销以及售后服务等一系列的活动内容，具体包含四个方面：

1）花卉产品的生产。即生产可供人们观赏的花卉植物和用于花卉繁殖的材料，如各种草本和木本观花、观叶、观果等的花卉植物，鲜切花、盆花、盆景、种苗（花苗、种球、种子）等的生产。

2）花卉艺术加工产品的制作。如插花、根雕、竹刻、干花、花卉编织品等。

3）花卉相关配套产品的制造。即花卉生产与经营的相关产品，如花盆、花肥、花药、栽培基质、营养剂及各种花卉机具、设施设备等的制造。

4）花卉的售后服务工作。如花店营销、花卉产品流通、花卉装饰与租摆等。

除了以上活动内容外，现代花卉产业还包括仿生花和仿花艺术品、赏石、垂钓、观赏鱼、鸟和宠物，以及工业、食用、药用的花卉植物等。

（二）我国花卉产业概述

1. 我国花卉产业发展现状

1）花卉种植面积和生产总值快速增长，花卉经营实体数量明显增加。新中国花卉产业起步于20世纪80年代，20世纪90年代中期以来，花卉产业进入快速发展期。据统计，1990~2006年间，全国花卉生产面积由3.3万公顷扩大到72.21万公顷，年均增长21.27%；销售额由12亿元增加到556.23亿元，年均增长27.03%；花卉出口由2285万美元上升到60913万美元，年均增长22.58%。从1984年到2006年的23年间，我国花卉种植面积增长了51倍，销售额增长了92倍，出口创汇增长了46倍。虽然2006年花卉种植面积与2005年相比下降了10.8%，但销售额和出口额却分别提高了4.5%和295.4%。这表明我国花卉种植面积和生产总值不仅增长快速而且花卉产业正在由数量扩张型向质量效益型转变，不仅花卉产品品质有了新的提高，而且花卉业的市场竞争力也在不断增强。

从1998年起，我国的花卉种植面积就已占到世界花卉生产总面积的1/3，位居世界第一，成为世界最大的花卉生产基地和重要的花卉消费国及出口贸易国。花卉产业以其较高的经济效益和独特的社会与环境效益，吸引了越来越多的部门涉足这个产业，花卉企业、花卉流通市场、从业人数明显增加，形成了多部门、多行业、多元化投资的良好局面，花卉产业已经成为一个最具活力的“新兴”产业。

2）区域化布局基本形成，品种结构进一步优化。经过二十几年的发展，我国花卉区域化布局基本形成，如以云南、北京、上海、广东、四川、河北为重点的鲜切花生产区域；以广东、上海、北京、河北为主的盆花生产区域；以山东、江苏、浙江、四川、河南、河北、广东、福建、海南为主的观赏苗木生产区域；以江苏、广东、浙江、福建、四川为主的盆景生产区域；以四川、云南、上海、辽宁、陕西、甘肃为主的种球、种苗生产区域。

花卉产业的品种结构也进一步优化。目前，花卉产品已由传统的盆景和小盆花发展到鲜切花、盆花、观赏植物、传统盆景、草坪与地被植物等五大类，初步满足了不同消费者对花卉产品的需求。

全国知名品牌产品进一步巩固和发展，如辽宁君子兰、永福杜鹃、漳州水仙、昆明杨月季、庆成兰花、洛阳牡丹、天津菊花以及年产500万盆的河北仙客来等。

3）花卉科研教育发展迅速。全国现有100多个省级以上的花卉研究单位。50多所省级以上的农林院校及高等、中等职业院校设置了园艺、园林专业，不断培养急需的花卉技术管理人才，花卉的科研成绩显著，特别是自主创新能力也有了很大的提高。目前已经获得新品种权的草本花卉品种达28个，木本观赏品种达69个，新品种、新技术的推广应用取得了明显的经济效益和社会效益。

4）信息网络和市场流通体系初具规模。目前，全国约拥有花卉信息网站300多个。国内批发、拍卖、连锁超市、零售、鲜花速递、网上交易等互联的销售流通网络已初具规模。花卉产品市场体系也初步建立，重点花卉产区依托基地办市场，已形成一批以基地为中心的大型集散地和物流批发市场，如广州芳村花卉世界、昆明斗南花卉市场、北京莱太花卉市场、广东陈村花卉大世界、沈阳东北亚花卉大市场等。同时，还出现了一大批物流企业。消费服务体系初步确立，以花卉协会为代表的行业组织体系在不断优化，花卉的投融资体系和保险体系正在建立。

2. 我国花卉产业存在的问题

1）生产规模小，专业化水平低，产品生产标准和体制规范达不到国际同类产品的水平。目前，中国花卉生产的主体仍是小农户的分散经营，不仅规模小，而且尚停留在自产自销的发展模式上，缺乏如国外产、供、销一体化的经济合作组织，各自为政，盲目发展、盲

目投资、无序竞争问题仍较为突出。同时，中国尚缺乏统一的产、供、销生产标准和监督机制，生产方式传统，种植技术落后，产品质量低，一致性差，造成我国花卉出口贸易遭遇“绿色壁垒”，使花卉出口额与种植面积难成正比。

从2004年起，我国花卉产业进入调整期。一批核心竞争力差的企业和没有市场竞争力的产品被淘汰，一批优秀的企业成长起来。1998~2006年，大中型花卉企业的数量逐年增加，其中2004年、2005年的增幅最大，分别为31.96%和30.80%。但大中型企业在花卉企业中所占的比例仍然较小，如2004年为12.56%，2005年为12.84%，2006年为15.00%。因此，花卉产业的生产规模普遍还较小，专业化水平整体偏低，小生产与大市场的矛盾仍然突出。

2）产品结构不合理，产销脱节。全球花卉贸易产品结构为：鲜切花占60%，小盆花占30%，观叶植物占10%。其中鲜切花是花卉产业发展的主体，世界上许多发达国家的鲜切花生产都在60%以上。我国花卉产业起步晚，生产水平低，效益差。与1998年相比，2001年以来，花卉产品格局没有太大的改变。观赏苗木仍然是主要产品，销售额占整个花卉产业的50%左右，切花、切叶产品占10%左右，盆栽植物占27%左右，种子、种苗、种球约占5%，草坪和工业及食、药用花卉占8%左右。其中切花生产总量仅为国际市场的3%，这与中国花卉种植面积位居世界第一及世界贸易产品结构形成较大的反差。同时，生产者对市场需求信息缺乏快速、准确的了解，造成产品与市场严重脱节。

3）专业技术人员少且素质偏低，技术创新和科技推广能力较弱。花卉产业的规模化和专业化，需要大量的专业技术人员。1998~2006年间，花卉专业技术人员虽然逐年增加，但与从业人员数相比，其比例一直维持在3%~4%之间。花卉从业人员整体素质偏低，种质资源研发创新能力弱，新品种培育成果少，科技推广难以开展。大部分地区栽培技术水平和产品科技含量低，花卉产品缺乏市场竞争力。一些技术含量高、附加值高的高档花卉、优质种苗主要依靠进口。中国拥有“世界园林之母”的美誉，但具有自主知识产权的品种却很少，而荷兰每年就能育出800~1000个新品种。

4）产品流通体系不健全。目前，我国花卉流通体系尚不健全，流通渠道不稳定，产前、产中、产后服务跟不上。其具体表现在基础设施投入不足，花卉产业链不配套，花卉流通环节多、时间长、成本高，缺乏先进的花卉采后包装、贮运、保鲜技术及花卉流通过程的质量监督，难以实现产品的优质优价，影响花卉的国内外贸易。

5）消费水平低下。近年来，随着生活水平的不断提高，人们对花卉的需求在日益增加，但与其他国家相比，我国人均花卉消费水平总体依然很低，人均花卉消费金额每年仅为1美元左右，仅为世界人均水平的1/10，不到日本年人均消费量的1/30；并且主要集中于大、中城市及节假日期间，农村消费几乎为空白。

（三）世界花卉产业概述

1. 世界花卉生产概况

花卉的商品化生产始于20世纪初期。近十几年，世界花卉产业以年平均25%的速度增长，远远超过世界经济发展的平均速度，成为当今世界最具活力的产业之一。

目前，世界花卉生产稳步增长，发达国家发展趋于平衡或略呈下降趋势，而发展中国家增长较快，尤其是非洲和南半球的一些国家增长势头迅猛。

荷兰、哥伦比亚、意大利、丹麦、以色列、比利时、卢森堡、加拿大、德国、美国、日

本是世界花卉主要生产国。其中，欧盟国家、美国、日本既是世界三大花卉生产先进区，也是世界三大花卉消费中心。目前，仅荷兰而言，其花卉产业的总产值就为70多亿美元，占其农业总产值的20%以上，每年向全世界120多个国家和地区出口鲜切花、球茎和观赏植物达60亿美元，花卉出口占世界花卉出口的70%。它们拥有全世界最丰富的花卉品种和数高质优的花卉产品，主导着全球花卉产业的发展潮流和趋势。

世界最具花卉出口实力的10个国家和地区为荷兰、美国、日本、丹麦、以色列、中国台湾、西班牙、意大利、哥伦比亚、肯尼亚。荷兰是世界鲜切花出口第一大国，占全球贸易额的60%；哥伦比亚、以色列位居第二和第三。荷兰用于花卉生产的土地总面积约为8000hm^2，其中70%为玻璃温室花卉生产，近3/4的土地面积种植鲜切花卉（尤其是月季和菊花），在其余土地上则栽培观赏植物，花卉品种已超过1.1万个。

花卉消费市场主要是欧盟、美国和日本，发展中国家消费水平不高，消费不大，但市场潜力很大，其中中国、印度和俄罗斯等人口大国将是市场潜力很大的国家。日本花卉生产与消费表现出协同发展的趋势，生产能力较强，同时因国内生产成本增加和消费水平稳步增长，进口潜力也较大。

世界公认的四大传统花卉批发市场为：荷兰的阿姆斯特丹、美国的迈阿密、哥伦比亚的波哥大、以色列的特拉维夫。这些花卉市场决定着国际花卉的价格，引导着花卉消费和生产的潮流。

国际花卉生产布局基本形成，世界各国纷纷走上特色道路。荷兰在花卉种苗、球根、鲜切花生产方面占有绝对优势；美国在草花及花坛植物育种及生产方面走在世界前列，同时在盆花、观叶植物方面也处于领先地位；日本凭借“精致农业”的基础，在育种和栽培上占有绝对优势，并对花卉的生产、贮运、销售做到了标准化管理。

2. 世界花卉产业的发展趋势

1）世界花卉产业生产与市场格局总体上不会有大的改变。美国、欧洲、日本等世界三大经济体仍将是世界花卉业生产、市场和消费的主体。

2）花卉生产总量长期保持上升势头。花卉产品生产以专业化、规模化为特征，求新求异求变的多样化需求处于上升态势。近年来，新的种类在国际市场上较受欢迎，如大花飞燕草及乌头属、蓍草属、风铃草属等植物。以南美洲、非洲和热带野生花卉为种质资源也开发了不少新种类和新品种，如大花猪笼草等，上市后备受青睐。

3）供大于求、产销不对路的问题将长期存在。新兴的花卉生产大国竞争将更加激烈，产业结构处于不断调整、产品结构处于不断优化之中。

4）新的花卉生产与贸易中心正在形成之中，中南美洲、非洲、亚洲的中国和印度都将成为成长中的花卉生产中心。中国极有可能成为新的世界花卉贸易中心。世界花卉贸易中以切花为主，中国云南已经具备成为这个中心所在地的基本条件，并且已被世界花卉界认同。

5）新兴企业不断涌现，而且起点较高，一些劣势企业纷纷破产、倒闭。花卉企业参与国际竞争必须拥有核心竞争力和市场拓展能力。

6）科技进步将进一步助推世界花卉产业的发展，新兴花卉生产国的知识产权保护意识必须快速增强，否则，就不可能成为花卉业强国。

基本任务2 花卉的分类

> 知识目标

- 了解花卉分类的基本方法。
- 掌握每种分类包含的代表花卉。

> 能力目标

- 能够对常见花卉进行正确分类。
- 掌握各类花卉的共同特性。

我国花卉的种类极多，分布范围广，不但包括有花植物，还有苔藓和蕨类植物，其栽培应用方式多种多样。因此花卉分类由于依据不同，有多种分类法。有的依照自然科属分类，有的依据其性状、习性、原产地、栽培方式及用途等分类。下面举几种常用的分类方法。

一、按生物学性状分类

这种分类方法是按植物的性状分类，不受地区和自然环境条件限制，应用最为广泛。

（一）草本花卉

草本花卉是指植物的茎为草质，木质化程度低，柔软多汁、易折断的花卉。其按花卉形态分为6种类型。

1. 一、二年生花卉

（1）一年生花卉　一年生花卉是指在一个生长季内完成生命周期的花卉。即从播种到开花、结实、枯死均在一个生长季内完成。一般在春天播种，当年夏秋开花结实，然后枯死，故又称为春播花卉，如凤仙花、鸡冠花、波斯菊、百日草、半支莲、麦秆菊、万寿菊等。

（2）二年生花卉　二年生花卉是指在两个生长季内完成生命周期的花卉。当年只生长营养器官，翌年开花、结实、死亡。二年生花卉一般在秋季播种，次年春夏开花，故常称为秋播花卉，如紫罗兰、桂竹香、羽衣甘蓝等。

2. 宿根花卉

宿根花卉是指植株入冬后，根系在土壤中宿存越冬，第二年春天萌芽生长开花或秋季开花的花卉。一般来说，宿根花卉的地下根或地下茎为须根系或直根系，根形态正常，不发生变态，如萱草、芍药、玉簪等。

3. 球根花卉

球根花卉是指花卉地下根或地下部分变态肥大、膨大为块状、球状等，能以其贮藏的大量水分和营养，安全度过休眠期的花卉。

1）根据栽植时间不同，球根花卉分为两种类型，即春植球根类和秋植球根类。

① 春植球根类。春季栽植，夏、秋开花，地下根或茎越冬贮藏的球根花卉，如唐菖蒲、美人蕉、大丽花等。

② 秋植球根类。秋季栽植，春、夏开花，地下根或茎越夏贮藏的球根花卉，如郁金香、百合、马蹄莲等。

2）根据地下茎或根的形态及结构不同，球根花卉分为5种类型。

① 鳞茎类。地下茎极度短缩，呈扁平的鳞茎盘，其上有许多肉质鳞茎叶相互聚合或抱合成球的花卉，如水仙、风信子、郁金香、百合等。

② 球茎类。地下茎短缩膨大呈球形或扁球形，实心，外包数层膜质外皮，表面有环状节部痕迹，茎顶生芽和侧生芽的花卉，如唐菖蒲、香雪兰等。

③ 块茎类。地下茎膨大呈块状，外形不规则，表面无环状节痕，块茎顶部有几个发芽点的花卉，如大岩桐、马蹄莲、彩叶芋等。

④ 根茎类。地下茎肥大粗壮呈根状，内部为肉质，外形具有分枝，上有明显的节和节间，在节上可发生侧芽的花卉，如美人蕉、鸢尾等。

⑤ 块根类。地下根膨大呈纺锤体形，芽着生在根颈处，由此处萌芽而长成植株的花卉，如大丽花、花毛茛等。

4. 多年生常绿草本花卉

多年生常绿草本花卉植株枝叶四季常绿，无落叶现象，地下根系发达。这类花卉在南方作露地多年生栽培，在北方作温室多年生栽培，如君子兰、吊兰等。

5. 水生花卉

水生花卉是指常年生长在水中或沼泽地中的多年生草本花卉。

（1）挺水植物　根生于泥水中，茎叶挺出水面，如荷花、千屈菜等。

（2）浮水植物　根生于泥水中，叶面浮于水面或略高于水面，如睡莲、王莲等。

（3）沉水植物　根生于泥水中，茎叶全部沉入水中，仅在水浅时偶有露出水面，如莼菜、狸藻等。

（4）漂浮植物　根伸展于水中，叶浮于水面，随水漂浮流动，在水浅处可生根于泥中，如浮萍、凤眼莲等。

6. 蕨类植物

蕨类植物是指叶丛生状，不开花也不结实种子，叶片背面着生孢子，依靠孢子繁殖的花卉，如肾蕨、铁线蕨、鹿角蕨等。

（二）木本花卉

木本花卉是指植物茎木质化，木质部发达，枝干坚硬，难折断的多年生木本花卉。其根据形态分为4类。

1. 乔木类

地上部有明显的主干，侧枝由主干发出，树干和树冠有明显区别的花卉。

（1）常绿乔木　如云南茶花、桂花、玉兰等，多为暖地原产。

（2）落叶乔木　如海棠、樱花、紫薇、梅等。多为暖温带或亚热带植物，有少量冷温带植物。

2. 灌木类

地上部无明显的主干，由基部发生分枝，各分枝无明显区分呈丛生状枝条的花卉。如牡丹、月季、栀子花等。

（1）常绿花灌木　如杜鹃、山茶、栀子花等。

（2）落叶花灌木　如牡丹、月季、八仙花等。

3. 藤木类

植物茎木质化，不能直立，细长，需缠绕或攀援其他植物体上才能生长的花卉。如紫藤、凌霄等。

4. 竹类

一些观赏性竹种如佛肚竹、凤尾竹等，可作观赏盆栽。

（三）多肉、多浆植物

多肉、多浆植物是指植株茎变态为肥厚，能贮存水分、营养的掌状、球状及棱柱状；叶变态为针刺状或厚叶状，并附有蜡质且能减少水分蒸发的多年生花卉。这些植物抗旱、耐瘠薄能力强，是仙人掌科及其他50余科多肉植物的总称，如仙人掌科的仙人球、昙花，大戟科的虎刺梅，景天科的燕子掌、毛叶景天，龙舌兰科的虎皮兰等。

二、按用途分类

从商业性生产的角度，根据商品的用途可将花卉大致分为三类。但有时同一花卉的不同品种或不同的栽培方法，可以生产出不同用途的产品。

（一）地栽花卉

在露地播种或在保护地育苗，人量花卉均可栽培，于露地、布置花坛或点缀园景用，北方许多草本花卉，多年生、抗性强、栽培容易的花卉更适于露地较粗放栽培，如三色堇、石竹、一串红等。

（二）盆栽花卉

花卉栽植于花盆或花钵的生产栽培方式。北方的冬季实行温室栽培生产，南方实行遮阳栽培生产。盆花的商品生产仅次于切花，主要作盆花生产的有一品红、天竺葵、秋海棠属及其他大量的观叶、观茎及肉质多浆花卉。

（三）切花花卉

栽培的目的是用于插花装饰。切花花卉一般使用保护地栽培，生产周期短，见效快，规模生产，能周年供应鲜花，是国际花卉生产栽培主要部分。如香石竹、月季及唐菖蒲、菊花为世界四大切花，此外，做切花栽培的有非洲菊、马蹄莲、百合属花卉等。

三、按观赏部位分类

按花卉的花、叶、果、茎、芽等具有观赏价值的器官进行分类。

（一）观花花卉

观花花卉以观花为主，欣赏其色、形、韵，特点是花朵繁多或花大色美，如菊花、荷花、月季等。

（二）观叶花卉

观叶花卉以观叶色、叶形为主，特点是叶形奇特或色彩富于变化，而花常小或形、色不美，如龟背竹、变叶木、文竹、彩叶草、橡皮树及秋海棠、蕨类植物等。

（三）观果花卉

观果花卉以观果为主，特点是果实丰富、硕大或奇特，色泽艳丽，挂果时间长，如五色椒、金橘、无花果等。

（四）观茎花卉

观茎花卉以观茎为主，其植株的茎奇特，变态为肥厚的掌状或节间极度短缩呈连珠状，如仙人掌、佛肚竹、文竹等。

（五）其他观赏类

有些花卉的其他部位或器官具有观赏价值，如一品红、叶子花观赏其色彩鲜艳的苞片，银芽柳观赏其毛茸茸、银白色的芽，海葱则观赏其硕大的绿色鳞茎。

四、其他方式分类

（一）依对温度的要求分类

依对温度的要求分类可分为耐寒花卉、喜凉花卉和中温花卉。

（二）依对光的要求分类

1）依对光照强度的要求分类，可分为喜光花卉、耐阴花卉和喜阴花卉。

2）依对光周期的要求分类，可分为短日性花卉、长日性花卉和中日性花卉。

基本任务3　花卉的应用

➢ **知识目标**

- 了解花卉室外应用类型的特点及园林用途。
- 理解花卉在室内装饰中的作用。
- 掌握花坛等常见应用类型的设计思路。

➢ **能力目标**

- 学会花卉室外应用类型的基本设计要点。
- 能够正确运用花卉进行室内装饰。

花卉的应用是将花卉展示人工美和自然美的艺术方式。花卉不仅可以改善环境、净化空气和防护污染，更重要的是可以以其千姿百态、姹紫嫣红的自然美和人类匠心独运的艺术美，装点园林绿地和室内空间，为人们营造优美的休闲娱乐场所和怡人的工作与生活环境。

一、花卉的室外应用

（一）花坛

1. 花坛的概念

花坛是在具有一定几何轮廓的植床内种植颜色、形态、质地不同的花卉，运用花卉的群

体效果来体现图案纹样或观赏盛花时的绚丽景观，以体现其色彩美或图案美的一种园林应用形式。

花坛是植物造景的重要组成部分，具有极强的装饰性和观赏性，经常更换花卉及图案，能创造四季不同的景观效果。花坛常布置在公园风景区和街道、广场、工厂、学校、医院和道路的中央、两侧或周围等规则式的园林空间中。它与整个绿地有机结合，可以提高园景和街景的艺术水平，使葱茂翠郁的园地瑰丽多姿，赏心悦目。

2. 花坛的类型

根据花坛的表现主题、布置形式和空间位置等因素，将花坛大体分成几种类型，而这些类型往往在实际工作中是综合应用的。

（1）按表现主题分类

1）盛花花坛。盛花花坛又称为花丛式花坛、集栽花坛，它是集合一种或几种花期一致、色彩调和的不同种类的花卉配置而成。其外形可根据地形及位置呈规则几何形体，而内部的花卉配置，图案纹样须力求简洁。盛花花坛主要由观花草本植物组成，表现盛花时群体色彩美或绚丽的景观，可由同种花卉不同品种或不同花色群体组成，也可由不同种的多种花色花卉群体组成。

盛花花坛图案简单，以色彩美为其表现主题。这种花坛不宜采用复杂的图案，但要求图案轮廓鲜明、对比度强。因此必须选用花期一致、花期较长、高矮一致、开花整齐、色彩艳丽的花卉，如三色堇、金鱼草、美女樱、万寿菊、翠菊、百日草、福禄考、紫罗兰、石竹、一串红、矮牵牛、鸡冠花等。一些色彩鲜明的一、二年生观叶花卉也较常用，如羽衣甘蓝、银叶菊、地肤、彩叶草等。也可以用一些宿根花卉或球根花卉，如鸢尾、菊花、郁金香、风信子、水仙等，它们的花形和花色都很理想，但株丛较稀，因此在栽植时一定要加大密度。同一花坛内的几种花卉之间的界限必须明显，相邻的花卉色彩对比一定要强烈，高矮则不能相差悬殊。

盛花花坛的观赏价值高，但观赏期较短，必须经常更换花材以延长其观赏期。由于经营费工，盛花花坛一般只用于园林中重点地段的布置。

2）模纹花坛。模纹花坛又称为图案式花坛，主要由低矮的观叶植物或花、叶兼美的植物组成，表现群体组成的精美图案或装饰纹样。根据种植形式及内容又可以分为毛毡花坛、浮雕花坛和标题式花坛。

毛毡花坛是以色彩鲜艳的各种矮生性、多花性的草花或观叶草本及木本植物为主，配植成各种精美、华丽的装饰图案纹样，宛若绚丽的地毯。浮雕花坛是依植物高度不同和花坛纹样变化，由常绿小灌木和低矮草本组成高度不一而呈现凹凸不平，整体上具有浮雕效果的花坛。标题式花坛是指由文字或具有一定含意的图徽组成的模纹花坛，它是通过一定的艺术形象，表达一定的思想主题，宜设置在坡地的倾斜面上。

由于要清晰准确地表现纹样，模纹花坛中应用的花卉要求植株低矮、株丛紧密、生长缓慢、耐修剪，如三色堇、半支莲、矮牵牛、彩叶草、四季海棠、银叶菊、孔雀草、万寿菊、一串红等。此外，一些低矮紧密的灌木也常用于模纹花坛，如雀舌黄杨等。这种花坛要经常修剪以保持其原有的纹样，其观赏期长，采用木本植物的可长期观赏。模纹花坛表现的图案除平面的文字、花纹等外，也可是立体的造型，称为立体花坛。

3）现代花坛。现代花坛常见花坛类型的组合形式。如在规则式几何形植床中，中间为盛花布置形式，边缘用模纹式；或在立体花坛中，立面为模纹式，基部为不平的盛花式。

（2）按布置形式分类

1）独立式花坛。独立式花坛为单个花坛或多个花坛紧密结合而成。大多作为局部构图的主体，一般设置在轴线的焦点、道路交叉口或大型建筑前的广场上。一般应有坡度，以便视觉效果完整。

2）组合式花坛。组合式花坛又称为花坛群，是在面积较大的地方，由多个花坛组成的不可分割的整体。花坛群底色要统一，一般用铺装场地或草地连接，花坛群间有小路可允许游人活动。独立花坛可以作为花坛群的构图中心，有时水池、喷泉、纪念碑、雕塑等，也常作为花坛群的构图中心。大规模的花坛群内部铺装场地上，还可设置花架、坐椅以供游人休息。组合式花坛用花量大，造价高，管理费工，因而只在重要地段、重点场合使用。

3）带状花坛。带状花坛长为宽的 3 倍以上，在道路、广场、草坪的中央或两侧，划分成若干段落，有节奏地简单重复布置。

许多独立花坛或带状花坛成直线排列成一行，组成一个有节奏规律的不可分割的构图整体时，称为连续花坛群。可以采用反复演进或由 2、3 种不同个体的花坛来交替演进，形成一个连续的构图，具有强烈的艺术感染力。整个连续构图可以用水池、喷泉、雕塑来强调起点、高潮、结束的安排。

（3）按空间位置分类

1）平面花坛。花坛表面与地面平行，主要观赏花坛平面效果，包括沉床花坛（若遇到四周为高地，中央为下沉的平地时，可把花坛群布置在低洼的平地上，但应该有地下的排水设施，以免积水，这种下沉的花坛组群，称为沉床花坛。当游人在高地游览活动时，可以鉴赏其整体构图）。

2）斜面花坛。花坛设在斜坡或阶地上，也可以布置在建筑的台阶两旁或台阶上，花坛表面为斜面，是主要观赏面。

3）高台花坛（花台）。花坛设置在高出地面的台座上。花台一般面积较小，多设于广场、庭院、阶旁、出入口两边等处。

4）立体花坛。花坛向空间伸展，具有竖向景观，是一种走出花坛原有含义的布置形式，它以四面观为多。立体花坛常包括造型花坛和标牌花坛等形式。造型花坛是用模纹花坛的手法，运用五色草或小菊等草本观叶植物做成各种造型，如动物、花篮、花瓶、亭、塔等，前面或四周用平面式装饰；标牌花坛是用植物材料组成的竖向牌式花坛，多为一面观赏，可以是落地的，也可以借建筑材料（砖、木板、钢管、铁架等）搭成骨架，植物材料种植在栽植箱中，绑扎或摆放在骨架上，使图案成为距地面一定高度的垂直或斜面的广告宣传牌样式。

花坛还有很多的分类方法，如依功能不同可分为观赏花坛、标记花坛、主题花坛、基础花坛等。根据花坛所用植物观赏期的长短还可将花坛分为永久性花坛、半永久性花坛及季节性花坛。

3. 花坛的设计

花坛讲究群体效果，符合功能要求，并与环境协调。模纹花坛要求图案清晰、色彩鲜明、对比度强；盛花花坛要求花繁色亮，美观大方；立体花坛要求形象大气，富有生命力。

（1）花坛的选择　花坛的形式、大小、高低和花卉品种色彩应与周围环境相协调。

在选择花坛的种类时，对环境的考虑应把握以下几个方面：一是花坛的立地环境，考虑其立地环境的空间大小，是开阔还是狭小，周边环境是明亮还是灰暗，以及其原有的地被植物情况等。一般来说，狭小的空间选用花丛式，而开阔明亮的立地环境则在花坛形式和花卉色彩上有较大的选择。在雕塑、纪念碑等建筑下的花坛，其庄严肃穆的背景，通常以毛毡花坛或模纹花坛为主。一般的场合，则可选用立体花坛、盛花花坛等多种形式。二是考虑花坛的表现主题。为增加节日喜庆气氛，可选用大型的色彩艳丽的花坛；如一般的绿化点缀，则选用自然式花坛或独立花坛。三是要因地制宜。如广场花坛占地面积在广场总面积 1/5 ~ 1/3之间，不论独立式花坛还是组合式花坛，尽可能与雕塑、纪念碑、水池等统一协调。作为单体花坛的图案直径或短轴一般不超过 8 ~ 10m。道路两侧的带状花坛宽度应根据道路和绿化带的宽度而定，但不能大于等于道路的宽度。

（2）设计要点　花坛的设计要点包括花坛的外形轮廓设计、花坛的高度设计、花坛的边缘处理、花坛的内部纹样设计、花坛的色彩设计以及花材的选配等。

1）花坛的外形轮廓设计。花坛的外形轮廓设计应服从园林规划布局的要求，主要是几何图形或几何图形的组合，要与周围环境相协调。作为主景设计的花坛一般采用辐射对称、四面观赏的外形，而作为建筑物的陪衬则可采用左右对称、单面观赏的轮廓。花坛的大小应根据建筑面积和建筑群中广场大小同时考虑，与所处的园林空间相协调，一般以不大于广场面积的 1/3、不小于广场面积的 1/10 为宜。为便于观赏和管理，独立花坛的直径或宽度应在 10m 以下，必要时采用组合式布置。带状花坛的宽度以 2 ~ 4m 为宜，其长度及段落的划分则依环境而定。

2）花坛的高度设计。花坛的高度设计应主要从方便观赏的角度出发，一般情况下，供四面观的单体花坛主体高度不宜超过人的视平线，要求中间高、四周低。花坛为了排水，可保持 4% ~ 10% 的坡度，并且种植床稍高于地面。要达到这一要求有两种方法：一是堆土法，即在种植池中堆出中间高、四周低的土基，再将高度一致的花材按设计的要求进行种植；另一种方法是直接选择不同高度的花卉进行布置，将高的种在中间，矮的种在四周即可。若为两侧观的带状花坛则要求中间高、两侧低或平面布置，而单面观的花坛要求前排低、后排高。

3）花坛的边缘处理。花坛的边缘处理应主要考虑对花坛进行装饰、轮廓清晰和避免游人踩踏，且使种植床内的泥土不致因水土流失而污染路面或广场，花坛种植床周围一般设有边缘石和矮栏杆进行保护。常见的边缘石有混凝土石、砖、条石、假山石等，其高度一般设为 10 ~ 15cm，大型花坛以不超过 30cm 为宜，宽 10 ~ 15cm，兼作坐凳的可增至 50cm。有些花坛不用边缘石，而是在花坛边缘铺设一圈草皮作装饰，或者种植一圈边缘植物，如葱兰、韭兰、麦冬、吉祥草、地肤、美女樱、雏菊等，更显自然美观。花坛边缘的矮栏杆一般是可有可无的，但矮栏杆有装饰和保护的双重作用，因而仍然广泛应用。矮栏杆主要有竹制、木制、铁铸和钢筋混凝土制的四种，前两种制作简单，后两种经久耐用，可根据具体情况选用。矮栏杆设计的高度不宜超过 40cm，纹样宜简洁，色彩以白色和墨绿色为佳。这两种颜色都能起到装饰和衬托的效果，而以白色更为醒目，墨绿色更耐脏。在以木本花卉作花材的花坛设计中，矮栏杆可用红檵木、金叶女贞、紫叶小檗等绿篱代替。此外，边缘石和矮栏杆的设计应注意与周围的道路和广场铺装材料相协调。

4）花坛的内部纹样设计。花坛的内部纹样设计应与园林风格相适应，一般色彩鲜艳的花坛，图案要力求简单，盛花花坛的内部纹样应主次分明，简洁美观。忌在花坛中布置复杂的图案和过多的色彩，要求有大色块的效果。模纹花坛以突出内部纹样精美华丽为主，因而植床的外部轮廓以线条简洁为宜，而内部纹样应较盛花花坛精细复杂些。其点缀及纹样不可过于窄细，如由五色草组成的花坛纹样不可窄于5cm，其他花卉组成的花坛纹样不可窄于10cm，以保证纹样清晰。其内部图案可选择的内容很广泛，如花纹、卷云、文字、肖像、动物、时钟等。

5）花坛的色彩设计。花坛色彩配合协调，更能吸引观赏者的视线，成为园林中美的焦点。一般来说，热烈的气氛要选用鲜艳的色彩，图案复杂的花坛色彩不能杂乱。同一花坛中的花卉颜色应对比鲜明，互相映衬，在对比中展示各自的色彩，同时避免同一色调中不同颜色的花卉，若一定要用，应间隔配置，选好过渡花色。

从比例上看，花坛内各种色彩所占用的面积不宜过于平均，应有主次之分，所以一般选用1～3种为主要花卉，其他花卉则为衬托，可使花坛色彩主次分明。忌在一个花坛或一个花坛群中花色繁多，没有主次。

从色彩对比看，一般采用色彩对比的手法配置，常常以浅色花卉作图纹的底色，用深色花卉作图纹的边缘或文字花坛的文字，则图案清晰。如红与黄两色对比效果较佳。

从季节安排上看，可根据季节变化考虑色彩运用，如蓝、绿等冷色调花卉，给人平淡、凉爽、深远的感觉，而红、黄、橙等暖色调给人热烈、活泼的感觉。所以夏季应多用冷色调花卉，如藿香蓟、彩叶草等；春、秋、冬季和节日喜庆宜用暖色调花卉，如一串红、孔雀草等。

从周围环境看，以绿色植物为背景的花坛应考虑色调鲜艳的花卉，同时要兼顾绿色植物的花期与色彩，注意不与花坛色彩重复为好。所有这些，都需要通过周密的计划、巧妙的布局、认真的布置，使花坛真正达到在形式上与环境相一致，在内容上与表现形式相统一。

6）花材的选配。花坛中花材的选配应满足前面提到的不同主题的花坛的要求，考虑高度和色彩的搭配，并注意花期的一致性。花坛植物材料应选用花期一致、花朵显露、株高整齐、叶色和叶形协调，容易配置的品种，由一、二年生或多年生草本、球（宿）根花卉及低矮彩叶花灌木组成。配置上应具有季相变化，并突出重点景观。花坛花卉还必须选择其生物学特性符合当地气候条件的品种。

（二）花境

1. 花境的概念

花境是模拟自然界中林地边缘地带多种野生花卉交错生长的状态，运用艺术手法设计的一种花卉应用形式，是一种半自然式的带状种植形式，以表现植物个体自然美和它们之间自然组合的群落美为主题。花镜在设计形式上是沿着长轴方向演进的带状连续构图，带状两边是平行或近于平行的直线或曲线。花境从平面上看是各种花卉的块状混植，从立面上看则高低错落，犹如林缘野生花卉交错生长的自然景观。严格说来，花境并没有十分规范的形式，通常是根据种植者的喜爱和花境类型，进行植物材料的选择和配置。花境常以管理简便的宿根花卉为主要材料，一次种植后可保持多年，通过不同的植物材料展示不同的季相特点，做到四季有景。

2. 花境的特点

1）花境边缘依环境不同，可以是自然曲线，也可以是直线。

2）所选用的植物以花期长、色彩鲜艳、栽培管理粗放的宿根花卉为主，适当配以一、二年生草花和球根花卉，或全部用球根花卉配置，或仅用同一种花卉的不同品种、不同色彩的花卉配置。

3）各种花卉的配植呈自然斑块状混交，错落分布，花开成丛。不要求植物高矮一致，只注意开花时不相互遮挡即可，但也不是杂乱无章，整体构图必须严整。

4）不要求花期一致，但要有季相变化，四季有花或至少三季有花。

5）管理粗放，不需年年更换，一经栽植可观赏多年。

3. 花境的类型

花境的类型丰富，可以根据植物材料、观赏角度、生长环境以及功能等方面分成不同的类型，每种类型都有其鲜明的特点。

（1）根据植物材料分类

1）宿根花卉花境。花境中所有植物均为可露地越冬的宿根花卉，是一种较为传统的花境形式。

宿根花卉具有种类多，适应性强，栽培简单，管理粗放，易于繁殖，群体效果好等优点。此外，大多数宿根花卉都未经充分的遗传改良，在花期上具有明显的季节性，其花朵和株形都尽显自然野趣。宿根花卉可供选择的种类很多，从低矮的岩生肥皂草至高达2m的赛菊芋；从花型奇特的耧斗菜至叶色丰富的玉簪，无不令人赏心悦目，因而宿根花卉花境可以创造出多种别具特色的组合。在宿根花卉花境中，有些宿根花卉品种虽然花期不是很长，但从整个花境整体来讲，会令花境的景观富于变化，每段时期都会有不同的观赏效果。

2）一、二年生草花花境。一、二年生草花花境是指植物材料全部为一、二年生草本花卉组成的花境。

一、二年生草本花卉的特点是色彩艳丽、品种丰富，从初春到秋末都可以有灿烂的景色，但冬季则显得空空落落。很多一、二年生草本花卉具有简洁的花朵和株形，具有自然野趣，非常适合营造自然式的花境。可供选择的一、二年生草本花卉品种繁多，其中大多数种类对栽培的要求不高，且都在夏季开花。制作一、二年生草花花境时，可以直接播种在规划好的种植床上，也可以在春季育苗移栽，在夏季即可呈现绚烂的美景。一、二年生草花花境要保持完美的状态，一般中间需要更换部分花卉，而且每年需要重新栽植，要耗费一定的人力和财力。

3）球根花卉花境。球根花卉花境是由各种球根花卉组合而成的花境，如百合、水仙、大丽花、郁金香、唐菖蒲等。

球根花卉具有丰富的色彩和多样的株形，有些还能散发出香气，因而深受人们喜爱。此外，球根花卉由于本身储存有养分，所以栽植后只需注意浇水即可，因此栽植后养护管理都比较简便。但是很多球根花卉在开花后会进入休眠期，此时应该将球根挖起，贮藏到下一次栽植的时期，因而需要花费一些时间和精力。

多数球根花卉的花期都在春季或初夏，常用于春季花境中。但其缺点是花期较短、相对集中，进入休眠后则显得落寞。营造花境时，可以通过选择多个品种以及同一品种不同花期的类型来延长观赏期。此外还可将球根花卉与延展性强或匍匐状的植物组合在一起搭配，因为当球根花卉开花过后，其花朵和叶片很快就会枯萎，植株进入休眠期，为了不影响整个花境的观赏效果，可以将植株从地面处剪去，这时它们留下的空地很快就会被延展性强或匍匐状的植物所填补，以保证观赏效果的连续性。

4）观赏草花境。观赏草花境是指由不同类型的观赏草组成的花境。

观赏草茎秆姿态优美，叶色丰富多彩，花序五彩缤纷，植株随风飘逸，能够展示植物的动感和韵律。而且观赏草对生长环境适应性强，管理粗放，因而近几年越来越受到人们的青睐。观赏草种类繁多，从叶色丰富到花序多样，从粗犷野趣到优雅整齐，从株形高大到低矮小巧，因此应用起来形式多样。中小类型的观赏草适合成片种植，而高大的观赏草如芒类和蒲苇等适合孤植。观赏草花境自然而优雅，朴实而刚强，富有自然野趣，别具特色且管理粗放。其不足之处在于春季时各种观赏草都处在发育阶段，对景观效果有一定影响。可以在以观赏草为主的花境中，少量配置些春季效果好的植物，如八宝景天、鸢尾等。此外，一些大中型观赏草生长较快，因而在种植时应事先预留出生长空间，以免植物成熟后移植会影响观赏效果。

5）灌木花境。花境中所用植物全部为灌木，以观花、观叶或观果且体量较小的灌木为主。

灌木栽植后可保持数年，但由于体量较大，不像草本花卉那样容易移植，因而在种植之前要考虑好位置和环境因素。多数灌木对环境要求不严，但是个别灌木对土壤黏性、酸碱度以及水分等有特殊要求，如杜鹃、石楠等喜欢酸性土壤；染料木、醉鱼草等能耐极其贫瘠的土壤。一些金叶和花叶的灌木对光线有一定要求，过于曝晒会灼伤叶片，过于荫蔽会令色彩和花纹减淡。

灌木花境具有稳定性强、养护管理简便、费用低的特点。灌木还具有很多独特的观赏特性：常绿灌木可以一年四季保持景观效果；落叶灌木春夏开花，秋季结果，可以展示不同的季相美；变色灌木更能体现季节的变化，红瑞木等观干植物和火棘等观果灌木，其红色的枝干和果实在冬季也能给人们带来鲜亮的色彩，大大延长了观赏时间。同时很多灌木因其芳香的花朵和美丽的果实，能够吸引蜜蜂、蝴蝶和鸟类等昆虫和动物，为它们提供食物和栖息地，从而能够营造出更加和谐的生态环境。

6）混合花境。混合花境是指由多种不同种类的植物材料组成的花境。

混合花境通常以常绿乔木和花灌木为基本结构，配置适当的一、二年生草本花卉，耐寒宿根花卉，观赏草，球根花卉等，形成美丽的景观。根据观赏要求的不同，每种植物材料所占的比例有所不同，但总体说来，一个标准的混合花境中，宿根花卉通常是主体，应占据1/2以上的空间；乔木、灌木用来形成一个长久的结构，约占1/4～1/3的比例；少量而精致的观赏草会成为花境中的视觉焦点；球根花卉和一、二年生草花则用来丰富色彩并弥补宿根花卉花期上的空当。需要注意的是一些一、二年生草花的色彩过于鲜艳，与淡雅的宿根花卉搭配时会显得俗气，在选择时应谨慎。

混合花境所用的植物材料丰富，能够充分利用空间、光照和养分等资源，组成一个小型的植物群落。各种植物的姿态、叶色、花色等在不同时期都会呈现出不同的景观效果，会产生分明的季相变化，因而观赏期长，同时也符合了植物自身的生态要求。混合花境的应用比较广泛，特别是在较为寒冷的地区是一种极好的应用形式。应用时没有太多的局限性，可以仅仅是两类植物材料的组合，如宿根花卉和一、二年生草本花卉；也可以是三种或是更多品种的配置，要根据环境条件和个人喜好来设计；但要避免由于使用过多植物品种而导致杂乱的感觉。

7）专类植物花境。专类植物花境是由同属的不同种类或同种但不同品种的植物为主要种植材料的花境。专类植物花境所用的花卉要求花期、株形、花色等方面有较丰富的变化，从而突出花境特点。常见的有月季花境、菊花花境、鸢尾类花境、玉簪属花境等。

专类植物花境的特点是花期比较集中，养护管理简便；但在花期以外的时间就不再引人注目，而且由于植物种类单调，一旦染上病虫害，如采取措施不及时，将会迅速蔓延至整个花境。

（2）根据观赏角度分类

1）单面观赏花境。单面观赏花境是指供观赏者从一面欣赏的花境，是传统的花境形式。通常，单面观赏花境位于道路附近，以树丛、绿篱、矮墙、建筑物等为背景。单面观赏花境一般为长条状或带状，边缘可以为规则式也可以为自然式；从整体上看种植植物前低后高，边缘用低矮植物镶边，应用范围非常广泛。在花境中若能够等距离种植一些有特色的植物，如高大的观赏草或常绿树等，则能够产生一种节奏感和韵律感。

2）双面（多面）观赏花境。双面（多面）观赏花境是指可供两面或多面观赏的花境。这种花境多设置在草坪中央或树丛之间，边缘以规则式居多；通常没有背景，中间的植物较高，四周或两侧的植物低矮，常常应用于公共场所或空间开阔的地方，如隔离带花境、岛式花境等。

3）对应式花境。对应式花境通常以道路的中心线为轴心，形成左右对称形式的花境，常见于道路的两侧或建筑物周围。其边缘多为直线形，左右两侧的植物配置可以完全一样，也可以略有差别；但不宜差别太大，否则就失去了对应的意义。对应式花境通常为一组连续的景观，采用拟对称的手法，力求富有韵律变化之美。

4. 花境的设计

花境设计时应从平面效果、立面效果、季相变化、色彩搭配、植物配置、背景和饰边选择等多方面进行考虑，种植后才能达到理想的效果。

（1）平面设计　花境从平面上看是沿着长轴方向演进的、带状的自然式种植，两边是平行或近于平行的直线或曲线。花境在平面上是一个连续的构图，每个植物品种以花丛的形式种植在一起，整个花境由多个花丛构成。各花丛大小并非一致，一般花后叶丛景观较差的植物面积宜小些，其植物前面可配置其他花卉予以弥补。为使开花植物分布均匀，又不因种类过多造成杂乱，可把主花材植物分成数丛种在花境不同位置，再把配景花卉自然布置。如果花境的长轴较长，在进行平面设计时可以分段进行，再组合成一个连贯、完整的花境。

（2）立面设计　花境要有较好的立面观赏效果，以充分体现群落美。立面设计应充分利用植物的株形、株高、花序等特性，形成植株高低错落有致、花色层次分明的立面景观。

立面是花境的主要观赏面，在进行立面设计时要考虑观赏角度问题，对于单面观赏的花境，种植的植物应该前低后高，以避免相互遮挡而影响观赏效果。在岛式花镜中，植物要中间高，四周低，起伏有序，一般以不超过人的视线为宜。当然，这种原则也不是恒定的，偶尔也可以将松散状的较高植物种植在中前部，这样可以令花境看起来更加错落有致，层次更加丰富。同时要注意整个花境看上去的平衡感，即植物的色彩、质感及花丛大小等配置在一起的协调性与均衡性，避免局部过于夸张或突出，破坏整体的观赏效果。

整个花境中植物应高矮有序，相互陪衬，尽量展示植物自然组合的群落美。在种植一些高大的植物时要经过认真考虑，因为它们的位置通常会影响到整个花境的立面效果。如果空间较小，不便于观赏，可以通过台式花境、岩石花境或容器栽植等提高立面高度，令花境有一个更好的观赏角度。

（3）季相设计　季相变化是花境的主要特征之一，理想的花境应是四季有景，寒冷地区做到三季有景，组成多样变化的园林空间。植物是花境中的主角，各种植物的外观会随着季节的更迭而发生变化，在一个完美的四季观赏花境中，可以欣赏到春叶、夏花、秋果、冬干等不同的季节景观，从而感受植物生长和季节变化所产生的独特美感。在季相设计时，要根据植物生长的物候期和生态要求，以及株形、色彩、风韵等方面进行全面考虑。宿根花卉、观赏草、落叶灌木和落叶乔木都具有明显的季相变化，是花境的主要植物材料。设计时应该了解所用的每种植物的季相特点，巧妙合理地配置植物，使之成为一个和谐的画面。

宿根花卉和球根花卉虽然在花期上没有一、二年生草本花卉长，但是它们可以数年开花而无需更换。在设计时，可以将常绿的地被植物与宿根花卉和球根花卉种在一起，这样一来，在宿根花卉和球根花卉的花期过后，地被植物能够弥补其空缺，以保持花境的观赏效果。

需要注意的是，要考虑到景观的连续性，即开花的植物应分散在整个花境中，避免局部花期过于集中，使整个花境看起来不协调，影响观赏效果。花期的连续性取决于种植地的气候以及土壤类型等条件，同一品种的植物在不同环境条件下，花期会有所改变。因此，应该详细了解植物在种植地环境下的准确花期，这样在进行设计时才会更加完美，达到理想效果。

（4）色彩设计　花境的色彩主要由植物的花色来体现，植物的叶色，尤其是少量观叶植物叶色的运用也很重要，因而色彩设计是花境设计中最为关键的部分之一。

色彩可以决定一个花境的基调。各种颜色有各自的色相特点，颜色对视觉在空间属性的大小、轻重和远近的作用，以及对人们情感和心态的感受作用，在花境设计和应用中都是十分重要的。因此，设计者必须充分了解色彩的原理和视觉的特点，才能在花境设计和应用上运用自如。

（三）花台

花台也称为高设花坛，是将花卉栽培在高出地面的台座上所形成的花卉景观。花台多设于广场、庭院、街旁、出入口两边、墙基、树基、窗口等处，花台四周用砖、石、混凝土等堆积作台座，台座的高度多在40～60cm左右，一般面积较小，其内填入土壤。

花台选用的花卉因形式及环境风格不同而不同。由于通常面积狭小，一个花台内常布置一种花卉；因台面高出地面，故应选用株形较矮，繁密匍匐或茎叶下垂于台壁的花卉。宿根花卉中常用的种类有玉簪、芍药、萱草、鸢尾、兰花、麦冬、沿阶草等；也可以应用一、二年草本花卉如鸡冠花、翠菊、百日草、福禄考、美女樱、矮牵牛、四季秋海棠等。另外，如迎春、月季、杜鹃等木本花卉，也常用作花台布置。

（四）花钵

随着现代城市的发展和施工手段的逐步完善，近年来出现了许多用木材、水泥、金属、陶瓷、玻璃钢、天然石材、塑料等制作的花钵、花箱，来代替传统花坛。由于其易于移动，故被称为“活动花坛”或“可移动的花园”。这些花钵或花箱设计样式多，应用灵活，施工便捷，可迅速形成景观，符合现代化城市发展的需求。尤其对于城乡建筑比较密集和其他一些难于绿化地区的美化，有着特殊的意义。在较宽敞的厂前区、广场、大型建筑门前、道路

交叉口、停车场等处都可点缀。

用于花钵、花箱的花卉，要视花钵、花箱的样式来定，一般常用的花卉有：翠菊、串红、美人蕉、大丽花、小丽花、半支莲、吊兰、矮牵牛、万寿菊、三色堇、百日草、旱金莲、鸡冠花、小菊等，有时也可种植一些小型乔灌木。种植土要肥沃，最好用培养土。较大的花钵、花箱必须有卵石排水层，一年换土一次。

（五）花柱

花柱作为一种新型绿化方式，越来越受到大众的青睐，它最大的特点是充分利用空间，立体感强，造型美观，而且管理方便。立体花柱四面都可以观赏，从而弥补了花卉平面应用的缺陷。

1. 花柱的骨架材料

花柱一般选用钢板冲压成10cm间隔的孔洞，然后焊接成圆筒形。孔洞的大小要视花盆而定，通常以花盆中间直径计算。然后刷漆、安装，将栽有花草的苗盆（卡盆）插入孔洞内，同时花盆内部都要安装滴水管，便于灌水。

2. 常用的花卉材料

花柱常选用色彩丰富、花朵密集且花期长的花卉，例如长寿花、三色堇、矮牵牛、四季海棠、天竺葵、五色草等。

3. 花柱的制作

1）安装支撑骨架。用螺栓等把花柱骨架各部分连接安装好。

2）连接安装分水器。花柱等立体装饰都配备相应的滴灌设备，并可实行自动化管理。

3）卡盆栽花。把花卉栽植到卡盆中。用作花柱装饰的花卉要在室外保留较长时间，栽到花柱后施肥困难，因此应在上卡盆前施肥。施肥的方法是：准备一块海绵，在海绵上放上适量缓释性颗粒肥料，再用海绵把基质包上，然后栽入卡盆。

4）卡盆定植。把卡盆定植到花柱骨架的孔洞内，把分水器插入卡盆中。

5）养护管理。定期检查基质干湿状况，及时补充水分；检查分水器微管是否出水正常，保证水分供应；定期摘除残花，保证最佳的观赏效果；对一些观赏性差的植株要定期更换。

二、花卉盆栽的室内应用

（一）门厅两侧

门厅两侧盆栽花卉多用对称式布置，置于大厅两侧，因地制宜，可布置两株大型盆花，或成两组小型花卉布置。常用的花卉有苏铁、散尾葵、南洋杉、鱼尾葵、山茶花等。

（二）室内角隅

角隅部分是室内花卉装饰的重要部位，因光线通常较弱，直射光较少，所以，应选用些较耐荫蔽的花卉。大型盆花可直接置于地面，中小型盆花可放在花架上。常用的有巴西铁、鹅掌柴、棕竹、龟背竹、喜林芋、富贵竹等。

（三）书房案头

书房要突出宁静、清新、幽雅的气氛，可在案头放置中小型盆花，如兰花、文竹、多浆植物、杜鹃花等。书架顶端可放常春藤或绿萝等蔓生花卉。

（四）卧室窗台

卧室要突出温馨和谐，所以，宜选择色彩柔和、形态优美的观叶植物作为装饰材料，利于睡眠和消除疲劳，微香有催眠入睡的功能，因此，植物配置要协调和谐，少而静，多以1、2盆色彩素雅、株形矮小的植物为主。忌色彩艳丽，香味过浓，气氛热烈。

窗台布置是美化室内环境的重要手段。南向窗台大多向阳干燥，宜选用抗性较强的虎尾兰、仙人掌类和多浆植物，或茉莉、米兰、君子兰及观花花卉等；北向窗台可选择耐阴的观叶植物，如常春藤、绿萝、吊兰和一叶兰等。窗台布置要注意以采光适量及不遮挡视线为宜。

（五）会场与会议室

1. 会场的盆花装饰

（1）严肃性的会场　采用对称均衡的形式布置，显示出庄严的气氛，常用常绿植物为主调，适当点缀少量色泽鲜艳的盆花，使整个会场布局协调，气氛庄重。

（2）节日庆典等喜庆会场　选择色、香、形俱全的各种类型植物，以组合式手法布置成花带、花丛及雄伟的植物造型等景观，并配以插花等，使整个会场气氛轻松、愉快、亲切、团结、祥和。

2. 会议室的盆花装饰

布置时要因室内空间大小而异。中型会议室多以中央的条桌为主进行布置，桌上可摆放插花和小型观叶、观花类花卉，数量不能过多，品种不宜过杂。大型会议室常在会议桌上摆上几盆插花或小型盆花，在会议桌前整齐的摆放1、2排盆花，可以将观叶与观花植物间隔布置，也可以是一排观叶植物、一排观花植物布置。但要注意，后排要比前排高，其高矮以不超过主席会议桌为宜。

知识归纳

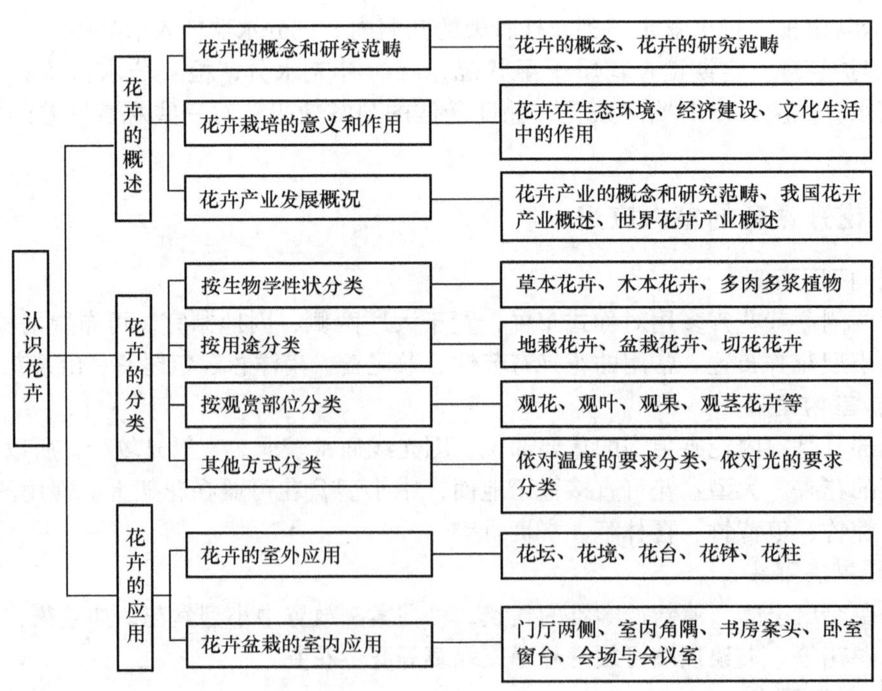

复习思考题

1. 花卉在生态环境中的作用有哪些?

2. 什么是一、二年生花卉，宿根花卉，球根花卉，水生花卉，多肉多浆植物?各列举出5种以上代表花卉或植物。

3. 花卉的分类方法有几种?依据不同的分类方法可将花卉分成几类?各列举出5种以上。

4. 花卉的室外应用有几种类型?说明各种类型的定义和设计要点。

草本花卉生产

基本任务1　育苗技术

> 知识目标

- 了解花卉种子质量检验的内容。
- 理解育苗基质的种类及特点。
- 掌握花卉播种的程序。

> 能力目标

- 学会花卉种子品质的识别要点和检验方法。
- 学会草本花卉种子处理的技术。
- 掌握花卉播种育苗的关键技术。

花卉育苗是指从花卉种子发芽出土到幼苗移栽的过程。育苗的工作目标是培养出根系繁茂、株型粗壮、无病虫危害的壮苗。

子任务1　种子质量的检验

种子育苗也叫做种子繁殖，是花卉生产中最常用的繁殖方法之一。凡是能采收到种子的花卉均可通过种子育苗，如一、二年生草花、木本花卉以及能形成种子的盆栽花卉等。用种子育苗生产的花卉苗叫做实生苗或播种苗。

种子育苗的特点是：育苗量大，方法简便，便于迅速扩大生产量满足市场需求；根系发达，适应性强，生长发育健壮，植株寿命长；种子便于携带、保存和流通；播种苗变异性大（许多品种为杂交种），常常不能保证品种原有的优良性状而产生劣变；一些木本花卉播种苗开花较迟。

一、种子品质

优质种子是种子育苗成败的关键。可以通过以下几方面确保花卉种子的品质。

（一）品种纯正

花卉种子形状各异，通过种子的形状可以确认品种，如肾形（鸡冠花）、卵形（金鱼草）、鼠粪形（一串红）、弯月形（金盏菊）、地雷形（紫茉莉）、舟形（波斯菊）等。在种子采收、处理去杂、晾干、装袋贮存整个过程中，要标明品种、处理方法、采收日期、贮藏温度、贮藏地点等，以确保品种正确无误。

（二）发育充实，颗粒饱满

采收的种子要成熟，粒大而饱满，有光泽，种胚发育健全。种子大小按千粒重分级：大粒种子的千粒重10g左右，如牵牛花、紫茉莉等；中粒种子的千粒重约3～5g，如一串红、万寿菊等；小粒种子的千粒重0.3～0.5g，如鸡冠花、翠菊等；微粒种子的千粒重约0.1g，如矮牵牛、金鱼草等。

（三）发芽率高，富有生活力

新采收的种子比陈旧的种子生活力强盛，发芽率高。贮藏条件适宜，种子的寿命长，生命力强。花卉种类不同，其种子寿命差别也大。

（四）无病虫害

种子是传播病虫害的重要媒介。种子上常常带有各种病虫的孢子和虫卵，贮藏前要杀菌消毒。

二、种子检验

根据单位面积计划出苗数，计算播种量时，一般播种前须检查种子质量。检测指标主要有：种子含水量、净度、千粒重、发芽力和生活力等。种子检验程序如图2-1所示。

（一）扦样

要求取具有代表全批种子品质的样品。种子一般都是袋装，扦样时用单管扦样器扦取，扦样器凹槽朝下，从袋口一角斜插至袋的另一角，待扦样器全部插入后再将槽口转向上面，种子便落到槽内，抽出扦样器，从扦样器柄口倒出种子。每袋扦取1次，扦取数量基本相等。

（二）平均样品的分散

一般采用四分法。将原始样品倒在玻璃板或光滑木板上充分混合后，用两个分样板使样品平铺成四方形，小粒种子厚度在1.5cm以内，大粒种子厚度在5cm以内，然后再按对角线分成四个三角形，除去其中两对顶角三角形内的种子，剩下的种子仍按上述方法继续混合后再分。直至剩下的两个对顶三角形中的种子数量，达到平均样品所需要的数量为止。这时把每个对顶三角形内的种子合并在一起，配成2份样品。1份供检测净度、纯度、千粒重、发芽势、发芽率用，另1份供检验水分、病虫害用。检验水分用的样品，应立即放入密闭的容器内，贴上标签。

1. 净度测定

操作流程如下：

1）取待检种子的平均样品称重。

2）挑出其中所含的废种子和杂质。

3）称纯净种子的重量。

4）计算净度，见下式：

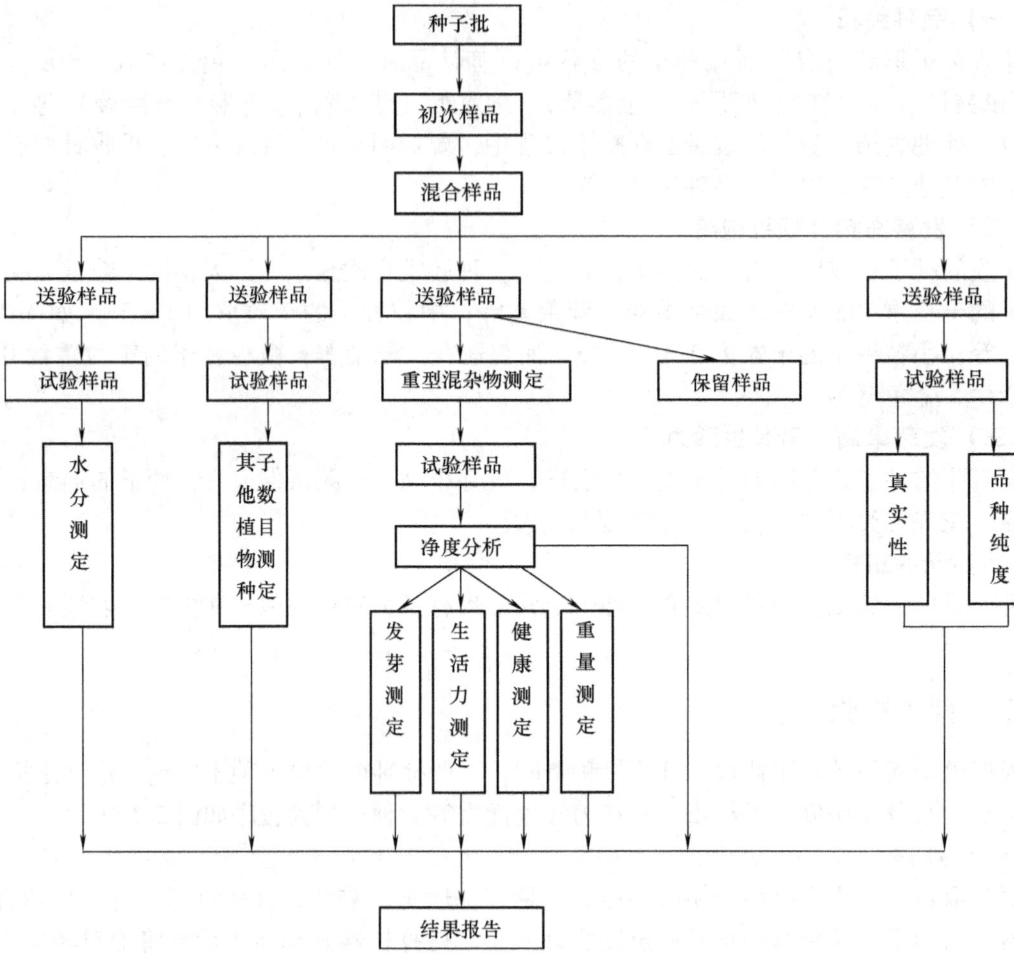

种子批
初次样品
混合样品
送验样品　送验样品　送验样品　送验样品
试验样品　试验样品　重型混杂物测定　保留样品　试验样品
水分测定　其他植物种子数目测定　试验样品　真实性　品种纯度
净度分析
发芽测定　生活力测定　健康测定　重量测定
结果报告

图 2-1　种子检验程序图

$$种子净度(\%)=\frac{纯净种子重}{纯净种子重+其他植物种子重+夹杂物重}\times 100\%$$

2. 纯度测定

1）品种纯度的田间检验。首先在田间选择有代表性地块作为检验区，在检验区内以尽量控制取样误差为原则，确定调查株数，调查出不符合品种特性的株数，计算出品种纯度，见下式：

品种纯度(%)＝（调查株数－其他类型株数)/调查株数 × 100%

2）品种纯度的室内检验。操作程序基本同净度测定，不同点是除挑出其中所含的废种子和杂质外，还要去掉其他品种的种子，最后称典型品种种子重量，并计算纯度，见下式：

品种纯度(%)＝本品种纯净种子重量/样品种子重量 × 100%

3. 含水量测定

种子含水量测定方法很多，如红外线水分测定仪测定法、隧道式水分测定器测定法等。简便易行的方法是电热干燥箱测定法，操作流程如下：

1）接通电源，将电烘箱的温度调节到105℃，把铝盒放入箱内烘干30min，移到干燥器内冷却，用电子天平称重，记下盒的号码和重量。

2）取平均样品，除去杂质，用研钵研磨种子，颗粒直径1mm左右，然后用1/1000g天平称取2份放入铝盒，每份5g，并把盒盖启开放在底部，放入烘箱内，在（105±2)℃恒温下连续烘干6h，而后取出立即放入干燥器内冷却30min，取出称重计算。2次检验结果误差不得超过0.4%，否则重测。或者先将烘箱预热到140～150℃，铝盒放入箱后，需在5min内将温度调节到（130±2)℃，在此温度下经过60min，然后称重计算。种子含水量计算见下式：

种子含水量(%)=(烘干前试样重－烘干后试样重)/烘干前试样重×100%

4. 发芽势检测

从经过净度检验的种子中随机取样，较大的种子每次取50粒，较小的种子每次取100粒，设置2、3次重复。用干净、无油的容器，底部铺上滤纸、纱布、脱脂棉或清洁的毛巾，加水把其泡湿，把种子均匀摆放在上面，覆盖上塑料、碗等。每个发芽容器都要贴上标签，写上品种名称、试验日期，放在适宜的温度下发芽。每天检测温度、湿度并统计发芽数1、2次。最后计算发芽势，将3次重复的发芽势加以平均，平均值即为该批种子的发芽势。发芽势计算见下式：

发芽势(%)=规定发芽天数内发芽种子数/供检种子粒数×100%

5. 发芽率检测

发芽率计算见下式：

$$\text{发芽率}(\%)=\frac{n}{N}\times 100\%$$

式中　n——生成正常幼苗的种子粒数；

N——供检种子总数。

检测种子发芽率除用发芽试验来测定外，也可采用染色法快速测定。方法是先用清水将种子泡胀，再用0.5%的氯化三苯醛四氮唑泡种子，40℃下浸泡2h，切开种子观察胚，着色的种子就是活种子，不着色的种子就是死种子。

部分草本花卉种子发芽势与发芽率天数见表2-1。

表2-1　部分草本花卉种子发芽势与发芽率天数

种　类	发芽温度/℃	发芽势天数/d	发芽率天数/d
金鱼草	20	5	10
凤仙花	25	—	8
朝天椒	25	6	14
瓜叶菊	20	7	10
仙客来	20	—	21
大丽花	4	—	10
大岩桐	20	—	18
长寿花	20	10	21
含羞草	30	8	15
紫茉莉	25	6	12
三色堇	20	—	10

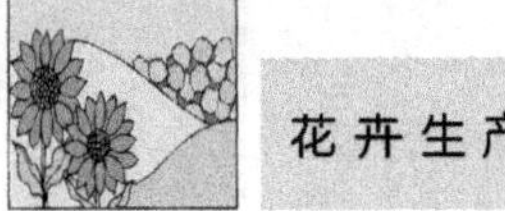

（续）

种　类	发芽温度/℃	发芽势天数/d	发芽率天数/d
矮牵牛	20～30	7	14
紫罗兰	20	—	7
百日草	20	3	7

6. 千粒重检测

从经过净度检验的好种子中随机取样，大粒种子每份取500粒，小粒种子每份1000粒，取2份，用精确度1/100g天平称重。2份样品与平均值的误差允许范围为5%，如不超过5%，则其平均值就是该样品的千粒重；如超过5%，则取第3份样品称重，最后取差距小的2份试样的平均值作为该样品的千粒重。

称量种子千粒重，在25g以上的只记整数，10～25g的记一位小数，必须用精确度1/10的天平称量，千粒重小于10g的种子应记二位小数，必须用精确度1/100的天平称量。

7. 生活力测定

种子生活力是种子发芽的潜在能力。处于休眠期的种子无法用发芽力来判断种子的优劣，而解除休眠常需要较长的时间。要在较短的时间内了解种子的发芽能力，可测定其生活力，主要方法如下：

（1）目测法　直接观察种子的外部形态，凡种粒饱满、种皮有光泽，且剥皮后胚及子叶呈乳白色、不透明，并具弹性的为有活力的种子。

（2）TTC（氯化三苯基四氮唑）法　取种子100粒剥皮，剖为两半，取其中胚完整的一半放在器皿中，倒入0.5%TTC溶液淹没种子，置于30～35℃黑暗条件下3～5h；具有生活力的种子，胚芽及子叶背面均能染色，子叶腹面染色较轻，周缘部分色深；无发芽力的种子腹面、周缘不着色，或腹面中心部分染成不规则交错的斑块。

（3）靛蓝染色法　先将种子浸水数小时，待种子吸胀后小心剥去种皮，浸入0.1%～0.2%的靛蓝溶液（也可用0.1%曙红，或者5%的红墨水）中染色2～4h，取出用清水洗净，凡不上色者为有生活力的种子，上色或胚着色者表明已失去生活力。

三、种子处理

在播种前，将种子进行选择、消毒、浸种、催芽等处理，使种子出苗整齐、迅速，为培育壮苗奠定基础。

（一）种子的选择

要选择合适的花卉种类和品种，同时要检查种子的成熟度、饱满度、色泽、清洁度、病虫害和机械损伤程度、发芽势及发芽率等项指标。

（二）种子的消毒

1. 干热消毒法

干热消毒法适用于某些在干燥时对温度的忍耐力强的种子。具体方法是：先将种子曝晒，使其含水量降到7%以下，然后将种子置于70～73℃的烘箱内，4d后可取出播种。

2. 热水烫种法

用70～85℃热水烫种子，边倒边搅动，热水量不可超过种子量的5倍。种子要经过充分干燥，种子含水量越少，越能忍受高温刺激，且有助于吸水和透气，灭菌效果较好。对于表皮比较坚硬的种子可用此法，如美人蕉、仙客来等。

3. 温汤浸种

先将50～55℃温水倒入容器内，水量为种子量的5～6倍，再将种子用纱布包好，放入容器内，浸种时，种子要不断搅拌，并保持15～20min，然后洗净附着于种皮上的黏质。这种方法有一定的消毒作用，观赏椒类、观赏瓜类和冬珊瑚等种子都可应用。

4. 低温冷冻处理

先将种子在室温下用清水浸种4～6h，然后放在0℃左右的低温下预冷2h，再放到-8～-2℃的低温下处理24～48h。冷冻处理的种子必须在低温下缓慢解冻，然后再按常规进行催芽。

进行冷冻处理如果没有电冰箱，可用天然碎冰块（或积雪）加入适量食盐，搅动后如温度达不到预定低温，可再加食盐。将冰、雪的温度调准后，把经过预冷的种子先用湿布包好，再用塑料薄膜裹严，埋入冰雪中进行低温处理。

5. 红外线处理

种子经红外线照射后可改变种皮的通透性、打破休眠、加速种子内部的生化代谢过程。简易的方法是在电压220V地区用两个灯泡串联，使每个灯泡所受电压降为110V，此时可发生大量红外线。在这种情况下一般照射2h左右对促进发芽和幼苗生长有一定作用。

6. 层积处理

有些植物的种子必须在低温和湿润通气的环境条件下，经过一段时间，才能打破休眠而萌发，这就需要将种子进行层积处理。具体方法是：将干种子浸泡在水中1～2d，晾干，用1份种子和3份洁净的湿砂混合，或1层湿砂、1层种子分层堆放，砂的湿度为饱和含水量的40%～50%，即以手握成团无滴水、松手就散为宜。贮藏时保持0～7℃低温。

7. 化学药剂处理

化学药剂处理也称为药水浸种法，如图2-2所示。先将种子用水浸3～4h，根据作物和病菌种类分别用10% K_2MO_4、10% Na_3PO_4、1% $CuSO_4$ 和1000倍的40%甲醛溶液浸10～15min，但要用清水将药剂冲洗干净后，才能进行催芽或播种。

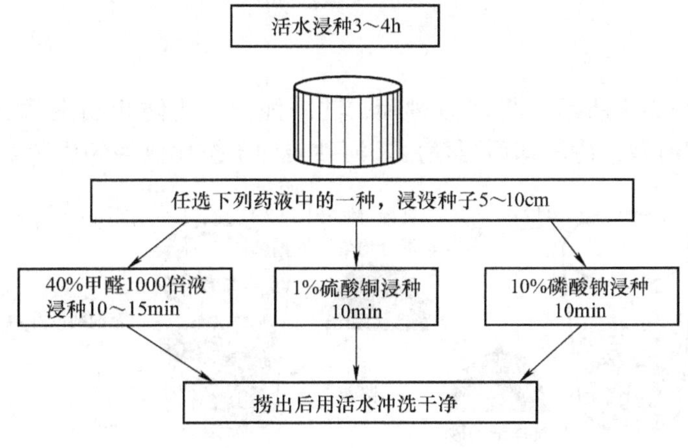

图2-2 药水浸种法

8. 药剂拌种法

药剂拌种法适用于干种子的播种。一般用药量为种子重量的0.1%～0.5%。如苗期立枯病可用70%敌克松拌种，用量为种子重量的0.3%，与种子拌匀后直接播种。

（三）浸种

浸种是保证种子在有利于吸水的温度条件下，在短时间内吸足从种子萌动到出苗所需的基本水量。浸种容器可用干净的瓦盆、瓷盆或塑料盆，不要用金属或带油污的容器。对于种皮易发粘或未经发酵洗净的种子，可先用0.2%～0.4%的碱液清洗1次，并用温水冲洗干净。浸种方法有温汤浸种及普通浸种两种。温汤浸种法既能杀灭种子表面的病菌，又能加速种子的吸水，可提前达到所需要的水分。

（四）催芽

在消毒和浸种之后，为了加快种子萌发，应采取催芽处理。

催芽过程中主要是满足种子萌发所需要的温度、湿度和氧气等条件，促使种子中的营养物质迅速分解转化，供给种子幼胚生长的需要。当大部分种子露白时，停止催芽，准备播种。

常用的催芽方法有瓦盆催芽法、掺砂催芽法、恒温箱催芽法和变温催芽法等。

1. 瓦盆催芽法

瓦盆催芽法如图2-3所示，准备无油污的清洁湿布。

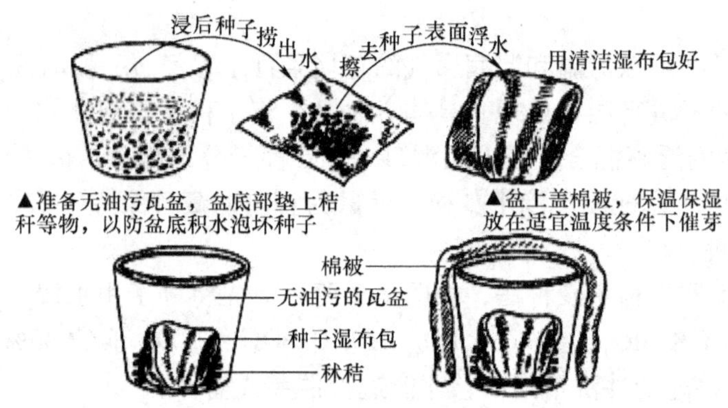

图2-3　瓦盆催芽法

2. 掺砂催芽法

掺砂催芽法如图2-4所示。将河砂过筛，洗净泥土。为防止苗期病害的发生，也可用100℃的开水浸泡细河砂，待冷却后再使用。河砂与种子按比例混匀后装盆。

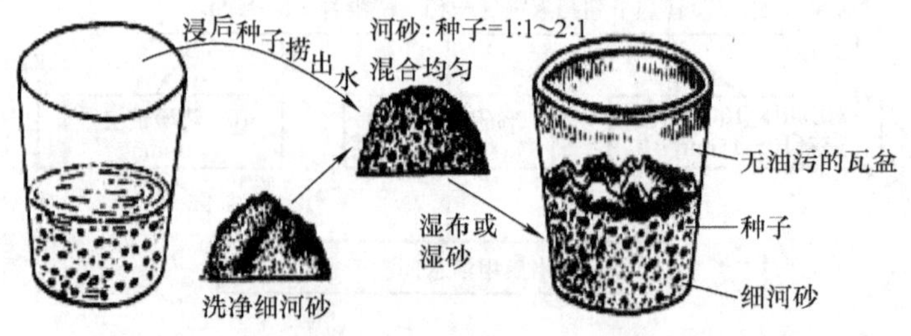

图2-4　掺砂催芽法

3. 恒温箱催芽法

把装有催芽种子的容器放入恒温箱内进行催芽。由于温度能自控，因而管理方便，出芽快、齐、壮。

4. 变温催芽法

对于种皮坚硬，具不透水层，以及种皮具胶质、蜡质、油质，休眠期长，发芽困难的种子，需经过高温→低温→高温才能解除休眠，萌动发芽。或在生产中，对于急需播种而来不及层积催芽的，常可采用变温催芽的方法。变温对种子发芽过程起到加速作用，又称为快速催芽法，如杜松、山楂等。低温、高温指标 -5～20℃，如紫椴始终保持种砂湿润，即时喷水翻动。个别种子，温水浸泡时，需加 0.5% 食用苏打，如杜松处理时，先用 80℃ 的热水浸泡，加 0.5% 食用苏打，搅拌 0.5h，温度降至 30℃ 以下时，自然浸泡一昼夜，换冷水泡，混砂。

子任务2　基 质 处 理

花卉种类繁多，因其产地不同及人工长期选择的结果，对土壤的要求差别很大。总体来说，在进行各种花卉育苗时，配制的育苗土必须有利于花苗的生长，尤其是根的发育。

一、优良营养土的特点

优良的营养土应具有高度的持水性和良好的通透性，总孔隙度应达到 60% 左右。这样的营养土可减少苗期浇水次数，继而减少因浇水多而引起的降温、肥料流失和病害的流行。由于秧苗生长时间短，单位面积内秧苗数量多，需肥量大，根系又浅，因此，营养土必须肥沃，具有较高的速效氮、磷、钾含量，营养土的总盐量不宜超过 2‰。春天苗期光照差，温度低，湿度大，秧苗密集，给病虫害的发生提供了良好条件，因此，营养土应不带使秧苗致病的病菌。营养土应具备以下特点：

1）性质优良。有良好的物理、化学性质，保水保肥力强。质地疏松，通气透水性好。酸碱度适宜或易于调节。

2）清洁卫生。无有毒物质，不带草籽、病菌和虫卵。

3）价格合适。所用材料能就地取材或价格便宜。

二、营养土材料的选择

配制营养土选择材料时要因地制宜。大量进行花卉商品育苗时，尤其用穴盘播种的，首选草炭土。它的总孔隙度在 90% 以上，透气、保水性能好，质轻，无病菌、虫卵和杂草种子。草炭土在我国储量非常丰富，目前已有许多地方开发成商品。

在林区附近的，可购买由阔叶树的落叶堆积腐烂而成的腐叶土（别名山皮土），它是非常理想的育苗土壤。广义的腐叶土泛指用落叶、秸秆、稻草等与少量田土混合在一起，层层堆积腐烂而成。它含较多的腐殖质，具有良好的团粒结构。

河砂、炉渣、珍珠岩、蛭石等无机物，它们作配料用，能改善营养土的通透性。充分腐熟的马粪、骡粪、驴粪，炭化稻壳也作配料用，既改善营养土的通透性，又提供一定的营养。

旱田土、菜田土、塘泥等最容易取得，用它们配制营养土可因地制宜。

三、营养土的配制

（一）材料过筛

大多数花卉的种子都比较小，播种用的营养土，要求配制的材料细碎。因此配制播种用的营养土材料，除了珍珠岩、蛭石、炭化稻壳外，都要过细筛。其中充分腐熟的马粪、骡粪、驴粪可用筛孔相对大一些的筛子。

（二）配制方法

首先要确定配方，由于植物生长习性不同，很难定出统一的配方，一般园林花卉盆栽基质的配制比例见表2-2。然后按配方准备好各种材料，将各种材料按比例混合均匀，最后视情况对基质进行消毒和调节酸碱度。若所用材料不带病菌则可不消毒。

表2-2　一般园林花卉盆栽基质的配制比例　（单位：份）

应用范围	腐叶土或草炭	针叶土或兰花泥	田园土	河砂	过磷酸钙或骨粉	有机肥
播种或分株	4	—	6	—	—	—
草本定植或木本育苗	3	—	5.5	—	0.5	1
宿根草本或木本定植	3	—	5	—	0.5	1.5
宿根草本或木本换盆	2.5	—	5	—	0.5	2
球根及肉质类花卉	4	—	4	0.5	0.5	1
喜酸性土壤的花卉	—	4	4	0.5	0.5	1

在基质的用量大时，过多强调基质的肥力不实际，有些地区用黄心土（山泥）拌一定比例的河砂（或锯末、珍珠岩）和有机肥（如食用菌培植土、腐熟鸡粪、泥炭土等）作基质。

四、营养土的消毒

为了保证育苗植物的健壮生长，应对育苗土进行消毒。除了草炭、珍珠岩、蛭石、炭化稻壳外，其他营养土均应进行消毒。一般在太阳光下暴晒几天，每天都要翻动。也可用药剂对营养土进行消毒，常用药剂有福尔马林、多菌灵、五氯硝基苯、氯化苦、福美双、甲霜灵、代森锰锌等。

用0.5%的福尔马林喷洒营养土，拌匀后堆置，用薄膜密封5～7d，揭去薄膜待药味挥发后再使用。50%的多菌灵粉剂每立方米营养土用量40g，或65%的代森锰锌粉剂60g，拌匀后用薄膜覆盖2～3d，揭去薄膜后待药味挥发掉使用。用氯化苦时要注意人身安全，它对人体有窒息性危害。

在播种时用药土铺在种子下面和盖在上面进行消毒，如每平方米苗床用25%甲霜灵可湿性粉剂9g＋70%代森锰锌可湿性粉剂1g兑细土4～5kg拌匀，1/3撒在种子下面，即撒后播种，播种后用2/3盖在种子上面。其对预防猝倒病效果十分显著，用药量应严格控制，否则对籽苗的生长有较大的抑制作用。用蒸汽将土温加热到90～100℃，处理0.5h，可杀灭病

虫害及杂草种子。

子任务3　播种技术

一、播种方式

（一）苗盘（容器）育苗

苗盘（容器）育苗是近代普遍采用的方法，有各类容器可供选用。容器搬动与灭菌方便，移栽时易带土。小容器单苗培育在移栽时可完全带土，不伤根，有利于早出优质产品。用一定规格的容器可配合机械化生产。在播种材料多、每种的量小及进行育种材料的培育时，容器育苗不易产生错乱。

（二）苗床育苗

苗床育苗是在室内固定的温床或冷床上育苗，是大规模生产常用的方法，通常采用等距离条播，利于通风透光及除草、施肥、间苗等管理，移栽起苗也方便。小粒种子也可撒播，操作时先做沟，播种后一般覆以种子直径2~4倍厚的细土，小粒种子及需光种子不覆土。出苗前常覆膜或喷雾保湿。

二、播种期的确定

播种期的确定是育苗工作的重要环节之一，它影响花卉生长、开花、适应能力、养护管理以及土地的使用等。播种期应根据各种花卉的生长发育特性、计划供花时间以及环境条件与控制程度而定。保护栽培下，可按需要时期播种；露地自然条件下播种，则依种子发芽所需温度及自身适应环境的能力而定。适时播种能节约管理费用，促进种子提早发芽，提高发芽率，而且出苗整齐，且能保证苗木质量。

（一）春播

露地一年生草花、宿根花卉、木本花卉适宜春播。南方地区约在2月下旬至3月上旬，华中地区约在3月中旬，北方约在4月或5月上旬。如节日用花可根据花卉苗龄推算播种期来进行提前播种。

（二）秋播

露地二年生草花和部分木本花卉适宜秋播。一般在9~10月间进行播种，冬季需在温室内越冬。

（三）随采随播

有些花卉种子含水分多，生命力短，不耐贮藏，失水后易丧失发芽力，应随采随播，如君子兰、四季海棠等。

（四）周年播种

热带和亚热带花卉的种子及部分盆栽花卉的种子，常年处于恒温状态，种子随时成熟。如果温度合适，种子随时萌发，可周年播种，如中国兰花、热带兰花等。

三、播种量

播种量包括两个方面，一是指每平方米播种床用多少种子，也叫做播种密度，单位为g/m^2；二是指定植666.7m^2时需播多少种子，单位为$g/666.7m^2$。

（一）播种密度

播种密度取决于种子的大小、发芽率、床土温度、籽苗在播种床上保留的时间。部分草本花卉播种密度见表2-3。如果发芽率高或分苗晚，播种量应比表中数字少些；如果发芽率低、分苗早、地温低，播种量可适当增加。

表2-3 部分草本花卉播种密度 （单位：g/m^2）

种 类	播种密度	种 类	播种密度	种 类	播种密度
藿香蓟	15	翠菊	20	蜀葵	90
三色堇	10	凤仙花	40	观赏辣椒	50
金鱼草	2	含羞草	40	羽衣甘蓝	20
金盏菊	60	紫茉莉	300	紫罗兰	5
万寿菊	20	虞美人	3	瓜叶菊	4
百日草	50	矮牵牛	1.5	大岩桐	1
鸡冠花	8	樱草	15	冬珊瑚	20
醉蝶花	12	一串红	25	大丽花	75
麦秆菊	8	美女樱	20	大花马齿苋	2

（二）育苗栽植每666.7m^2用种量

在大面积绿化时，需要培育大量草本花卉秧苗定植露地。在做生产计划时，必须根据需要培育足够的秧苗，准备足量的种子。

用种量为每666.7m^2用苗除以每克种子出苗数，再乘以安全系数。出苗数等于每克种子粒数乘以种子净度和发芽率。以一串红为例，每666.7m^2需秧苗3300株，每克种子357粒，种子净度假如为90%，发芽率为50%，安全系数为1.2。

每克种子出苗数为：357株/g×90%×50%=161株/g

总需苗数：3300株×1.2=3960株

用种量：3960株÷161株/g=24.6g

四、播种方法

（一）苗床播种

1. 苗床整理

选择通风向阳、土壤肥沃、排水良好的圃地或温室内苗床，施入基肥，整地作畦，浇足底水，调节好苗床墒情，准备播种。

2. 播种方法

根据花卉种类、花卉种子的大小、花卉耐移栽程度以及园林应用等，可选择条播、点播或撒播等播种方式。

（1）条播（图2-5） 条播方式便于通风透光，中粒种子和小粒种子一般采用此法，如文竹、天门冬、一串红、鸡冠花、三色堇等。

（2）点播（图2-6） 按一定的株行距，单粒点播或多粒点播，主要便于移栽。大粒种子一般采用点播方式，如紫茉莉、牡丹、君子兰等。

（3）撒播 占地面积小，出苗量大，撒播均匀，但要及时间苗和蹲苗，小粒种子或者

把微粒种子混入少许细面砂、细干土后采用此法，如矮牵牛、藿香蓟、虞美人等。

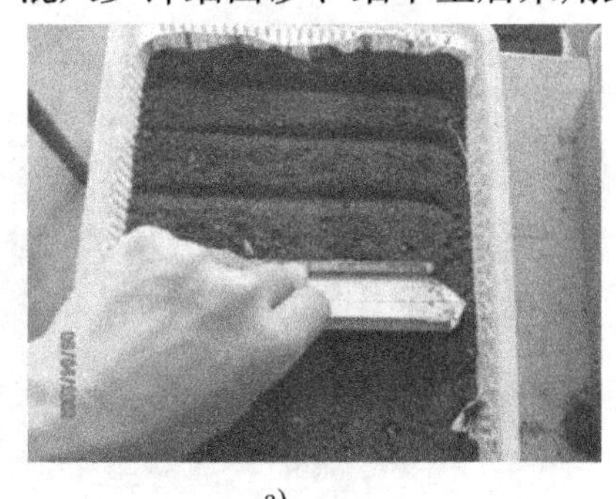

a)

b)

图2-5 条播

a）开条沟 b）播种

3. 播种深度及覆土

播种的深度即覆土的厚度（图2-7）。一般覆土深度为种子直径的2~3倍，大粒种子可稍厚些，小粒种子宜薄，以不见种子为度，微粒种子也可不覆土，播后轻轻镇压即可。播种覆土后，稍压实。使种子与土壤紧密接触，便于吸收水分，有利于种子萌芽。为了控制覆土厚度和使覆土均匀，播种后可将几根木棒放在盘内，木棒直径和覆土厚度一致，如需覆土1cm，所放木棒直径也应为1cm。覆土的厚度和木棒持平，以木棒上面似被土盖上但又没盖严，隐约可见为好，覆好后拣出木棒，轻轻刮平。

图2-6 点播

图2-7 覆土

（二）苗盘（容器）播种

1. 苗盘准备

一般采用播种盘或盆口较大的浅盆，底部有排水孔，播种前洗刷消毒后待用。

2. 育苗土准备

育苗土要求疏松通气、排水保水性能好、腐殖质丰富，不含病虫卵和杂草的种子。育苗土处理消毒配制好，然后装入盘（盆）内，填实，刮平，盆土距盘沿约1cm。

3. 播种

小粒、微粒种子掺土或细砂后均匀撒播，中粒种子和包衣种子可条播，大粒种子可直接点播在营养钵内。播后用细筛视种子大小覆土，微粒和小粒种子覆土要薄，以不见种子为度。

4. 盆底浸水（图2-8）

播种后将播种容器底部浸到水里，至盆面刚刚湿润均匀后取出，忌喷水。

5. 覆盖

浸盆后将盆平放在蔽阴处，用玻璃或报纸覆盖盆口，防止水分蒸发和阳光直射。夜间可将玻璃或报纸掀去，使之通风透气，白天再盖好。

图2-8 盆底浸水

五、播后注意事项及出苗障碍

（一）播后注意事项

1）保持苗床（苗盘）的湿润，初期水分要充足，以保证种子充分吸水发芽的需要。发芽后适当减少水分，以土壤湿润为宜，不能使苗床有过湿现象，土壤过于潮湿，通透性变差，幼苗容易感染病虫害。而有时保持土壤适当的干燥，使小苗经受适度缺水的锻炼，反而对根系的纵深生长有利，也就是常说的蹲苗。

2）播种后，如果温度过高或光照过强，要适当遮阳，避免床面出现“封皮”现象，影响种子发芽出土。

3）播种后期根据发芽情况，适当拆除遮阳物，逐步见阳光。

4）当真叶出现后，根据苗的疏密程度及时“间苗”，去掉弱苗，留壮苗，充分见光“蹲苗”。

5）间苗后需立即浇水，以免留苗因根部松动失水而死亡。要坚持多次少量，用细孔喷壶浇灌，注意防止冲倒花苗或将泥浆溅在叶片上。对于保护地育苗，还应加强通风降湿管理，防止出现高脚苗。

（二）出苗障碍

从播种到齐苗多数草本花卉只有几天时间，但在这短短时间内，很容易出现出苗障碍，影响育苗的正常进行，常见出苗障碍有以下几种情况：

1. 不出苗或出苗很少

首先是种子有问题，如播种前种子已经失去发芽能力，或虽然出芽，但之前已感染上病菌，种子在土中因感病而丧失出苗能力。其次是外界条件不适引起不出苗或出苗很少，如床土含水量太多或太少，土温太高或太低，床土盐类浓度太高，床土或水里混入除草剂等都可能引起不出苗或出苗很少。

2. 出苗不整齐

1）苗床上有的地方出苗多，有的地方出苗少，原因是浇水不均。在电热温床上放育苗盘时，靠近电热温床四周出苗少，中间出苗多，是因温度差异所致，多发生在温室地温低的地方，或对温度敏感的种类，只要将苗盘调整即可解决。

2）出苗时间不一致，这主要是由于种子发芽势不好，种子成熟度不一致，新陈种子或发芽势差别很大的种子混在一起所致。

3. 籽苗“戴帽”出土

“戴帽”是子叶带种皮出土的一种现象。“戴帽”子叶不能开，影响生长。原因是覆土太薄，种皮受压太轻；覆土太平，使种皮干燥发硬不易脱落；陈种子出土能力差，不易将种皮顶出。除去“戴帽”种皮的方法：早晨用喷壶洒些温水或用喷雾器喷水，种皮湿润后人工辅助脱去种皮，撒湿润细土。

4. 死苗

猝倒病、立枯病、夏季沤根，地下害虫咬食根系或使根系脱离土壤，个别种类的花卉使用陈种子，冻害，有毒气体危害，床土盐类浓度过高，出苗后浇水时误混进除草剂等，均可造成死苗。

基本任务2 生长调控

知识目标

- 了解花卉生长所需环境因子的调控原理。
- 理解花盆种类及性能。
- 掌握草本花卉的定植步骤。

能力目标

- 学会草本花卉移植和水肥管理技术要点。
- 掌握草本花卉的上盆技术。
- 掌握草本花卉的定植技术。

子任务1 常规生产管理

育苗后进行的各项培育管理措施，会直接影响植株的质量好坏，以及后期的生长发育与开花结实，如果幼苗长势衰弱，后期很难复壮，因此，花卉生长调控工作显得尤为重要。要培育出优质花苗，需要注意以下问题。

(1) 低温条件 大部分花卉种子发芽所需的温度较高，一般为15~25℃，但出苗后，需要控制温度，如果温度持续过高，反而对幼苗生长不利，会出现幼苗徒长现象。因为，气温高时，茎叶生长速度明显快于根系，同时也会影响根系的发育。尤其对于一些二年生草本花卉，必须经历10℃以下春化作用，才能促进花芽分化，否则影响开花。

(2) 增加光照强度 幼苗出土后，要揭去遮盖物，并随时拔掉拥挤、瘦弱或有病虫害的幼苗，以确保幼苗充足的生长空间，获得良好的光照与通风条件，这是培育壮苗必不可少的措施。

(3) 适量浇水 幼苗较脆弱，根系浅而且少，抗旱能力弱，必须经常保持苗床土湿润。苗期浇水，要坚持多次少量，用细孔喷壶浇灌，注意防止冲倒花苗或将泥浆溅在叶片上。同时，也要合理控制浇水量，保持土壤干湿度适中。

（4）适量施肥　育苗期间的施肥主要以追肥为主。幼苗长出真叶后，结合浇水，追施1、2次，但由于幼苗纤嫩，应将肥料稀释之后浇灌。也可进行叶面追肥，对幼苗健壮生长十分有利。用0.1%～0.2%的尿素和磷酸二氢钾水溶液进行叶面追施，效果同样明显。

（5）病虫害防治　幼苗长势弱，抗性差，容易遭受病菌及地下害虫侵害，要特别注意加强日常管理。

一、间苗与移植

（一）间苗

间苗又称为疏苗。间苗工作不宜太迟，在幼苗长出真叶后即可开始，间苗后应立即浇水，以防在间苗过程中因小苗松动而干死。对露地播种和保护地播种而言，为保证足够的出苗率，播种量都大大超过留苗量，易造成幼苗拥挤，应及时疏苗，使苗间空气流通、日照充足，以保证幼苗有足够的生长空间和营养面积。间苗一般在子叶发生后进行。间苗的原则是间小留大，去劣留优，间密留稀，全苗等距，可结合除草。间苗的时间和次数应以苗木的生长速度和抵抗能力的强弱而定。间苗应分数次进行，第一次间苗在出齐苗时进行，一般按拟定的株行距，每墩苗2、3株，其余拔掉。第二次间苗需当幼苗长出3、4片真叶或高3～5cm时进行，也叫定苗，除准备成丛栽植的草花外，一般均留一株壮苗，对一些耐移植的花卉，间除的花苗可以栽植到其他的苗圃里。间苗后应及时浇水，以防在间苗过程中被松动的小苗干死。这时间出的小苗也可以移栽别处。间苗常用于一、二年生花卉以及不耐移植而必须直播的种类，如虞美人、香豌豆等。对幼苗疏密不均或缺苗的现象，要及时补苗。补苗应结合间苗进行，要带土铲苗，植于稀疏空缺处，按时按需浇水，并根据需要采取遮阴措施。

（二）移植

露地花卉中，除了一些不耐移栽的种类直接播种不再移栽外，大多数花卉均先在苗床育苗，经分苗后，倒苗栽种1、2次以后，最后定植于花坛、花圃、花境或上盆养护，这个过程称为移栽。

1. 移栽作用

株距增大，有效地扩大花苗的营养面积，光照更加充足，空气更加流通，并且切断主根，促发侧根生长，降低苗的高度，减少猝倒病的蔓延，还能推迟花期，促使幼苗更加茁壮地生长。另外，通过多次移栽，还有利于定植后缓苗。

2. 移栽时间

移栽时间应在将要影响花苗生长的时候为宜，早了增加育苗成本，晚了影响花苗的质量。幼苗移栽的时间应根据幼苗的种类、生长特点及当时的气候条件来确定。出苗后，生长速度快的15d后可移栽；生长速度慢的30d后可移栽。也可以根据幼苗的生长高度来确定移栽时间，一般在苗高5cm左右进行移栽。还可以依据幼苗长出的真叶数来确定移栽时间，露地栽培花苗一般在幼苗长出4、5片真叶时移栽，盆栽花苗在幼苗长出2、3片真叶时移栽。还可以根据花卉对温度的适应性而定，对于耐寒的花卉种类，应在早春移栽；对于不耐寒的花卉种类（二年生草本花卉），应在晚秋霜冻前移栽，再转入冷床保护越冬，或在早春霜冻后移栽。至于扦插苗，在扦插生根后应立即移栽。具体的移栽时间以选择无风的阴天或傍晚进行为好，因为这时没有阳光直射，空气湿度较高，有利于移栽幼苗复苏。

3. 移栽次数

育苗时间短的草本花卉移1、2次，育苗时间长的木本花卉移2、3次，育苗时间长的草本花卉可多次移苗。一般来说，第一次露地分栽株行距约为1～6cm，第二次露地分栽株行距约为8～15cm。若是盆栽，则应逐渐加大盆号。还应注意，移栽不宜太深，栽后要及时浇透水，并且适度遮阴或把盆移至遮阴处进行养护管理数日。

4. 移栽方法

先起苗，后移栽。起苗应在苗床土壤不特别干燥的状况下进行，以防伤根。移栽小苗分为裸根移栽和带土移栽两种方法。裸根移栽适用于小苗和容易成活的品种。裸根移栽的苗，起苗时将土壤成块掘起，然后将根群从土块中松动拉出，注意不要硬拉，以免伤根太多。带土移栽则适用于大苗及较难成活的品种（如紫茉莉、紫罗兰等）。带土移栽的苗，移栽时使一部分土壤能附在根群上，先用手铲在苗四周将土铲开，最后在底部将苗铲起，勿使土团碎开。在移栽时，主根大的，应切断主根，以促生侧根。移栽的株行距应视幼苗大小、生长速度及苗床土的肥力而定，并且逐渐增大株行距。无论带土或裸根起出的苗，均应迅速种植，避免烈日强风，防止根部枯萎影响成活。另外，移栽过程中，有些茎较脆嫩的草本花卉，应手握花叶，不宜握花茎，勿使花茎受伤，要轻拿轻放。

有时，为了便于方便管理，节约人力、物力、财力，采取集中播种的办法，播的较密，待小苗长出3、4片真叶时，全部挖出，进行移栽。对于少数直根性的花卉种类，如牵牛花、虞美人、花菱草等，则不宜移栽，需直接播种育苗。

二、温度管理

各类花卉在各自的原产地已形成了各自的生态习性和栽培要求。在各类花卉的生长发育过程中，由于长期适应原产地的气候、土壤等环境条件，形成了各自不同的、相当稳定环境要求条件，也就是所谓的花卉遗传特性，要想改变其遗传特性是比较困难的。一方面，环境因子的改变对它们的生长与发育会产生直接或间接的影响，这些条件包括温度、光照、水分、空气、土壤和肥料的施用等，它们相互关联、相互制约。另一方面，花卉在长期的系统发育中，对环境条件的变化也产生各种不同的反应和多种多样的适应性。栽培中使它们在不同环境产生多种多样的适应性，花卉工作者要了解温度、光照、水分、土壤、空气、营养元素与花卉的关系，了解组成环境的各个因素，全面地考察它们之间相互制约的关系，人为地创造适宜的环境条件，才能科学地进行花卉栽培管理，控制和改造花卉的生长发育特点，达到优质高产的目的，创造理想的园林效果。

（一）花卉生长发育对温度的要求

花卉从种子萌发到种子成熟，对温度的要求是随着生长阶段或发育阶段的变化而变化的。也就是说，花卉在不同的生长发育阶段对温度的要求也不同。

一般来说，一年生花卉种子的萌发可在较高温度（尤其是土壤温度）下进行。一般喜温花卉的种子，发芽温度要求在25～30℃为宜；而耐寒花卉的种子，发芽温度要求在10～15℃或更低。幼苗期要求温度较低，以18～20℃为宜。幼苗渐渐长大又要求温度逐渐升高，以22～26℃为宜。这样的温度变化有利于进行同化作用和营养积累。至开花结实阶段，多数花卉不再要求高温条件，相对低温有利于生殖生长。总结花卉生长发育各阶段的温度要求为：播种期（即种子萌发期）要求温度高；幼苗生长期要求温度较低；旺盛生长期需要较高的温度，否则容易徒长，而且营养物质积累不够，影响开花结实；开花结实期要求相对较低的温度，有利于延长花期和子实的成熟。

二年生草本花卉幼苗期大多要求经过一个低温阶段，一般为1~5℃，以利于通过春化阶段，否则不能进行花芽分化。二年生花卉相对于一年生花卉而言，播种期要求较低的温度，一般在20℃左右，相对于播种期而言，幼苗生长期需要有一个更低的低温阶段（13~16℃），以促进春化作用完成，这一时期的温度，在不超过能忍耐的极限低温的前提下，温度越低，通过春化阶段所需的时间越短。进入旺盛生长期则要求较高的温度环境（22~26℃），开花结实期同样需要相对较低的温度，以延长观赏时间，并保证种实充实饱满。因此，每种花卉的不同生长发育时期对温度的适应有很大的区别。

研究温度对花卉生长发育的影响时，还要注意土温、气温和花卉体温之间的关系。土温与气温相比是比较稳定的，距离土壤表面越深，温度变化越小，所以花卉根的温度变化也较小，相对比较来说，根的温度与土壤温度之间差异不大。地上部的温度则以气温的变化而变化，当阳光直射叶面时，其温度可以比周围的气温高出2~10℃，这就是阳光引起花卉叶片灼伤的原因。此外，温室结构不合理，会造成一定程度的聚光，灼伤植物，此时应采取遮阴措施。到了夜间，叶子表面的温度可以比气温低些。

另外，植物的根一般比较不耐寒，但越冬的多年生花卉，往往地上部已受冻害，而根部还可以正常存活。根的生长最适点比地上部分要低3~5℃，春天大部分花卉根的活动要早于地上器官。一些木本花卉的根开始活动，树液已流动，而地上芽尚未萌发，此时进行嫁接，成活率较高。这是由于土壤温度比气温变化小，冬季的土壤温度比气温高。

（二）花芽分化对温度的要求

花卉在发育的某一时期，需经低温后才能进行花芽分化而达到开花，这种现象称为春化作用。春化作用是花芽分化的前提，不同的植物对通过春化阶段的温度、时间有差异。如秋播的二年生花卉需0~19℃才能通过春化阶段，而春播的一年生花卉则需较高温度才能通过春化阶段。花卉通过春化阶段在适宜的温度下才能分化花芽。春花类花卉（如海棠花、杜鹃花、梅花、桃花、樱花、山茶花等）在6~8月间25℃以上时进行花芽分化，花芽形成后，经过冬季的低温越冬，才能在春季开花，否则花芽分化会受到障碍影响开花。球根花卉（如唐菖蒲、晚香玉、美人蕉等）在夏季高温生长期进行花芽分化。有些球根花卉则在夏季休眠期花芽分化。如郁金香花芽形成最适温度为20℃，水仙需13~14℃。原产温带和寒带地区的花卉，在春秋季花芽分化时要求温度偏低，如三色堇、雏菊、天人菊、矢车菊等。

温度对花朵的色彩也有一定影响。开花期喜高温的种类，温度高时色彩艳丽；而喜低温或中温的种类，温度高时花色反而较淡，如蓝白复色的矮牵牛，蓝色和白色部分的多少受温度的影响，在30~35℃高温条件下，花瓣完全呈蓝色或紫色，而低于15℃时，花瓣呈白色。还有月季、大丽花、菊花等在较低温度下花色浓艳，而在高温下则花色暗淡。喜高温的花卉，高温下花朵色彩艳丽，如荷花、半支莲、矮牵牛等；而喜冷凉的花卉，如遇30℃以上的温度，花朵变小，花色黯淡，如虞美人、三色堇、金鱼草等。

温度对花的芳香性也有一定影响。花卉开花时如遇气温较高、阳光充足的条件，则花香浓郁，不耐高温的花卉遇高温时香味变淡。这是由于参与各种芳香油形成的酶类的活性与温度有关。花期遇气温高于适温时，花朵提早脱落，同时，高温干旱条件下，花朵香味持续时间也缩短。

（三）花卉对温度周期变化的适应

花卉所处的环境中，温度总是变化着的，有两个周期性的变化：即日周期变化及年周期变化。

1. 花卉对日周期温度变化的适应

昼夜温差现象是自然规律，在一天中是白天温度较高，晚上温度较低，昼夜温差大。植物的生活也适应了这种昼热夜凉的环境。白昼的高温有利于光合作用，夜间的低温可抑制呼吸作用，可以减少呼吸作用对能量的消耗，有利于营养生长和生殖生长。因而周期性的温度变化对植物的生长与发育是有利的，许多花卉都要求有这样的变温环境才能正常生长。如热带花卉的昼夜温差应为3～6℃，温带花卉的昼夜温差应为5～7℃，而沙漠植物（如仙人掌）则要求相差10℃以上。这种现象称为温周期。适当的温差还能延长开花时间，使果实着色鲜艳等。各种花卉对昼夜温差的需要与原产地日变化幅度有关。属于大陆气候、高原气候的花卉，昼夜温差以10～15℃较好；属于海洋性气候的花卉，昼夜温差以5～10℃较好；原产低纬度的花卉，在昼夜温差很小的情况下，仍可生长发育良好。昼夜温差也有一定的范围。如果日温高，而夜温过低，也会生长不好。不同花卉的昼夜最适温度是不同的。有许多要求低温通过春化的植物，仅仅有夜间低温，也可达到与昼夜连续低温相同的作用。

2. 花卉对年周期温度变化的适应

我国大部分地区属于温带，四季分明，一般春、秋季气温在10～22℃之间，夏季平均气温为25℃，冬季平均气温在0～10℃之间。对于原产温带地区的花卉，如郁金香、香雪兰、唐菖蒲等，一般表现为春季发芽，夏季生长旺盛，秋季生长缓慢，冬季进入休眠。吊钟海棠、天竺葵、仙客来虽不落叶休眠，但高温季节也常常进入半休眠状态。这样的休眠是植物生理在不良环境下代谢平衡，经过休眠后的花卉，在下一阶段生长发育得更好、更健壮。由于温度年周期节律变化，有些花卉在一年中有多次生长的现象，如代代、佛手、桂花、海棠等。在秋季，常由于面临严冬，枝条不充实，不利于花芽分化，应予以控制。春化现象也是花卉对温周期变化的适应。丁香、碧桃若无冬季的低温，则春季的花芽不能开放；牡丹、芍药的种子如进行春播，则不能解除上胚轴的休眠；为了使百合、水仙、郁金香在冬季开花，就必须在夏季进行冷藏处理。

花卉发芽、生长、现蕾、开花、结实、新种实成熟、落叶、休眠等生长发育阶段，均与当时的温度值密切相关。了解地区气温变化的规律，掌握花卉的物候期，对有计划的安排花事活动非常有利。

三、光照管理

光照是花卉进行光合作用、制造有机物质的能量来源。光是绿色植物生存的必需条件，它促进叶绿素的形成，是光合作用的能源。没有光照，植物就不能进行光合作用，其生长发育也就没有物质来源和物质保障。一般而言，光照充足，光合作用旺盛，形成的碳水化合物多，花卉体内干物质积累就多，花卉生长和发育就健壮，而且，碳氮比高，有利于花芽分化和开花，因此大多数花卉只有在光照充足的条件下才能花繁叶茂。所以，花卉栽培需要适合的光照强度、光照时间和光质。

（一）光照强度对花卉的影响

光照强度简称光度。光照强度的单位为lx。一般认为日光度为100000lx，阴天的光度在

100～1000lx 左右，白天室内的光度在 1000lx 左右。在花卉栽培中，花卉在吸收光照时需直射光或漫散射光。光照强度的强弱，对花卉植物体细胞的增大、分裂和生长有密切关系。光强度增加，植株生长速度快，促进植物的器官分化，制约器官的生长和发育速度，植物节间变短、变粗，提高木质化程度，改善根系的生长，形成根冠比，促进花青素的形成使花色鲜艳。不同种类的花卉对光照强度的要求是不同的，主要与它们的原产地光照条件有关。一般原产热带和亚热带的花卉因当地阴雨天气较多，空气透明度较低，往往要求较低的光照强度，如果将它们引种到北方地区栽培时通常需要进行遮阴处理。而原产于高海拔地带的花卉则要求较强的光照条件，而且对光照中的紫外光要求较高。

为便于栽培管理，根据花卉对光照强度的要求不同，可以分阳性花卉、中性花卉、阴性花卉、强阴性花卉 4 种花卉类型。

一般植物的最适需光量大约为全日照的 50%～70%，多数植物在 50% 全日照以下会生长不良。当日光不足时，植株徒长、节间延长、花期延迟、花色不正、花香不足，而且易感染病虫害。有些花卉对光照的要求因季节变化而不同，如仙客来、大岩桐、君子兰、天竺葵、倒挂金钟等夏季需适当遮阴，但在冬季又要求阳光充足。此外，同一种花卉在其生长发育的不同阶段对光照的要求也不一样。一般幼苗繁殖期需光量低一些，有些甚至在播种期需要遮光才能发芽；幼苗生长期至旺盛生长期则需逐渐增加需光量。

花卉与光照强度的关系是随着年龄和环境条件的改变相应地发生变化，有时甚至会有很大变化，并不是固定不变的。光照强度对花色也有影响。紫红色花是由于花青素的存在而形成的，花青素必须在强光下才能产生，而在散光下不易形成，如春季芍药的紫红色嫩芽以及秋季红叶均为花青素的颜色。

（二）光照时间对花卉的影响

花卉开花的多少、花朵的大小等除与其本身的遗传特性有关外，光照时间的长短对花卉的花芽分化和开花也具有显著的影响。花卉植物的生命周期在经过春化阶段之后即进入光照阶段。光照阶段对于花卉植物的阶段发育关系密切，直接影响着孕育开花。一般在同一植株上，充分接受光照的枝条花芽多，接受光照不足的枝条花芽较少。不同种类的花卉所需光照时间的长短也是不同的，根据花卉对光照时间的要求不同，通常将花卉分为长日照花卉、短日照花卉和中日照花卉 3 类。

了解花卉开花对日照时数长短的适应性，对调节花期具有重要的作用，可以利用这一特性使花卉提早或延迟花期。如果采用遮光的方法，可以促使短日照花卉提早开花，反之，用人工加光的方法可以促使长日照花卉提早开花。而如使短日照花卉长期处于长日照的条件下，它只能进行营养生长，不能进行花芽分化，不形成花蕾开花。

（三）光质对花卉的影响

光质又称为光的组成，是指具有不同波长的太阳光的成分。太阳光主要由红、橙、黄、绿、青、蓝、紫七种光谱成分组成，其次是红外线和紫外线。花卉栽培是在太阳光的全光谱下进行的，但不同的光对光合作用、叶绿素、花青素的形成有不同的效果。不同波长的光对植物生长发育的作用也不尽相同。植物的光合作用主要吸收红光和橙光，其次是蓝光和紫光。植物同化作用吸收最多的是红光，其次为黄光，蓝紫光的同化效率仅为红光的 14%。紫光和紫外线主要为植物色素的形成提供能量，抑制枝条的伸长生长。红光和红外线有促进植物枝条伸长的作用，不仅有利于植物碳水化合物的合成，还能加速长日照植物的发育；短

波的蓝紫光则能加速短日照植物的发育，并能促进蛋白质和有机酸的合成。一般认为短波光可以促进植物的分蘖，抑制植物伸长，促进多发侧枝和芽的分化；长波光可以促进种子萌发和果实成熟，促进花青素和其他色素的形成。高山地区及赤道附近极短波光较强，花色鲜艳，就是这个道理。

花青素是各种花卉的主要色素，越是阳光强烈，对花青素的形成越有利。花卉在高原地区栽培，受太阳蓝、紫光及紫外线辐射较多，花卉具有植株矮小、节间较短、花色艳丽等特点。

四、水分管理

（一）花卉生长发育对水分的要求

花卉在栽培中对水分有不同的要求，同一花卉在不同的生长发育时期，对水分的要求也不同。种子萌芽期需要足够的水分，以便透入种皮，有利于胚根的抽出，并供给种胚必要的水分。种子萌发后，由于幼苗期根系较浅，根系吸水力弱，抗旱能力较弱，需要保持土壤表面湿润状态，但不能太湿或有积水，需水量相对于萌芽期要少，但应充足。旺盛生长期需要充足的水分供应，以保证旺盛的生理代谢活动顺利进行，增加细胞的分裂和细胞的伸长以及各个组织器官形成。生殖生长期需水较少，控制生长速度和顶端优势，有利于花芽分化。空气湿度也不能太高，否则会影响花芽分化、开花数量及质量。孕蕾期和开花期，需水偏少，延长观花期。在开花结实阶段，植物对水分的需求量逐渐减少，要求空气干燥，以保证授粉结实。种子成熟期需水量少，要保持环境通风良好，减少空气湿度。

（二）水分对花卉的花芽分化及花色也有影响

一般情况下，适当控制对花卉水分的供应有利于花芽的分化，如风信子、水仙、百合等，用30～35℃的高温处理种球，使其脱水可以使花芽提早分化并促进花芽的伸长。此外，在栽培上常用“扣水”的方法来促进花芽分化，控制花期。水分对花色的影响也很大，水分充足才能显示花卉品种色彩的特性，花期也长，水分不足的情况下花色深暗，如蔷薇、菊花表现很明显。

栽培中如果空气湿度过大，往往使花卉的枝叶徒长，容易造成落蕾、落花和落果，同时也降低了抗病、抗虫的能力。观叶植物则需要较高的空气湿度，增加枝叶的亮度和色泽。

五、土壤管理

（一）花卉对土壤质地的要求

露地栽培的花卉由于根系能够自由伸展，对土壤的要求一般不是很严格，只要土层深度合适，通气和排水良好，并具有一定肥力就可。而盆栽时，由于根系的伸展受到花盆限制，因此盆栽用土除物理性状上能满足其种植要求外，还必须含有充足的营养物质。所以，盆栽用土的好坏是培养盆栽观赏植物成败的关键因素。

土质与花卉栽培的关系根据土壤中矿物质颗粒的大小，以及它们占有的不同比例，通常将土质划分为沙土类、黏土类和壤土类三种。

不同种类的花卉植物，对土壤类型的要求有一定差异。一、二年生草本花卉在露地栽培时，对土壤要求不严，除沙土和极黏重的土壤不宜种植外，其他土壤均可，但以排水性和通气性良好，又能保水保肥的沙质壤土最为理想。在盆栽时，由于盆钵容量有限，花卉根系的伸展受到限制，因此，对盆土质量的要求更高。好的盆土不仅要具有良好的团粒结构，而且要富含各种营养物质，单独使用某一种类型的土壤，不能满足上述要求，需要配制营养土。

（二）花卉对土壤酸碱度的要求

土壤酸碱度与土壤的理化性状、微生物活动及矿质元素的分解利用等紧密相关，直接影响植物根系的生理活动及对矿质营养物的吸收。例如，营养元素在pH值5.5～7.0的土壤中有效性最高，在pH值5.5～7.0范围外的土壤中，与钙、铁、铝发生结合，其活性会大大降低。

花卉按酸碱度可分为耐强酸性花卉、酸性花卉、中性花卉、耐碱性花卉4种。就土壤酸碱度而言，虽然一般的花卉对土壤酸碱度要求不严格，在弱碱性或偏酸的土壤中都能生长，但大多数花卉在中性至偏酸性（pH值6.0～7.0）的土壤中生长良好。

土壤酸碱度检测：取少量待测土壤，加入蒸馏水，刚好浸溶土壤即可，稍许搅拌，待澄清后，取pH值试纸蘸着土壤溶液，然后与比色板上的标准色谱进行对照，找出相近颜色的色板数值，即是所测土壤的pH值。

六、营养管理

花卉在整个生长期内所必需的营养元素是：碳、氢、氧、氮、磷、钾、钙、镁、硫、铁、锰、锌、铜、钼、硼、氯。这16种必需的营养元素又可分为大量营养元素、中量营养元素、微量营养元素。大量营养元素包括碳、氢、氧、氮、磷、钾；中量营养元素包括钙、镁、硫；微量营养元素在植物体内含量很少，一般只占干重的十万分之几到千分之几，包括铁、锰、锌、铜、钼、硼、氯。每种营养元素在花卉生长发育中都必不可少。有的元素取自空气，有的可从水中获得，大多数来源于土壤。由于成土母质不同，各种元素在土壤中的含量不一，所以对缺少或不足的元素应及时补充。影响肥效的常是土壤中含量不足的那一种元素。如在缺氮的情况下，即使基质中磷、钾含量再高，花卉也无法正常吸收利用，因此施肥应特别注意营养元素的完全与均衡，做到配方施肥。

（一）肥料类型

1. 根据施用时期分类

（1）基肥　基肥是指定植或播种以前就施入到土壤中的肥料，它能给花卉在整个生育期中提供完全而均衡的营养。基肥用量大，一般占全生育期用肥总量的70%。充足的基肥既能提供花卉生育所需的营养，又能使土壤变得松软，促进土壤团粒体结构的形成，也有利于根系对养分的吸收。

基肥多以有机肥为主，通常每100m^2施1m^3完全腐熟的厩肥、堆肥或饼肥等。另外，无机肥料最好可与有机肥料配合施用，通常每100m^2施10kg左右氮磷钾复合肥或磷酸二铵。

（2）追肥　追肥是指定植或出苗后，在花卉生长期间为调节植株营养而施用的肥料。追肥可以采取根际追肥和叶面追肥两种方式。追肥主要以使用速效性化学肥料为主。根据不同生育阶段的需肥特点，选择不同的肥料类型和配合比例。

2. 根据化学性质分类

（1）有机肥　有机肥料主要指人、畜、家禽的粪便，水产类的下脚料，以及一些经过沤制的植物性肥料。常用的有机肥包括厩肥、堆肥、骨粉、畜禽粪、人粪尿、饼肥、绿肥、

腐殖酸类肥料、生活垃圾等。有机肥料具有种类繁多、来源广泛、营养全面、肥效慢而持久等特点，大多作为基肥使用，偶尔作为追肥使用。使用时一定要注意，新鲜有机肥必须经过充分的腐熟和灭菌处理后才能使用，否则会引起烧根、虫害等。

（2）无机肥　无机肥又称为化肥，是指工厂化生产的化学合成肥料。常用的无机肥包括尿素、硝酸铵、过磷酸钙、硫酸钾、氯化钾、磷酸二氢钾等。无机肥肥效相对较快而短，营养元素有效含量较高，使用方便，在花卉生产中主要做追肥使用。需要注意的是过磷酸钙虽然属于无机肥，但是化学性质稳定，分解较慢，多做基肥使用。目前，无机肥的发展已从单元肥向复合肥、复混肥、专用肥方向发展。

（3）缓释肥　缓释肥是近年来发展起来的一种新型肥料。它是将多种化学肥料按一定配方混匀加工制成颗粒状，在其表面包被一层树脂、塑料等特殊材料制成的壳体。通过壳体配方、壳体厚度和壳体层数等因素的改变，预先设定肥料的释放时期和释放量。在整个使用期内，养分被均匀释放，肥效期可控制。它克服了普通化肥溶解过快、持续时间短、易淋失的缺点，使养分按植物吸收规律释放，从而能提高肥效。

缓释肥的出现，极大地简化了花卉生产中的某些操作环节，减少了劳力投入，同时也节约了化肥。试验证明，使用缓释肥可比使用普通化肥节约用量40%～50%。

（二）施肥量

准确的施肥量，需经田间试验，结合土壤营养分析和植物营养分析，根据养分吸收量和肥料利用率来测算。因花卉种类、品种、土质以及肥料种类不同，目前很难确定统一的施肥量标准。就植物的生育阶段而言，一般幼苗期吸收量较少，茎叶大量生长至开花前吸收量呈直线上升，一直到开花后才逐渐减少。因此，施肥量和肥料种类要与花卉各个生育阶段的需肥量和需肥特点相适应。在营养生长期应多施氮肥和磷肥，而在孕蕾期、开花期则应多施磷肥和钾肥，以促进成蕾和延长花期。除此而外，还应结合植株的大小和生长势等具体情况而定。一般植株高大、生长势旺、生长迅速的花卉可多施，植株矮小、生长势差、生长缓慢的花卉宜少施。喜肥花卉（如香石竹、菊花等）宜多施，耐贫瘠花卉（如肾蕨、补血草等）宜少施。种植密度大宜多施，密度小宜少施。缓效有机肥可以适当多施，速效有机肥和化肥应适度使用。通常生长旺盛季节每隔7～10d追施1次肥，要掌握“薄肥勤施”的原则，切忌施浓肥。

（三）施肥方法

1. 基肥

基肥多在整地时，结合土壤耕作翻入土内，并与土壤充分混合，有时在基肥中混入少量化肥，以提高或弥补基肥养分含量的不足。

2. 追肥

（1）根际追肥　根际追肥是将肥料施入植物根系周围的土壤中，方法有撒施、条施或穴施。也可将追肥与灌溉结合起来进行。露地花卉追肥可随灌水冲入地中，保护地花卉追肥可以借助滴灌系统施用。花卉植株封垄后，不能采用撒施的方式追肥，以免肥料落在叶片上，产生灼伤。施肥后为提高肥料利用率，减少棚室内肥料分解产生的有害气体，要注意用土壤覆盖。

（2）根外追肥　根外追肥又称为叶面追肥，是将低浓度的水溶性肥料溶液喷洒在植物叶片上的一种施肥方法。其主要在补充花卉急需的某种营养元素或微量元素时施用最适宜，优点是吸收快，肥料利用率高。根外追肥不能完全代替根际追肥。

根外追施无机肥的适宜浓度一般为0.1% ~0.5%，浓度过高时易灼烧叶片。常用的有尿素、磷酸二氢钾、过磷酸钙、硫酸钾、硼砂、钼酸铵、硫酸锌、稀土等；而碳铵、氨水、氯化铵、钙镁磷肥等不宜做叶面追肥。根外追肥一般在晴天无风的傍晚进行。要做到均匀喷施，叶的正反两面都要喷到，尤其要注意喷洒生长旺盛的上部叶片和叶的背面。根外追肥的次数一般不应少于2次，对于在物体内移动性小或不移动的养分（铁、硼、钙、磷等），应注意适当增加次数。

（四）合理施肥

合理施肥要因地制宜，根据花卉种类、生育阶段、生长势和季节，选用适宜的肥料类型，适时、适地、适量地投入。施肥时应注意以下几点：

1. 有机肥与无机肥相结合

有机肥肥效慢，但是营养元素丰富，属于完全性肥料，还可以改善土壤。无机肥一般肥效快，但营养元素单一，养分不完全，长时间使用会使土壤酸化，导致连作障碍。因此这两种性质的肥料，应该结合起来使用，取长补短，既注重当前效益，同时兼顾长远效益。有机肥施用量因肥源不同，种类间差异大，施用时应灵活掌握。无机肥品种多，应注意配方施肥，提高肥效。

2. 施足基肥，合理追肥

花卉整个生育期中所需各种肥料主要依靠基肥提供，有机肥多做基肥使用。一般基肥应占全生育期总肥分的70%以上。追肥要根据花卉生长情况与需求，以速效性无机肥为主。由于追肥一般很难深施，故应严格控制每次施肥量，宁可增加追肥次数以满足花卉对养分的要求，也不可一次施用过多，造成土壤溶液的浓度升高。

3. 科学配比，平衡施肥

施肥应根据土壤条件、切花营养需求和季节气候变化等因素，调整各种养分的配比和用量，保证花卉所需营养的比例平衡供给。

4. 注意各养分间的化学反应和拮抗作用

磷肥中的磷酸根离子很容易与钙离子反应，生成难溶的磷酸钙，造成植物无法吸收，出现缺磷。磷肥不宜与石灰混用，也不宜与硝酸钙等肥料混用。钾离子和钙离子相互拮抗，钾离子过多会影响切花对钙的吸收，相反钙离子过多也会影响切花对钾离子的吸收。

5. 禁止和限制使用的肥料

城市生活垃圾、污泥、工业废渣以及未经无害化处理的有机肥料，不符合相应标准的无机肥料等应禁止使用，以免毒害土壤和植物。忌氯植物禁止施用含氯肥料。

（五）缺素症状

植物因缺乏某种必需营养元素而出现的生理病症称为缺素症。缺乏不同的营养元素，会导致植物产生不同的症状。这些症状在不同的植物上常表现出一定的相似性。生产实践中，往往可以通过观察缺素症状，进而对所缺营养元素种类进行简单的判断。

病症出现的部位主要取决于所缺乏元素在植物体内移动性的大小。氮、磷、钾、镁等元素在体内有较大的移动性，可以从老叶向新叶中转移，因而这类营养元素的缺乏症都发生在植物下部的老熟叶片上。反之，铁、钙、硼、锌、铜等元素在植物体内不易移动，这类元素的缺乏症常首见于新生茎叶。

1. 花卉植物缺素症的叶面诊断（表2-4）

表2-4　花卉植物缺素症的叶面诊断

缺素种类	叶　面　症　状
缺氮	先自老叶均匀黄化，后延至叶心，最后全株叶色黄绿、干枯但不脱落。叶片变狭、出叶慢、分枝少
缺磷	自老叶开始，植株呈暗绿色，下部叶的脉间黄化，并常带紫红色，特别是表现在叶柄上，落叶早
缺钾	老叶出现黄、棕、紫等色斑，叶尖焦枯向下卷曲，叶片由边缘向中心变黄，但叶脉仍为绿色。叶缘向下或向上卷曲并渐枯萎，最后下叶和老叶均脱落
缺镁	下部叶黄化，在晚期常快速出现脉间枯斑、紫红色斑块，黄化出现于叶脉间，叶脉仍为绿色，叶缘向上或向下卷曲而成皱缩
缺铁	从新叶开始发生黄白化，但叶脉仍为绿色，间或有完全白化的，一般不枯萎，严重时叶缘及叶尖干枯
缺钙	顶芽易伤，叶尖、叶缘枯死，幼叶的叶尖常呈钩状，根系坏死，严重时全株枯死
缺锌	叶株间出现黄斑，逐渐变褐色或紫色，再蔓延至新叶，使之黄白化，植株出现小叶，即小叶症现象
缺锰	叶脉间黄化发生在新叶，且分布于全部叶面。极细叶脉仍保持为绿色，形成细网状，花小而花色不良
缺硫	从老叶或新叶发病，因花卉种类而异，常老叶变黄并扩展到新叶，叶细长，植株矮小，开花推迟，老叶少有干枯
缺硼	病症发生于新叶，顶芽通常死亡，嫩叶基部腐败，茎与叶柄极脆，根系死亡，特别是根系的生长部分
缺铜	叶尖坏死、叶片枯萎发黑，症状在幼叶上最先出现。土壤施用过量的磷肥时，会使铜成为不溶性的沉淀而降低有效性
缺钼	老叶脉间缺绿和坏死，有时呈斑点状坏死。缺钼也会引起缺氮的症状。在pH值较高的土壤中容易被植物吸收

2. 缺素症的防治

1）根据土壤性质安排切花种类。不同种类的切花对土壤酸碱度以及对营养元素组成和含量的要求各异，因而在某种营养元素不足的土壤上不宜种植对该元素敏感的切花。

2）合理的轮作可避免因某种元素需求量大的切花连作、重茬而引起的缺素症。对于缺素症，经诊断确认后宜立即追施含有相应元素的肥料进行矫治。

3）合理搭配施用化肥和多施有机肥料，以维持土壤养分元素间的平衡。

4）正确的耕作管理，可改善土壤理化性质，促进根系的纵深发展，防止有毒物质阻碍根系呼吸。

子任务2　上盆技术

播种苗长到一定大小或扦插苗生根成活后，需移栽到适宜的花盆中继续栽培，以及露地栽培的花卉需移入花盆中栽植的都称为上盆。盆栽是花卉定植特有的栽培形式，它的光照、温度、土壤和水肥供应等环境因子的调节易于控制，以便为花卉定植后的生长发育创造更加良好的环境条件。同时，盆栽花卉的应用形式更加灵活，既适于作室内装饰，也适于作室外园林布置。

一、花盆种类及选盆技巧

（一）花盆种类

花盆是重要的栽培器具，其种类很多，通常依质地及使用目的进行分类。

1. 按质地分类

按照花盆质地，花卉栽培选择的容器主要有素烧盆（瓦盆）、陶盆、瓷盆、木盆（木桶）、塑料盆、紫砂盆、纸盒等。其中以适合花卉生长环境而言，素烧盆为最好，陶盆次之，瓷盆最次。

（1）素烧盆　素烧盆又称为瓦盆，用黏土烧制而成，分为红盆和灰盆两种。它的质地粗糙，排水良好，有利于空气流通，符合根部呼吸生理要求，适合花卉的生长。素烧盆价格低廉，是花卉生产中常用的容器，形状为圆形，其规格大小不一，一般口径与高相等。通常盆底或两侧留有小洞孔，以排除多余水分。素烧盆适宜种植大部分中小型花卉，但制作较为粗糙，易生青苔，色泽不佳，欠美观，且易碎，运输不便。

（2）陶盆　陶盆用陶土烧制，质地细腻，有紫砂、红砂、青砂等，外形美观，有圆、方、多角形等。它古朴清雅、外形美观，但通气排水性比素烧盆差，适合室内装饰用。盆底或侧面有小洞，以利排水。作为水培者则无洞，如水仙盆等。

（3）瓷盆　由高岭土制成，瓷盆为上釉盆，带有彩色绘画，外形美观，但通气透水性不良，适于室内装饰及展览之用。上釉后水分、空气流通不良，对植物栽培不利，不适于花卉栽培，一般做花卉栽培套盆或短期观赏用。瓷盆多为紫褐色，有一定的排水、通气性。陶瓷盆外形除圆形外，也有方形、菱形、六角形等式样。

（4）木盆（木桶）　素烧盆过大时容易破碎，当需要40cm以上口径的盆时，就采用木盆或木桶。木盆形状以圆形为主，也有方形。盆的两侧有把手，便于搬动。木盆由木料与金属箍、竹箍或藤箍制造而成，盆形也是上大下小，便于换盆时能倒出土团，盆下有短脚，否则需要垫砖石或木头，以免盆底直接放入地上易于腐烂。木盆用材宜选坚硬不易腐烂的材质，如红松、槲、栗、杉木、柏木等，外部刷上油漆，既可防腐又增加美观，内部要涂环烷酸铜防腐，盆底要设排水孔，以便排水。木盆（木桶）多用于大型建筑物前、广场和展览会的装饰，栽植高大、浅根的观赏性木本花卉，如棕榈、苏铁、南洋杉、橡皮树、桂花等。但部分因木质选用不当，易腐烂，故木盆使用年限较短。

（5）塑料盆　质轻而坚固耐用，可制成各种形状，色彩也极为丰富，装饰性极强，是国外大规模花卉生产的容器，比较流行。但水分、空气流通不良，要注意培养基质的物理性状，如可以通过选择孔隙大的基质，使之疏通透气，来克服此缺点。培养基质调节不足，会影响花卉生长。在育苗阶段，常用小型软质的塑料盆（营养钵）。塑料花盆一般为圆形、高腰、矮三脚或无脚，底部或侧面留有孔眼，以利吸水及排水。也有不留孔作水培或套盆之用，在家庭或展览会上，在底部加一托盘，承接溢出的水。此外，也有不同规格的育苗塑料盘，整齐，运输方便，非常适合于花卉的商品生产。还有用塑料花盆种植花卉，吊挂在室内作装饰，或在苗圃用软质塑料盆育苗，易于成活而且使用轻便。

（6）紫砂盆　紫砂盆形式多样，造型美观，透气性稍差，多用来养护室内名贵盆花及栽植树桩盆景。紫砂盆以江苏宜兴产品为最好，质地有紫砂、红砂、白砂、乌砂、梨皮砂等种类。其形式多样，有圆形、正方形、长方形、椭圆形、六角形、梅花形等。紫砂盆古朴大方，色彩调和，外部常有刻字装饰。

（7）纸盒　纸盒仅供培养幼苗之用，特别适用于不耐移栽的花卉，如香豌豆、矢车菊等在露地定植前，先在温室内纸盒中进行育苗。在国外，这种育苗纸盒已商品化，有不同的规格，在一个大盘上有数十个小格，适用于各种花卉幼苗的生产。

2. 按使用目的分类

（1）水养盆 水养盆专用于水生花卉或水培花卉盆栽用，盆底无排水孔，盆口宽大而且较浅，形状为圆形，如莲花盆。球根水养用盆多为陶制或瓷制的浅盆，如水仙盆。风信子也常采用特制的风信子盆，专供水养之用。此外，还有金属盆、玻璃盆，多用于水培，种植水生花卉植物或实验室栽培。

（2）兰盆 兰盆专用于气生兰及附生的蕨类植物栽培，其盆壁有各种形状的孔洞，以便空气流通。也常用各种形状的竹篮或竹筐代替兰盆。

（3）盆景盆 盆景盆分为树桩盆和水石盆。树桩盆底部有排水孔，形状多样，有方形、长方形、圆形、椭圆形、八角形、扇形、梅花形、菱形等，色彩丰富，古朴大方；水石盆底部无孔，均为浅口盆，以长方形和椭圆形为主。盆景盆的质地除泥、瓷、釉、紫砂外，还有水泥、石质等。其中石质以洁白、质细的汉白玉和大理石为上品，多用以制成长方形、椭圆形，深浅不一，并用于水石盆景。

（二）选盆技巧

选择栽培盆花的花盆时，要遵循“适用、实用、美观、经济”的原则。

1. 适用性

适用性原则即考虑花盆是否适合于花卉的生长发育。应按照盆栽花卉不同的生长发育时期来选择不同规格的花盆。在幼苗期一般选用苗盘；待幼苗长至具有3~5枚叶片时选用直径为8~10cm的盆进行上盆；以后每次换盆时应选择比原来的盆大3~5cm的花盆；直至苗木长成后，如不希望苗木迅速生长，需要限制其生长时，则可采用同样大小的盆进行换盆。不能满足或影响花卉生长发育的花盆不能采用。除此之外，还要考虑花盆的质地是否适合所栽培的花卉。通用的花盆为素烧泥盆（或称为瓦钵），这类花盆透性好，适于花卉生长，价格便宜，在花卉生产中广泛应用。此外，应用较多的还有紫砂盆、水泥盆、木桶以及做套盆用的瓷盆等。不同类型花盆的透气性、排水性等差异较大，应根据花卉的种类、植株的高矮和栽培目的选用。

2. 实用性

选择花盆时要考虑实用性。目前，在盆花生产中，一般都具有一定的规模。因此，在选择盆花的花盆时，一定要对盆花的运输和花盆的损坏等因素加以充分考虑。近年来，塑料盆大量用于花卉生产，它除了具有色彩丰富、保水能力强等优点外，而且轻便、不易破碎。

3. 美观性

花盆的形状多种多样，大小不一，样式也越来越丰富，选择盆花的花盆时必须考虑美观性。所选择的花盆要适合盆花的摆放或陈列，最好能起到画龙点睛、衬托盆花的作用。如柱形立体花盆就是其中的一种，它不仅美观、节约空间，而且可以根据需要进行组合，高度可以向上延伸，4~6个柱形花盆组成一组，最高可达2m，中心有透气层，一次浇透可保湿20~30d。这种柱形立体花盆的应用很广泛，既可家庭养花用，也可用于宾馆、饭店大堂的植物立体装饰。

4. 经济性

在选择花盆时还必须考虑经济性，要尽量选择物美价廉的花盆，以便降低盆花的生产成本。

二、上盆

上盆时，首先花盆大小要适当，要选择与花苗大小相称的花盆，过大过小皆不相宜，做到小苗栽小盆，大苗栽大盆。小苗栽大盆既浪费土又造成“老小苗”。

首先，栽培花卉以瓦盆为好，若盆土物理性能好的，也可以选用塑料盆等其他类型的盆；其次，因花卉种类不同而选用合适的花盆，根系深的花卉要用深筒花盆，不耐水湿的花卉用大水孔的花盆；再次，新盆要“退火”，新使用的瓦盆需浸水，让盆壁气孔充分吸水后再上盆栽苗，如不“退火”往往使花卉根系被花盆倒吸水分而使花苗萎蔫死亡；第四，旧盆要洗净。如使用旧盆，则应进行浸洗晒干，除去泥土和苔藓，干后再用，以减少病虫的侵染；如为新盆，也应先行浸泡，以溶淋盐类。

（一）填盆孔

上盆时，若用瓦盆，须将花盆底部的排水孔用碎盆片或瓦片盖住，以免基质从排水孔流出。若瓦片是凹形的，可以使凹面向下扣在排水孔上；若瓦片是平的，可以先用一片瓦片盖住排水孔的一半，再用另一片瓦片斜搭在前一片瓦片上。但也不能盖得过严，否则排水不畅，容易积水烂根。盖住盆孔后，若花盆较大可以先在盆底铺垫一些筛出的基质粗粒以及煤渣、粗砂等；如小盆可以直接填基质，这样有利于排水。如用塑料盆，因塑料盆的盆底孔较小，可以直接栽苗，或者铺一层基质粗粒。

（二）装盆

装盆如图 2-9 所示，幼苗根际周围应尽量多带些土，以减少对根系的伤害。先在花盆的底部填一些栽培基质，然后将花苗放入盆的中央，扶正，深度切忌过深或过浅，一般维持原来花苗种植的深度为宜，加入基质。当基质加到一半时，将花苗轻轻向上提一下，让花苗的根系自然向下，使小苗的根系舒展。然后再继续填入基质，直到基质填满花盆。要注意基质不可过满，要视盆的大小而定。一般栽培基质加到离盆沿 2 ~ 3cm 即可，留出的距离作为灌溉时蓄水或施肥之用。填满基质后，轻轻地震动花盆，使基质下沉，再用手轻压植株四周和盆边的基质，使根系与基质紧密相接。用手压基质时，用力不可过大，以免损伤根系。

图 2-9　装盆

（三）管理

栽植后，浇透水。用喷壶浇水，浇水要充分，要一直浇到水从排水孔流出为止。若需缓苗的花卉，可以将盆花放置在蔽阴处，待缓苗后再转入正常的管理。如上盆时花苗原来的基质没有动过，上好盆后可以直接放置在阳光下养护。

子任务3　定植技术

一、整地与起垄

（一）整地

整地是指花卉定植前进行的一系列土壤耕作措施的总称。其目的是改进土壤物理性质，使土壤疏松，创造良好的土壤耕层构造和表面状态，协调水分、养分、空气、热量等因素，

提高土壤肥力，为花卉生长、定植后管理提供良好的条件。整地质量的好坏与花卉生长发育有着密切的关系。整地还可以清除杂草，将病菌、害虫暴露于空气中，杀灭病原菌和虫卵，从而达到防治病虫害发生的目的。因而，整地是非常重要的基础性工作，也是定植是否成功的关键一步。整地的时间，我国北方地区一般春秋二季都可进行，但以秋季整地效果最好。整地的主要作业包括场地清理、粗整、细整等。

1. 场地清理

场地清理主要是把影响花卉生长发育的岩石、碎砖瓦块以及所有对花卉生长的不利因素清除掉，同时还要控制花卉定植时或定植后可能与花卉竞争营养的杂草。

（1）清除石块　清除裸露岩石是必须做的工作。在35cm以内的表层土壤中，不应当有大的石块。50 cm以内如果存在大的岩石，灌溉或降雨后，前期土壤过湿，而后期由于下层的大石块，土壤的水分不能充分向上供应，这些地方会变得干硬。在10cm以内的表层土壤中，小岩石或石块可影响定植后花卉的日常管理。另外，在花卉根系生长受阻的地方，杂草容易侵入。通常在定植前，大部分石块要清除，石块的量不太多时，等幼苗根系扎牢后可用手捡出，若石块太多，定植前应用网筛筛出。

（2）植前除草和消毒　花卉定植苗床上的许多杂草对定植的花卉危害严重，即使在耕作后用耙耙除也难以清除这些杂草。生产上常用药物处理和高温处理进行消毒。

1）药物处理可用福尔马林、硫酸亚铁、必速灭等。福尔马林用量为50mL/m^2，稀释100～200倍，于播种前10～20d喷洒在苗床上，用塑料薄膜覆盖严密，播前1周掀开薄膜，并多次翻地，加强通风，待甲醛气味全部消失后播种。或每立方米基质用量400～500mL甲醛，50～100倍液，均匀撒拌，用塑料薄膜覆盖2～4h，然后摊开，通风3～4d后使用。硫酸亚铁可在晴天配成2%～3%的溶液喷洒于播种床，用量为9g/m^2；雨天用细干土配成2%～3%药土，每667m^{2}用量15～20kg。也可在播种前灌底水时溶于蓄水池中，与基肥混拌使用。必速灭是一种新型土壤消毒剂，微粒型颗粒剂，外观为灰白色，有轻微刺激味。在土壤含水量为最大持水量的60%～70%、土壤温度10℃以上时，施用效果最好。还可将待消毒的土壤或基质整碎整平，撒上必速灭颗粒，用量为15g/m^2，浇透水后覆盖薄膜，3～6d后揭膜，等待3～10d，并翻动2～3次。消毒完的土壤或基质，其效果可维持连续几茬。此外，还可用锌硫磷等制成药土预防地下害虫，用三氯硝基甲烷和溴化甲醇注射杀灭线虫、昆虫、杂草种子及其他有害真菌，效果显著。

2）高温处理用大棚膜和地膜进行双层覆盖，严格保持大棚的密闭性，在这样的条件下处理，地表下10cm处最高地温可达70℃，20cm处的地温可达45℃以上，这样高的地温杀菌率可达80%以上。适当延长闷棚时间，绝大多数病菌不耐高温，经过10多天的热处理即可被杀死。但是也有的病菌特别耐高温，如根腐病病菌和枯萎病病菌等一些深根性土传病菌，由于其分布的土层深，必须处理30～50d才能达到较好的效果。因此，进行土壤消毒时，应根据棚内所种作物及其相应病菌的抗热能力来确定消毒时间。

2. 粗整

粗整是为了花卉定植对土壤进行的一系列耕作准备工作。面积大时，可先用机械犁耕，再用圆盘犁耕，最后耙地；面积小时，可用旋耕机耕一、二次也可达到同样的效果。粗整的目的是增加土壤渗透性和持水性，使土壤通气良好，利于根系下扎，减少表面侵蚀与提高土壤肥力。粗整后，除砂土之外，土壤成为团粒状、粒状结构。整地必须在土壤干湿适度时进行，过湿时则破坏土壤结构，使物理性质恶化而形成硬块；过干则土块不易敲碎，费劳力较多。检查土壤水分含水量是否合适，可用手紧握一小把土，然后用大拇指使之破碎，如果土块易于破碎，则说明适宜耕作；土太干会很难破碎，太湿则会在压力下形成泥条。

3. 细整

细整是指进一步平整地面种植床，同时也可把底肥均匀地施入表土层中，改善土壤肥力。种植床小，大型机械不方便操作的场地，可用人工拖耙耙平。为了使地面平整，在定植前必须进行细整地。与粗整一样，要在适宜的土壤水分范围内进行，以保证良好的效果。细整地一般在播种之前进行，否则时间一长，土壤表面就会产生硬壳，种植时需要重新整地。

整地深度视花卉种类及土壤状况而定。一、二年生花卉较浅，约 20 ~ 30cm，宿根及球根花卉定植后生长数年至十余年，球根花卉因地下部分膨大，因此要求深耕土壤 40 ~ 50cm，同时施入腐熟的有机肥料。

（二）起垄与作畦

起垄是在田间筑成高于地面的狭窄土垄，它能加厚耕层、提高地温、改善通气和光照状况、便于排灌。垄沟栽植要求沟底平整、垄面高度适宜，怕积水的花卉定植于垄上，宿根花卉常定植在沟中。花卉定植深度与育苗时的地面平齐，起苗时要注意保护根系。

作畦是用土埂、沟或走道分隔成的花卉种植小区。作畦有利于灌溉和排水。通常用作畦机、犁、锹、铲等进行作畦。不同地区作畦的方式、作畦的形式要根据具体情况而定。花卉的定植畦有平畦、高畦、低畦等形式，雨水少且需进行畦灌的地区，要作平畦、高埂；雨水多或地势较低的地方，应采用高畦、深沟，要使棚内外的围沟、腰沟、墒沟三沟配套，同时在干旱时，也能进行沟灌；地势低、排水差的地方，宜用南北畦、窄畦。高畦用于南方多雨低平地区，畦面高出地面，便于排水，畦面两侧为水沟。北方地区因雨水少，常用低畦，畦面两侧畦埂高出，以保留雨水便于灌溉。畦埂做好后用脚踏实，以防漏水。此外，畦的制作还应考虑花卉定植后的生长和管理，比如，需要注意通风透光，应便于整形修剪、种实的采收等。畦的高度还取决于不同的地区、土质、地势、气候、季节、地下水位高低、耕作管理水平等。

二、定植

按一定的株行距将花卉苗木栽植于需要种植的地方，以后不再移植称为定植。定植期因生产目的及花卉种类而定，喜温花卉应在无霜期进行，耐寒性花卉可根据其耐寒能力调整定植期。定植应选在无风、光照适宜的时机进行，冬春季节在晴朗的上午、夏季应在阴凉的下午或傍晚进行，对于长势较弱或对环境敏感的种类要在定植后遮阴。根据栽培设施的不同，定植可分为露地定植和盆栽。

露地定植是指将苗床或温室播种的幼苗经过几次分栽之后，最后种植到需要陈列观赏的地点，如花坛、花境等地。露地直播的苗，经过选择间苗之后，最后留下所需要的苗，也称为定植。

通常露地定植是在经过 30 ~ 40d 的育苗期之后进行。在苗床起苗时，要选择苗短而粗壮、株形圆满紧凑、根系发达的壮苗，同时要避免伤根，做到随挖随栽。定植的株行距依据苗木生长株形、观赏用途的疏密要求、气候及土壤肥力条件等具体情况而定。例如，花卉苗

大的或者定植时不大、但以后能迅速生长的，其株行距应大。留种母株的株行距也要大一些。花坛成片观赏的植株排列应适度紧凑，株行距要小。对一年生草本花卉来说，在春季定植后，由于气候温暖、湿润，生长迅速，因此，定植的株行距要大一些。而对于二年生草本花卉，定植的株行距可以偏小。

定植最好选择无风阴天进行，以减少花苗水分的散失。就一天来说，最好在傍晚起苗和栽植，因为这样做可使小苗有一个夜晚的缓苗时间，对恢复根系的吸水能力有帮助。将苗放入栽植穴后，培土压实，做到下紧上松，并立即浇足定根水，使土与根充分接触，次日再浇透水一次。如夏季太阳光太强，还应适当遮阴。

基本任务3 花 期 管 理

> 知识目标

- 了解花卉整形修剪的原理。
- 掌握草本花卉种子采收的时期和贮藏方法。

> 能力目标

- 学会花卉整形修剪的技术。
- 掌握种子采收、贮藏的技术要点。

子任务1 整 形 修 剪

花卉修剪是指对花卉植株的某些器官，如根、茎、枝、叶、花、果实等，进行部分疏删和剪截的操作。整形是根据花卉植株生长发育特性和人们观赏与生产的需要，对花卉施行一定的技术措施，以培养出人们所需要的结构和形态的一种技术。整形是通过修剪技术来完成的，而修剪又是在整形的基础上实行的。二者是统一于一定栽培管理目的要求之下的技术措施。整形修剪的作用有：保持良好树形，提高花木的观赏价值；调节植物的生长发育，使之符合栽植要求，提高开花数量和质量。如为了提高盆栽花卉的观赏价值，常将旱金莲绑扎成屏风形；将绿萝、喜林芋等绑扎成树形；将叶子花绑扎成圆球形；将蟹爪兰和菊花绑扎成圆盘形；对梅花和一品红进行曲枝弯曲，以降低植株的高度等。

一、整形技术

整形是整理花卉全株的外形和骨架，美化造型的一种措施，露地花卉一般以自然形态为主，在栽培上有特殊需要时才结合修剪进行整形。整形的主要形式有：

（一）单干式

只留主干，不留侧枝，使顶端开花1朵，此种形式仅用于大丽花及菊花的标本菊和某些切花栽培。这种方法主要充分表现品种特性，将所有侧蕾全部摘除，使养分集中于顶蕾。

（二）多干式

留主枝数个，使开出较多的花。如大丽花留24个主枝，菊花留3、5、9枝，其余的侧枝全部剥除。

（三）丛生式

生长期间进行多次摘心，促使侧枝萌发，以形成繁多的花枝和紧凑矮化的株形。适用于此法整形的花卉种类较多，如矮牵牛、藿香蓟、波斯菊、一串红、金鱼草、百日草等。

此外，还有悬崖式，适用于菊花中的小菊；攀援式，适用于蔓生性花卉，如牵牛、茑萝、旱金莲等；匍匐式，适用于旱金莲、细叶美女樱等。

二、修剪技术

（一）摘心与剪梢

有些花卉分枝性不强，花着生枝顶，分枝少，开花也少，为了控制其生长高度，常采用摘心与剪梢措施。摘心与剪梢都是将植株正在生长的枝梢去掉顶端。其中，枝条柔嫩的，可用手指摘除的，称为摘心，如图2-10a所示；枝条已经硬化的，必须用剪刀剪取的，称为剪梢，如图2-10b所示。

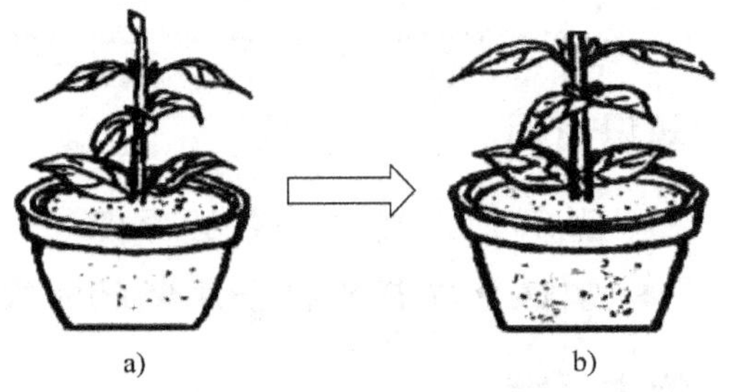

图2-10　摘心与剪梢
a）摘心　b）剪梢

摘心与剪梢在花卉的花期管理中具有积极作用，它可以有效地控制植株高度，促使植株矮化；促进侧枝萌发，增加花枝数目；控制花期，确保开花整齐一致，并能延迟开花期等。摘心可在生长期进行，因具有抑制生长的作用，所以次数不宜多。花卉一般摘心1～3次，摘心自定植后开始，到花蕾形成前一个月停止。适用于摘心的花卉种类有百日草、一串红、千日红、金鱼草、万寿菊、旱金莲和四季海棠等。并非所有的花卉种类都需要摘心，对于一株一花或一个花序，以及摘心后花朵变小的种类不宜摘心，此外球根类花卉、攀缘性花卉、兰科花卉以及植株矮小、分枝性强的花卉均不摘心。如翠菊、石竹、鸡冠花、醉蝶花等，以主枝开花为主，摘心后不仅延迟花期，而且花朵数减少，花姿减色。因此，摘心要依据花卉种类的具体情况而定。

（二）抹芽

抹芽又称为除芽，如图2-11所示。抹芽是将枝条上部发生的幼小侧芽在基部剥除。其目的是培养主干，使营养集中，加速主干的生长，减少过多的侧枝，以免阻碍通风透光，分散养分，使留下的枝条生长茁壮，并提高开花的质量。抹芽即将多余的芽全部除去，这些芽有的是过于繁密，有的是方向不当，是与摘心有相反作用的一项技术措施。抹芽应尽早，在芽开始膨大时进行，以免消耗营养。有些花卉如芍药、菊花等仅需保留中心一个花蕾时，其他花芽全部摘除。如菊花和大丽花在栽培中须将过多的腋芽及时除去。

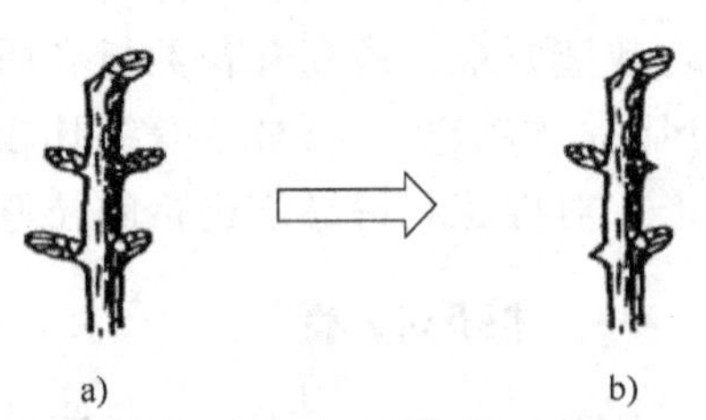

图2-11　抹芽
a）抹芽前　b）抹芽后

（三）去蕾和剥蕾

去蕾通常指除去侧蕾保留顶蕾，以使顶蕾开花美、大。芍药、菊花、大丽花等常用此法。此外，为使球根肥大，在球根生产过程中，常将花蕾除去，不使开花，以免消耗养分。

剥蕾是在花蕾形成后，为了保证主蕾开花的营养，而剥除侧蕾，以提高开花质量。有时为了调整开花的速度，使全株花朵整齐开放，应分几次剥蕾，花蕾小的枝条早剥侧蕾，花蕾大的枝条晚剥侧蕾，最后使每枝枝条上的花蕾大小相似，开花大小也近似。剥蕾适用于大花种类。

（四）折梢及捻梢

折梢是将新梢折曲，但仍连而不断；捻梢是将枝梢捻转。两者的目的均为抑制新梢的徒长，促进花芽的形成，如牵牛花、茑萝可用此法。

（五）曲枝

为使枝条生长均衡，将生长势强的枝条向侧方压曲，弱枝则扶之直立，可起到抑强扶弱的效果。大丽菊整形时常用此法。

（六）修枝

剪除枯枝及病虫害枝、位置不正而扰乱株形的枝、开花后的残枝等，改善植株通风透光条件，减少养分的消耗。

（七）绑扎与支架

绑扎与支架是指对一些花木人为地将其干枝弯曲成各种形状。支架常用的材料有竹类、芦苇以及紫穗槐等。绑扎在长江流域及其以南各地常用棕线、棕丝或其他具韧性又耐腐烂的材料。操作前1~2d停止浇水，使枝条略萎蔫，再用铅线等将枝条弯曲，并用绳子捆扎固定。对于那些植株高、易倒伏，或枝干纤细的攀援植物，如牵牛花、香豌豆等，为了使其姿态更加美丽，以及防风和抗倒伏，常常需要支架，并对其枝条进行适当绑扎，以展现其优美姿态，更利于通风透光和便于观赏。我国传统名花菊花，盆栽中常设支架，形式多样，引人入胜。

子任务2 种子采收

一、种子成熟

采收种子前首先要鉴定种子的成熟度。种子的成熟有两个指标，即生理成熟和形态成熟。

（一）生理成熟

当种子的营养物质贮藏到一定程度，种胚形成，种实具有发芽能力时，称为种子的生理成熟。种子发育初期，子房膨大，体积增大很快，种皮和果皮薄嫩，色泽浅淡。内部营养物质虽不断增加，但速度慢，水分多，多呈透明状液体。当种子发育到一定程度，体积不再增加，这时的种子在形态上表现出组织充实，木质化程度加强，内部营养积累速度加快，浓度提高，水分减少，由透明状液体变成混浊的乳胶状态，并逐渐浓缩向固体状态过渡，最后种子内部几乎完全被硬化的合成作用产物充满。生理成熟的种子含水量高，营养物质处于易溶状态，种皮不致密，尚未完全具备保护种仁的特性，不易防止水分的散失。此时采集的种实，其种仁急剧收缩，不利于贮藏，很快就会失去发芽能力，同时对外界不良环境的抵抗力很差，易被微生物侵害。因而种子的采集多不在此时进行。但对一些深休眠即休眠期很长且不易打破休眠的树种，可采收生理成熟的种子，采后立即播种，这样可以缩短休眠期，提高发芽率。

（二）形态成熟

形态成熟是指种子的外部形态及大小不再变化，从植株上或果实内脱落的形态上成熟的种子。生产上所称的成熟种子指形态成熟的种子。当种子完成了种胚的发育过程，结束了营养物质的积累时，含水量降低，把营养物质由易溶状态转化为难溶的脂肪、蛋白质和淀粉，种子本身的重量基本不再增加，呼吸作用微弱，种皮致密、坚实、抗性增强，进入休眠状态后耐贮藏。此时种子的外部形态完全呈现出成熟的特征，称为形态成熟。一般花卉种子多在此时采集。

大多数植物种子的生理成熟与形态成熟是同步的，形态成熟的种子已具备了良好的发芽力。种子形态成熟后，含水量降低，营养物质已转化为难溶于水的物质，种皮坚硬，种胚休眠。如菊花、许多十字花科植物、报春花属花卉的形态成熟种子在适宜环境下可立即发芽。但有些植物种子的生理成熟和形态成熟不一定同步，如不少禾本科植物，当种子的形态发育尚未完全时，生理上已完全成熟。蔷薇属、苹果属、李属等许多木本花卉的种子，当外部形态及内部结构均已充分发育，达到形态成熟时，在适宜条件下并不能发芽，生理上尚未成熟。种子生理未成熟是种子休眠的主要原因。

二、采收期

种子达到形态成熟时必须及时采收、处理，以防散落、霉烂或丧失发芽力。采收过早，种子的贮藏物质尚未充分积累，生理上也未成熟，干燥后皱缩成瘦小、空瘪、千粒重低、发芽差、活力低并难于干燥、不耐贮藏的低品质种子。理论上种子越成熟越好，故种子应在已完全成熟，在果实已开或自落时采收最合适。但生产上采收常应稍早，已完全成熟的种子易自然散落，难以收集，且易受鸟虫啄食，或因雨湿造成种子在植株上发芽及品质降低。

（一）干果类

干果包括蒴果、蓇葖果、荚果、角果、瘦果、坚果等，果实成熟时自然干燥、开裂而散出种子，或种子与干燥的果实一同脱落。这类种子应在果实充分成熟前或开裂前进行脱落前采收。某些花卉，如半支莲、凤仙花、三色堇等，开花结实期延续很长，果实随开花早晚而陆续成熟散落，必须从尚在开花的植株上陆续采收种子。

（二）肉质果

肉质果成熟的指标是果实变色、变软，未成熟的一般为绿色并较硬，成熟时逐渐转变为白、黄、橙、红、紫、黑等色，含水量增加，由硬变软。肉质果成熟时果皮含水多，一般不开裂，成熟后自母体脱落或逐渐腐烂，常见的有浆果、核果、瓠果、柑果等。有许多假果的果实本身虽然是干燥的瘦果或小坚果，但包被于肉质的花托、花被或花序轴中，也视为肉质果实对待。君子兰、石榴、忍冬属、女贞属、冬青属、李属等有真正的肉质果，蔷薇属、无花果属是含干果的假肉质果。肉质果成熟后要及时采收，过熟会自落或遭鸟虫啄食，若果皮干燥后才采收，会加深种子的休眠或受霉菌侵染。

三、采收方法

应根据种实的大小、成熟后的脱落习性和时间来确定。

（一）地面收集

一些种实粒大，在成熟后脱落过程中不易被风吹散的树种，都可以待其脱落后在地面收集。为了便于收集，在种实脱落前宜对地表杂物加以清除。还可以用震动树干的方法，促使种实脱落，在地面收集。

（二）植株上采集

可用各种机器、工具直接在植株上采收。植株低矮的品种，可直接用手或借助采种钩、镰、高枝剪等工具，站在地面上采收，草本花卉多采用此方法采收。对不宜散落的花卉种类，可以在整个花卉植株全部成熟后，全株拔起晾干脱粒；花卉植株较高的，可用绳套上树采种，因携带方便，操作简单，不受地形地势制约，是常用的采种方法。植株高的，利用竹木或钢铝合金制成的双杆梯或单杆梯，上树采种。

（三）机器采收

机器采收适用于种子园采种。如美国和一些欧洲国家，多年来采用震动式采种机采集，工作效率高于人工采种。

四、调制和贮藏

（一）种实调制

种实调制是指种实采集后，为了获得纯净而质优的种实并使其达到适于贮藏或播种的程度所进行的一系列处理措施。种子采收后，因其带有翅、果皮、果肉、球果等，不易贮藏，必须经过脱粒、净种、分级干燥等步骤，才能取得符合贮藏要求的种子。

1. 脱粒

种子采收后要进行清洁处理。整株拔回的要晾干后脱粒，连果实一起采收的要去除果皮、果肉及各种附属物。花卉种子籽粒小，重量轻，有的种皮带有茸毛短刺，易粘附或混入菌核、虫瘿、虫卵及杂草种子等有生命杂质和残叶、泥沙等无生命杂质。

2. 净种与分级

净种是指清除种实中的鳞片、果屑、枝叶、空粒、碎片、土块、异类种子等夹杂物的种实调制工序。通过净种可提高种子净度。根据种实大小和夹杂物大小不一及比重的不同，可选用筛选、风选和水选等方法净种。筛选是利用种子和杂质体积不同的原理，用不同孔径的筛子筛去和种子不同体积的杂物；风选是利用种子和杂质重量不同的原理，用自然风或人工风，扬去空瘪种子和其他较轻的杂质；水选是利用种子和杂质比重不同的原理，把种子浸入水中或盐水中，饱满种子下沉，剔除其他较轻的杂物。

花卉种子根据应用目的不同可以进行不同类型的分级，如重量分级等。为了便于记忆，本书按种子千粒重，采用按数量级差档次分级，除了上下限外，每一个数量级为一个等级，具体名称如下：

很大种子：千粒重大于1000g，多为无性繁殖用的种子；大粒种子：千粒重100～1000g；中粒种子：千粒重10～99.9g；小粒种子：千粒重1～9.9g；很小粒种子：千粒重0.1～0.99g；微粒种子：千粒重小于0.1g。常见育苗花卉种子的重量分级见表2-5。

表 2-5 常见育苗花卉种子的重量分级

等级	花卉种类	千粒重/g	粒/g	等级	花卉种类	千粒重/g	粒/g
很大种子	荷花	—	400g/藕段	小粒种子	马络葵	3.7	270.3
	唐菖蒲	—	25g/种球		羽衣甘蓝	2.9	344.8
	大丽花	—	110g/块根		醉蝶花	1.8	555.6
	大花美人蕉	—	45g/根茎		翠菊	1.8	555.6
大粒种子	蛇瓜	225	4.4		香石竹	1.7	588.2
	苦瓜	139	7.2		福禄考	1.6	625.0
	紫茉莉	109	9.2		花菱草	1.5	666.7
	—	—	—		三色堇	1.2	833.3
中粒种子	小葫芦	81.0	12.3	很小粒种子	石竹	0.90	1 111.1
	牵牛	49.0	20.4		鸡冠花	0.85	1 176.5
	金盏菊	11.0	90.9		麦秆菊	0.85	1 176.5
	仙客来	10.0	100.0		矮雪轮	0.84	1 190.5
	高山积雪	15.5	64.5		紫罗兰	0.80	1 250.0
	落葵	25.4	39.4		樱草	0.80	1 250.0
小粒种子	凤仙花	9.7	103.1		霞草	0.55	1 818.2
	蜀葵	9.2	108.7		虞美人	0.33	3 030.3
	波斯菊	8.1	123.5		瓜叶菊	0.25	4 000.0
	大丽花	7.5	133.3		雏菊	0.21	4 761.9
	冬珊瑚	3.4	294.1		矮牵牛	0.16	6 250.0
	百合	3.4	284.0		彩叶草	0.15	6 666.7
	万寿菊	3.0	333.3		藿香蓟	0.15	6 666.7
	一串红	2.8	357.1		金鱼草	0.12	8 333.3
	桂竹香	2.4	416.7		大花马齿苋	0.12	8 333.3
	美女樱	2.2	454.5	微粒种子	毛地黄	0.09	11 111
	飞燕草	2.2	454.5		柳穿鱼	0.05	20 000
	百日草	7.3	137.0		蒲包花	0.1	10 000
	含羞草	5.6	178.6		大岩桐	0.04	25 000
	观赏辣椒	3.9	256.4		兰花	0.0004	2 500 000

实际上同一种花卉，由于品种、种子质量的不同，种子的千粒重均有一定的差异，甚至较大差异。应按种子的大小或轻重进行分级，分级用不同孔径的筛子进行筛选分级。种粒分级是将一个树种的一批种子按种粒大小进行分类。种子大小在一定程度上反映种子品质的优劣。通常大粒种子活力高，发芽率高，幼苗生长好。因此，种粒分级非常重要。分级时可利用筛孔大小不同的筛子进行筛选分级，也可利用风力进行风选分级，还可借助种子分级器进行种粒分级。种子分级器的设计原理是，种粒通过分级器时，比重小的被气流吹向上层，比重大的在底层，受振动后，分流出不同比重的种子。

3. 合理干燥

草本花卉种子采收后需晾晒的，一定要连果壳一起晒，不要将种子置于水泥晒场上或放在金属容器中在阳光下曝晒，否则会影响种子的生命力。可将种子放在帆布、苇席、竹垫上晾晒。有的种子怕光，可采用自然风干法，即将种子置于通风、避雨的室内，使其自然干燥。一般草本花卉种子的安全水分含量为7%以下。

（二）种子的贮藏

1. 种子贮藏的原理

种子成熟后即转入休眠状态且一直延续到获得萌发条件为止。贮藏种子即是这种处于休眠状态的种子。种子虽然处于休眠状态，但仍进行微弱的呼吸作用，消耗贮藏的营养物质；同时种子内部的化学成分也相应地发生变化。呼吸作用越强，贮藏物质的消耗越多，从而引起种子重量的减轻和发芽率的降低。因此，种子贮藏的关键是根据不同园林树种或品种的要求，给予种子最适宜的环境条件，使种子的新陈代谢处于最微弱的程度，即控制其生命活动而又不使其停止生命活动，并设法消除导致种子变质的一切因素，最大限度地保持种子的生命力。

2. 种子寿命

种子和一切生命现象一样，有一个有限的生活期。种子成熟后，随着时间的推移，生活力逐日下降，发芽速度与百分率逐渐降低，可能每一粒都各有一定的寿命，不同植株、不同地区、不同环境、不同年份产生的种子差异会更大。因此，种子的寿命不可能以单粒种子或单粒寿命的平均值表示，只能从群体来测定，通常取样测定其群体的发芽百分率。在生产上，低活力的种子都没有实用价值，它发芽率低，幼苗活力差。因此，生产上把种子群体的发芽，从收获时起，降低到原来发芽率的50%的时间定为种子群体的寿命，这个时间称为种子的半活期。种子100%丧失发芽力的时间可视为种子的生物学寿命。

（1）影响种子寿命的因素　种子寿命的缩短是种子自身衰败所引起的，衰败（或称为老化）是生物存在的规律，是不可逆转的。种子寿命的长短除遗传因素外，也受种子的成熟度、成熟期的矿质营养、机械损伤与冻害、贮存期的含水量以及外界的温度、霉菌的影响，其中以种子的含水量及贮藏温度为主要的因素。大多数种子在含水量为5%～6%时寿命最长，低于5%时细胞膜的结构破坏，加速种子的衰败，在8%～9%时则虫害出现，达到12%～14%时真菌繁衍危害，到18%～20%时则易发热而败坏，到40%～60%时种子会发芽。种子贮藏的安全含水量，含油脂高的一般不超过9%，含淀粉种子不超过13%。

另外，由于种子均具有吸湿特性，在任何相对湿度的环境，都要与环境的水分保持平衡。种子的水分平衡首先取决于种子的含水量及环境相对湿度间的差异。空气相对湿度为70%时，一般种子含水量平衡在14%左右，是种子安全贮藏含水量的上限。在相对湿度为20%～25%时，种子贮藏寿命最长。

空气的相对湿度又与温度紧密相关，随温度的上升而加大。一般种子在相对湿度较低及低温下寿命较长。多数种子在相对湿度为80%及温度在25～30℃下，很快丧失发芽力；在相对湿度低于50%、温度低于50℃时，生活力保持较久。种子贮藏在27℃下，相对湿度不能超过40%；在21℃下，相对湿度不能超过60%；在4～10℃下，相对湿度不能超过70%为宜。

（2）花卉种子寿命类型　在自然条件下，种子寿命的长短因植物而异，差别很大，短的只有几天，长的达百年以上。部分常见花卉种子的寿命见表2-6。

表2-6 部分常见花卉种子的寿命

花卉名称	寿命/年	花卉名称	寿命/年	花卉名称	寿命/年
福禄考	1~2	水仙	1~2	一串红	1~3
鸢尾	2	翠菊	2	耧斗菜	2
地肤	2	百合	2~3	美女樱	2~3
三色堇	2~3	花菱草	2~3	天人菊	2~3
仙客来	2~3	雏菊	2~3	长春花	2~3
百日草	2~3	藿香蓟	2~3	醉蝶花	2~3
蒲包花	2~3	大岩桐	2~3	麦秆菊	2~3

3. 贮藏方法

依据种子的性质，可将种子的贮藏方法分为干藏法、湿藏法、水藏法三大类。

(1) 干藏法　干藏法就是将干燥的种子贮藏于干燥的环境中。干藏除要求有适当的干燥环境外，有时也结合低温和密封等条件，凡种子安全含水量低的均可采用此法贮藏。干藏法又分为自然干藏法和密封干藏法。

1) 自然干藏法。这是简便易行、最经济的贮藏方法。耐干燥的一、二年生草花种子，经过阴干或晒干后装入袋中或桶中，置阴凉、通风干燥的室内贮藏。在低温、低湿地区效果很好，特别适用于不需长期保存的情况，如几个月内即将播种的生产性种子及硬实种子。将充分干燥的种子装入麻袋、箱、桶等容器中，再放于凉爽而干燥、相对湿度保持在50%以下的种子室、地窖、仓库或一般室内贮存，如紫薇、腊梅、山梅花等。

2) 密封干藏法。易丧失发芽力的种子，充分干燥后，装入容器中，密封起来贮藏。凡是需长期贮存，而用普通干藏和低温干藏仍失去发芽力的种子，放入玻璃瓶等容器中，加盖后用石蜡封口，置于贮藏室内，容器内可放吸水剂如氯化钙、生石灰、木炭等，可延长种子寿命5~6年，如能结合低温保存效果更好。

(2) 湿藏法　湿藏法适用于含水量较高的种子。一般湿藏的湿度相对较小，以维持其生命不至于死即可。将种子与相当种子容量2、3倍的湿沙或其他基质拌混。选择地势较高、排水良好之地，保持一定湿度。

(3) 水藏法　某些水生花卉的种子，如睡莲、王莲等必须贮藏在水中才能保持其发芽力。也可以在水底淤泥、腐草少，水流缓慢又不冻结的溪涧或河流中流水贮藏。

4. 贮藏管理

种子贮藏后，要有合理的贮藏后管理方法，以防种子发霉、变质等情况的发生。

(1) 仓库消毒　为防止贮藏的花卉种子受到污染，需要将仓库内垃圾以及化肥、农药等清除，库内铺设油毡纸等做防潮层，以减少地面潮气被种子吸收。用80%敌敌畏乳油稀释后喷洒，门窗紧闭48~72h后通风24h。但不要选择用烟熏的方法。

(2) 分类堆放　由于花卉种子品种繁多，等级不一，但一般种子数量并不多。在仓库中要放置在距离墙壁约50cm、离地面有50cm的架台上，做好标牌，标明其位置、数量、包

装等，以防混杂。

（3）合理通风　由于种子呼吸会产生很大热量，适时通风可降温散湿。通风多采用自然通风，有条件的可用机械通风。通风时要考虑室外环境的好坏，如室外湿度大、污染严重时不宜通风。

（4）及时检查　贮藏种子的仓库要做到及时检查，关键是种子越夏或越冬后都要对种子的含水量和发芽率进行检验。在仓库不同部位多点设置温、湿度测量计，并定时测量，做好记录。一定要保持花卉种子贮藏的低温低湿环境，以防种子霉变或发芽率降低。

拓展任务1　一、二年生草本花卉

（一）一串红（图2-12）

唇形科，鼠尾草属，别名墙下红、草象牙红、爆竹红、西洋红、撒尔维亚。

1. 识别要点

多年生草本，作一年生栽培，茎直立，高30～90cm。茎四棱，光滑，茎节常为紫红色，茎基部半木质化。叶对生，有长柄，叶片卵形，先端渐尖，叶缘有锯齿。顶生总状花序，被红色柔毛，花2～6朵轮生，苞片卵形，深红色，早落；花冠唇形有长筒伸出萼外，小坚果卵形，褐色，花期为7～10月，果熟期为8～10月。花冠色彩艳丽，有鲜红、白、粉、紫等色及矮性变种。

2. 生态习性

性不耐寒，多作一年生栽培。好阳光充足但也能耐半阴，忌霜害。最适生长温度为20～25℃，在15℃以下叶黄至脱黄，在30℃以上则花叶变小，温室培养一般保持在20℃左右。喜疏松肥沃土壤。盆土用砂土、腐叶土与粪土混合，土肥比例以7:3为宜。用马掌、羊蹄甲等做基肥，生长期施用稀释1500倍的硫铵，以改变叶色，效果较好。

3. 繁殖栽培

播种或扦插繁殖。播种通常在晚霜后3～4月将种子播于苗床，也可提前在温室内进行。发芽适温为20～22℃，经过10～14d天发芽，低于10℃不发芽。也可在生长期剪枝扦插，成活率较高。

春播者9～10月间盛花，温室越冬的老株在5～6月间也有花，但不及夏秋繁多。炎夏枝叶虽生长旺盛，但花稀少，一串红花期较迟。如为采收种子，应在3月初播于温室或温床，稍能提早花期，有助于结实良好。北京地区“五一”劳动节用的一串红，于8月下旬播于露地（播种期尽量避开雨季），播种床内施以少量基肥，将床上整平并浇透，待水渗后播种，覆土宜薄，播后8～10d，种子萌发，10月上中旬将一串红假植在温室内，假植10余天后，根系长大，于11月中下旬可陆续上盆。“十一”国庆节用的一串红，于2月下旬或3月上旬在温室或阳畦播种。

一串红种子易落，或常因秋凉而不能充分成熟，故常用盆栽后移至温室越冬，于第一年剪取新枝扦插，生根甚易。在15℃以上的温床，任何时期都可扦插，插条约10～20d生根，30d就可分栽。扦插苗至开花期较实生苗快，植株高矮也易于控制，晚插者植株矮小，生长势虽弱但对花期影响不大，开花仍繁茂，更便于布置。以采种为目的者，最好用实生苗。“十一”国庆节用的一串红，于7月上旬扦插，此时天气炎热，应注意遮阴。多雨时要注意防雨排涝。一串红小苗长出3、4对真叶时应摘心，促生4～6侧枝，供布置

用苗。每株至少有4个侧枝，并于枝端已显花色时移至花坛。如在花前追施磷肥，开花尤佳。

（二）万寿菊（图2-13）

菊科，万寿菊属。别名臭芙蓉、蜂窝菊。

1. 识别要点

一年生草本植物，高60～90cm。茎光滑而粗壮，绿色，或有棕褐色晕。叶对生，羽状全裂，裂片披针形，有明显的油腺点。头状花序顶生，具长梗，中空；花径5～13cm，总苞钟状。舌状花有长爪；边缘常皱曲。栽培品种极多，花色有乳白、黄、橙至橘红乃至复色等深浅不一；花型有单瓣、重瓣、托桂、绣球等，花径从小至特大花型均有；植株高度有矮型（25～30cm）、中型（40～60cm）、高型（70～90cm）之分。花期为7～9月，果熟为8～9月。种子千粒重2.56～3.50g。

2. 生态习性

喜温暖，但稍能耐早霜，要求阳光充足，在半阴处也可生长开花。抗性强，对土壤要求不严，耐移植，生长迅速，栽培容易，病虫害较少。

3. 繁殖栽培

播种或扦插。可于3～4月在温床中播种，种子发芽适温为20℃左右，长出2、3片真叶时，经一次移植，5月下旬定植露地；一般自播种后70～80d开花。可夏播，以供应“十一”国庆节布置之用，夏播一般50～60d可开花。扦插繁殖可在5～6月间进行，采取长约10cm的嫩枝，扦插于露地，荫棚遮盖，14d生根，21d可出圃，约一个月可开花。扦插苗植株较矮时即能开花，花期也易于控制，便于花坛布置应用。万寿菊花期虽长，至初霜后尚开花繁茂，但后期植株易倒伏，且枝叶枯老，有碍观赏，此时可摘掉残花，疏去过密的茎叶，施以追肥，以待再次着花。

（三）矮牵牛（图2-14）

茄科，碧冬茄属，别名碧冬茄、灵芝牡丹、杂种撞羽朝颜、番薯花。

1. 识别要点

多年生草本，通常作一年生栽培，株高20～60cm，全株具粘毛。茎梢直立或倾卧。叶卵形，全缘，几无柄，上部对生，下部多互生。花单生叶腋或枝端；花冠漏斗形，先端具波状浅裂。栽培品种极多，花形及花色多变化，单瓣、重瓣品种，瓣缘皱褶或呈不规则锯齿；花色白、粉、红、紫、堇至近黑色以及各种斑纹，花大者直径10cm以上。蒴果卵形，子粒细小，褐色，千粒重0.16g。花期为3～11月。发芽率60%。

2. 生长习性

性喜温暖，不耐寒，干热的夏季开花繁茂。忌雨涝，好排水良好及微酸性土壤。要求阳光充足，遇阴凉天气则花少而叶茂。

3. 繁殖栽培

播种或扦插。因矮牵牛不耐寒且易受霜害，露地春播宜稍晚。如要提早花期，可在3月间在温室盆播，20℃左右约经7～10d即可发芽；出苗后维持9～13℃。晚霜后移植露地。由于重瓣或大花品种常不易结实，或实生苗不易保持母本优良性状，常采用扦插繁殖。早春花后，剪去枝叶，取其再萌发出来的嫩枝，进行扦插，在20～23℃的条件下，经15～20d即可生根。母株或扦插苗可在中温温室安全越冬。矮牵牛移植恢复较慢，故宜于苗小时尽早

定植，并注意勿使土球松散。春播苗花期为6~9月，为使其在早春开花，冬季应置温室内栽植，室内温度保持为15~20℃。

（四）鸡冠花（图2-15）

苋科，青葙属，别名红鸡冠。

1. 识别要点

一年生草本，高25~100cm，分枝稀。茎光滑，有棱线或沟。叶互生，有柄，卵状至线状，变化不一，全缘，先端渐小，基部渐狭，长5~20cm，叶色有绿、黄绿、深红或红绿相间等不同颜色。穗状花序大，顶生，肉质；中下部集生小花，上部花退化，但密被羽状苞片；花被及苞片有白、黄、橙、红和玫瑰紫等色。花期为5~10月，但单株盛花期较短。叶色与花色常有相关性。胞果内含多数种子，成熟时环状裂开，种子黑色。

2. 生态习性

喜炎热而空气干燥的环境，不耐寒，宜栽于阳光充足、肥沃的砂质壤土中。生长迅速，栽培容易，可自播繁衍。种子生活力可保持4~5年。

3. 繁殖栽培

播种繁殖。3月间播于温床。晚霜后可播于露地。种子萌发嫌光照，需盖土。因种子细小，盖土宜薄。在25℃下，约经5~7月发芽，但不得低于15℃，低温导致生长停止。当长出2~5片真叶时移植1次。因属直根系，不宜多次移植。生长期需水多，尤其炎夏应注意充分灌水，应保持土壤湿润。至开花前应施稀薄追肥。花期要求通风良好，气温凉爽并稍遮阴则可延长花期。植株高大，肉质花序硕大者应设支柱以防倒伏。切花栽培定植株行距为20~50cm，花坛定植株行距为30~40cm。

（五）藿香蓟（图2-16）

菊科，藿香蓟属，别名胜红蓟、蓝翠球、咸虾花、臭护草。

1. 识别要点

一、二年生或多年生草本。株高30~60cm，多分枝，全株被毛；叶对生或上部叶互生；叶片卵形或近圆形；基部圆钝，叶缘有锯齿；头状花序钟状，呈伞房花序式或圆锥花序式排列；花全部管状，白或淡蓝色，5裂；花期为7~9月。瘦果五角形，顶有鳞片状冠毛5枚。种子千粒重为0.15g。

2. 生态习性

原产于美洲热带，在我国华南已逸为野生。要求阳光充足，喜温热，不耐寒。对土壤要求不严，适应性强。可大量自播繁衍。分枝能力强，可修剪以控制高度。

3. 繁殖栽培

播种或扦插、压条繁殖。一般都做春播花卉栽培。适宜适度湿润和中等肥沃的土壤，定植株行距为15~30cm。栽后不需过细的管理。园艺品种的母株在温室内保护越冬。通常1月份即可采插穗扦插。

（六）翠菊（图2-17）

菊科，翠科属，别名江西腊、蓝菊、七月菊。

1. 识别要点

一年生草本。全株疏生短毛。茎直立，上部多分枝，高20~100cm。叶互生，叶片卵形至长椭圆形，有粗钝锯齿，下部叶有柄，上部叶无柄。头状花序单生枝顶，花直径为5~

8cm，栽培品种花直径为3～15cm；总苞片多层，苞片叶状，外层草质，内层膜质；野生原种舌状花1～2轮，呈浅堇至蓝紫色，栽培品种花色丰富，有鲜红、桃红、橙红、粉红、浅粉、紫、墨紫、蓝、天蓝、白、乳白、乳黄、浅黄褐色，尚未育出浓黄色；管状花黄色，端部5齿裂；雄蕊入药囊结合，柱头2裂。春播花期为7～10月；秋播花期为5～6月。瘦果楔形，浅褐色。种子千粒重为1.74g。

2. 生态习性

翠菊为浅根性植物，生长期应经常进行灌溉，干燥季节尤应注意水分的供给。对土壤要求不严，但喜富含腐殖质的肥沃而排水良好的砂质壤土。要求光照充足，不耐水涝，高温高湿易患病虫害。不宜连作，栽过翠菊的土地，需隔4～5年后才可再行栽植，否则生长不良。耐寒性不强，秋播需冷床保护越冬。花期依品种和播种期不同，从5～10月都可开花，但是单株盛花期较短，约10多天。

3. 繁殖栽培

用种子繁殖，春、夏、秋皆可，一般多行春播，因品种播种期不同。

（1）矮型品种　四季都可播种，多行春播。2～3月在温室播种，5～6月在露地播种，6～7月开花；7月上中旬播种，可在“十一”国庆节间开花；8月在冷床中越冬，翌年“五一”劳动节开花。

（2）中型品种　5～6月播种，8～9月开花；如8月播种需在冷床越冬，翌年5～6月开花。

（3）高型品种　春夏皆可播种，均于秋天开花，只是早播者开花时株高叶老，基部叶片容易枯黄脱落，因此以初夏播种为宜。很少用秋播。

室内播种，在14～16℃下约4d发芽，生出2枚真叶时定植露地。翠菊喜土壤肥沃，但必须施用充分腐熟的有机肥为基肥，幼苗移植后，每半月追肥1次。华北地区栽培翠菊要重视中耕保墒，以免浇水或雨水过多而土壤过湿，容易引起徒长、倒伏或发生病害。翠菊耐寒性不强，小苗应植于冷床的北侧，翌春4月移栽露地。5～6月间开花。由于此时气候高燥开花较春播的好。但是秋播栽培较费工。园林布置时，高型品种株行距20～25cm，矮型品种株行距15～18cm。矮型品种在开花时还可移植；而高型、中型品种以早移为妥，否则恢复生长缓慢，影响开花的质量。若做切花栽培，高型品种株行距30～40 cm，中型品种株行距25～30cm。采种栽培的株行距还可适当加大。

矮型品种生长势较弱，对栽培条件要求较严格，当枝端现蕾后，应停止浇水，以抑制主茎伸长，在侧枝长至3cm时可灌水1次。这样，有助于形成低矮密集而呈阔圆锥形的株形，使开花繁密。

（七）波斯菊（图2-18）

菊科，秋英属，别名大波斯菊、秋英。

1. 识别要点

一年生，高达1～2m。茎具沟纹，光滑或具微毛，枝开展。叶2回羽状全裂，裂片狭线形，较稀疏。头状花序单生于长总梗上，径6cm左右；总苞片2层，内层边缘膜质；舌状花通常单轮，8枚，白、粉及深红色。有“托桂形”、半重瓣或重瓣等品种。种子千粒重为5.47g。

2. 生长习性

喜阳，耐干旱瘠薄土壤，肥水过多往往茎叶徒长而开花少，且易倒伏。波斯菊性甚强健，能大量自播繁衍。

3. 繁殖栽培

播种。春播一般在6月长日照下仅有少数花朵而枝叶极繁茂，至秋天短日照下才大量开花。因此，常在夏季枝叶过高时修剪数次，促使矮化，入秋仍可如期开花；或7~8月播种，植株较短小而整齐，秋季开花照常，更宜作园林布置。

（八）凤仙花（图2-19）

凤仙花科，凤仙花属，别名指甲草、小桃红。

1. 识别要点

一年生草本，高60~80cm。茎肥厚多汁，近光滑，浅绿或晕红褐色，与花色相关。叶互生，披针形，叶柄有腺。花大，单朵或数朵簇生于上部叶腋，或呈总状花序状。花瓣左右对称，侧生4片，两两结合，蒴果尖卵形。栽培品种极多。花色有白、水红、粉、玫瑰红、大红、洋红、紫、雪青等。纯色或具不规则的斑点、条纹。花形有单瓣、复瓣、重瓣、蔷薇形及茶花形等。株形有分枝向上直伸，有较开展或甚开展，有龙游状或向下成拱曲形。株高有达1.5m以上，株幅达1m者，最矮的只有20cm。花期为6~8月，果熟期为7~9月。种子千粒重为8.47g。

2. 生长习性

喜炎热而畏寒冷，需阳光充足。要求深厚肥沃土壤，但在瘠薄土壤中，也可生长。生长迅速，易自播繁衍。

3. 繁殖栽培

播种。3~4月间在温室或温床中播种，经1次移植，至5月末，即可定植露地。若露地播种，宜在4月中下旬，也可在7月中旬开花，花期40~50d。秋季遇霜即全株枯萎。欲“十一”国庆节观赏，宜在7月中下旬播种，但花期甚短，遇霜即凋萎，如为采收种子，必须春播。凤仙花盛开时仍可移植，恢复容易。当雨季排水不良时，株间通风欠佳，易感染病害，常致根茎感染病害并落叶，应予注意，一些品种叶甚繁密，以致掩盖花朵，须适当摘除整理。

（九）美女樱（图2-20）

马鞭草科，马鞭草属，别名四季绣球、铺地锦、苏叶梅、美人樱、铺地马鞭草。

1. 识别要点

多年生草本。植株宽广，丛生而铺覆地面，高30~50cm，全株有灰色柔毛。茎四棱，叶对生，有柄，长圆形或披针状三角形，缘具缺刻状粗齿，或近基部稍分裂。穗状花序顶生，但开花部分呈伞房状，花小而密集，苞片近披针形，花萼细长筒形，先端5裂，花冠筒状，长约为萼筒的2倍，先端5裂，裂片端凹入，有白、粉、红、紫等不同色泽，也有复色品种，略具芳香，花径约1.8cm；蒴果。花期为6~9月，果熟期为9~10月。种子千粒重为2.8g。

2. 生长习性

喜阳光充足，对土壤要求不严，但在湿润轻松而肥沃的土壤中开花更为繁茂，有一定耐寒性。

3. 繁殖栽培

播种或扦插繁殖。4月末播种，7月即可盛花，至10月中旬初霜前一直开花繁茂。种子发芽较慢而不整齐。若置15～17℃条件下，2周后始可出苗。小苗侧根不多，但移植成活尚易。如提早于3～4月在温室或温床中盆栽，花期还可以提前，但开花期间应经常追肥。美女樱也可秋播作二年生栽培，在冷床或低温温室中越冬，春暖移植露地，于5月即可开花。其多为异花授粉，故播种繁殖难以保持花色纯正。能自播繁衍。

美女樱常由下列原因而采用压条或扦插繁殖：1）种子不足或出苗不佳；2）需要整齐而矮小的植株以供夏秋花坛布置；3）为配置花坛需要纯色系的植株；4）保存优良的母株。因前两点原因，常于春夏扦插或压条；而后两点原因，通常于初秋进行，初霜前将苗移入冷床或低温温室越冬。扦插及压条于苗床中进行成活也易，扦插苗定植后，实行摘心即能形成紧密的株丛，其茎节处也易生不定根，在花坛中的徒长条常伏于地上生根而开花。

（十）百日草（图2-21）

菊科，百日草属，别名百日菊、步步高、鱼尾菊、对叶梅。

1. 识别要点

一年生草本，高50～90cm。茎直立而粗壮。叶对生，全缘，卵形至长椭圆形，基部抱茎，头状花序单生枝端，梗甚长，直径为4～10cm；总苞钟状，基部连生成数轮；舌状花倒卵形，有白、黄、红、紫等色；管状花黄橙色，边缘5裂，瘦果。花期为6～9月，果熟期为8～10月。种子千粒重为4.67～9.35g。

2. 生长习性

百日草性强健而喜光照，要求肥沃而排水良好的土壤，若土壤瘠薄过于干旱，花朵则显著减少，花色不良而花径也小。

3. 繁殖栽培

种子繁殖。种子在10℃以上易于萌发，3月末至4月初，常播于温床，播后保持土壤湿润，4、5d即可萌发。苗长出2、3片真叶时，就可移植露地，当株高10cm左右，留下2对真叶摘心，以促腋芽生长，这样植株粗壮，欲使大花重瓣型植株低矮而开花，常在摘心后腋芽伸长至3cm时，施以矮化剂，进而提高观赏价值。春季播种后约9周可以开花直至初霜。百日草侧根少，移植后恢复慢，应于苗小时定植，若大苗时再行移植，常导致下部枝叶干枯而影响观赏。百日草首批花后即进入雨季，常结实不佳，若为采种，宜提早于温室或温床播种，6月初首批开花，雨季前可得首批种子。

百日草虽花期长，但后期植株生长势衰退，茎叶杂乱，花径小而瓣小。故欲供秋季花坛布置，常作夏播，并摘心1、2次。切花栽培可直播成行密植或以20cm间距定植，不予摘心。以主茎顶端的花供切花用，花头大而梗长。园林中配置的百日草，多于花后剪去残花，可减少养分消耗而多抽花蕾，且枝叶整齐，利于观赏。

（十一）蛇目菊（图2-22）

菊科，金鸡菊属，别名小波斯菊、金钱菊。

1. 识别要点

一、二年生草本，光滑，上部多分枝，株高60～80cm。基生叶2～3回羽状深裂，裂片线形或披针形。头状花序直径2～4cm，具细长总梗，组成疏松的聚伞花丛。总苞片2层，外层明显短于内层。舌状花通常单轮，8枚，黄色，基部或中下部红褐色；管状花紫

褐色。本种也有舌状花变为多轮或全部为黄色或红紫色品种；还有矮型者，株高仅15~25cm。

2. 生长习性

宜日光充足处，耐寒力强，凉爽季节生长尤佳。土壤要求不严，适应性强，有自播繁衍能力。

3. 繁殖栽培

播种。春、秋均可播种，3~4月播，5~6月开花；6月播则9月开花。北京秋播宜于9月下旬，入冬前小苗有适度生长，能在露地安全越冬，而不需保护。如过早或过迟播种，常因菌株过大或太小而易冻死。通常秋播，移入冷床越冬。

（十二）金盏菊（图2-23）

菊科，金盏菊属，别名金盏花、常春花。

1. 识别要点

一、二年生草本，株高30~60cm，全株具毛。叶互生，长圆形至长圆状倒卵形，全缘或有不明显锯齿，基部稍抱茎。头状花序单生，径4~5cm甚至10cm，舌状花黄。总苞1~2轮，苞片线状披针形。瘦果弯曲。种子千粒重为9.35g。花期为4~6月。果熟期为5~7月。金盏菊的种子生活力可保持3~4年，多为自花授粉。

2. 生长习性

性较耐寒，生长快，适应性强，对土壤及环境要求不严，但以轻松肥沃的土壤和日照充足之地，生长显著良好。栽培容易，且易自播繁衍。

3. 繁殖栽培

播种。华北地区常采用二年生栽培。秋播于9月上中旬进行，7~10d出苗，于10月下旬假植于冷床内北侧越冬。金盏菊枝叶肥大，生长快，早春应及时分栽。冷床越冬者，3月下旬即有一部分开花，至4月末定植露地后，于5月中下旬花最盛。如春季2~3月播于冷床或温床时，初夏也可开花，但不如秋播的生长良好。金盏菊在炎夏之际开花很少，植株枯黄零乱，但在秋凉的9~10月间，花又盛开。金盏菊也可提早秋播，盆栽培养，需时移入低温温室促成，保持8~10℃，冬季供花；或10~11月播于冷床或温床，同样可供早春促成栽培。切花栽培时，应将主枝摘心，使侧枝开花，这样花梗较长。

（十三）三色堇（图2-24）

堇菜科，堇菜属，别名蝴蝶花、猫儿脸、鬼面花。

1. 识别要点

多年生草本，在高寒地区常作一年生花卉栽培，在一般地区作二年生花卉栽培。株高15~30cm。茎多分枝。叶互生，排列紧密，圆心脏形，叶缘具钝齿，托叶宿存。花大，单生于叶腋。花瓣5片，两侧对称。花色极具变化，有白、黄、紫、红及复色等。花期为4~6月。蒴果，椭圆形。果熟期为5~7月。种子倒卵形，750粒/g。

2. 生长习性

性较耐寒，生长势强，喜阳光充足的凉爽环境，畏湿热，忌土壤贫瘠，要求肥沃、湿润的沙质土壤。

3. 繁殖栽培

播种繁殖。秋播于8月下旬在露地苗床或盆中，播后10d可发芽，经1次移植，于

10 月下旬移入阳畦，也可在风障前覆盖越冬，翌年 4 月初可定植，4 月下旬开花。春播在 3 月间，播于冷床或加底温的温床中，但以秋播为好，花大而繁，若采收种子，更宜于秋播。

（十四）雏菊（图 2-25）

菊科，雏菊属，别名小白菊、延命菊、春菊。

1. 识别要点

多年生草本，常作二年生栽培。植株矮小，全株具毛，高 7～15cm。叶基生，叶片匙形或倒生卵形，先端钝。花葶自叶丛中抽出，高出叶面。头状花序顶生，具白、粉、紫、红、洒金等色，筒状花黄色。花径 2.5～5cm，舌状花数轮，平展放射状。花期为 3～6 月。瘦果扁平，果熟期为 5～7 月，种子千粒重为 0.21g。

2. 生长习性

喜光、喜冷凉气候，可耐 -4～-3℃低温，南方可露地越冬。忌炎热。能耐半阴瘠薄的土壤。在肥沃、疏松排水良好的土壤中生长良好。

3. 繁殖栽培

播种，可用扦插和分株繁殖。8～9 月露地越冬，种子 5～10d 萌发，长出 5 片真叶时移植或上盆。温暖地区于 12 月可陆续开花。北方地区于 9 月下旬移至阳畦中越冬，翌年 4 月定植露地。对一些优良品种还可每年保留宿根来进行分株繁殖，这些宿根过冬容易但度夏难。多将一部分宿根在伏天到来之前挖出来栽入盆内。然后移入荫棚，秋季再分割宿根栽植。

（十五）金鱼草（图 2-26）

玄参科，金鱼草属，别名龙口花、龙头花、洋彩雀。

1. 识别要点

多年生草本，作一、二年生栽培。茎基部木质化，株高 20～90cm，微有绒毛。叶对生或上部互生。叶片披针形至阔披针形，全缘，光滑。花序总状，小花有短梗，苞片卵形，萼 5 裂；花冠筒状唇形，外被绒毛，基部膨大成囊状，上唇直立，2 裂，下唇 3 裂，开展，有粉、红、紫、黄、白或复色；蒴果卵形，孔裂，千粒重为 0.16g。花期为 5～7 月；果熟期为 7～8 月。

2. 生长习性

金鱼草较耐寒，喜向阳及排水良好的肥沃土壤，稍耐半阴，在凉爽环境生长健壮，花多而鲜艳，通常作二年生栽培，华北、东北有作一年生栽培者。品种间容易混杂，引起品种退化，应注意留种母株的隔离。

3. 繁殖栽培

播种繁殖，也可用扦插繁殖。金鱼草种子小，生活力保持 3～4 年。在 13～15℃播种，1～2 周出苗。秋播 8 月下旬，小苗假植冷床越冬，也有早春播于冷床或春夏播种，前者 6～7 月开花，后者 9～10 月开花，但都不及秋播生长良好。当播种苗的真叶开始长出时，进行第 1 次移植。当苗高 5～6cm 时，进行第 2 次移植。当苗高 10cm 时进行定植，定植株行距为 15cm×20cm。

（十六）长春花（图 2-27）

夹竹桃科，长春花属，别名日日草、山矾花、日日春。

1. 识别要点

多年生草本。直立基部木质化。株高30～60cm，矮生种高为25～30cm。叶对生，长圆形，基部楔形具短柄，常浓绿色而具光泽。花单生或数朵腋生，花筒细长，约2.5cm，花冠裂片5，倒卵形，径2.5～4cm。品种花色有蔷薇红、纯白，白色而喉部具红黄斑等。萼片线状，具毛，蓇葖果，长2.5cm，有毛。花期春至深秋。种子735粒/g。

2. 生长习性

喜湿润的沙质壤土。要求阳光充足，但忌干热，故夏季应充分灌水。对土壤要求不严，但不适宜盐碱地种植，而在含腐殖质丰富的沙质壤土中生长最好。且置略荫处开花较好。

3. 繁殖栽培

播种繁殖，也可扦插繁殖，但生长势不及实生的强健。通常春季播种繁殖，多作一年生栽培。为提早开花，可在早春温室播种育苗，给以20℃温度环境，春暖移至露地供花坛布置。花期应适当追肥，花后剪除残花。

（十七）虞美人（图2-28）

罂粟科，罂粟属，别名丽春花、蝴蝶花、赛牡丹、小种罂粟花、蝴蝶满春园。

1. 识别要点

一、二年生草本，茎直立，株高40～80cm，全株被糙毛。叶互生，羽状深裂，裂片披针形，叶缘具粗锯齿。花单生枝顶，花梗长；花蕾卵球形下垂，开放时挺立。花萼2裂，绿色，具刺毛早落；花瓣4枚，近圆形，质薄如绸，花色有红、紫、粉、白等色，有的具色斑，花期为5～6月。蒴果呈杯形，千粒重为0.33g。

2. 生长习性

喜阳光充足及凉爽通风环境，忌炎热多雨，稍耐寒。根系深长，不耐移植，要求深厚、肥沃、排水良好的沙质壤土。自播能力强。

3. 繁殖栽培

播种繁殖。虞美人为直根性，须根极少。适宜直播栽培。播种时间：南方温暖地区于8～9月直播，华北冬季严寒，秋播幼苗难以越冬，故采用初冬“小雪”时直播，严冬在畦面覆盖草帘防寒。也可于早春3月初土壤刚解冻即播。虞美人的种子细小，播种地的表土要保持湿润，播种时可拌细砂，以防撒播不匀。出苗后应细心间苗2次，每穴可保留2、3株，使之簇状生长，使株距以20～40cm为宜。管理中勿使圃地温热或通风不畅，并忌连作，施肥不可过多，否则易发生病害。

（十八）蜀葵（图2-29）

锦葵科，蜀葵属，别名一丈红、端午锦、蜀季花。

1. 识别要点

多年生草本，常作一、二年生栽培。茎直立，少分枝，茎高2～3cm，全株被柔毛。单叶互生，粗糙多皱，叶片近圆形，3～7浅裂，叶柄粗壮。花茎8～12cm，生于叶腋，聚成顶生总状花序。花萼5裂，绿色；花瓣5枚，边缘波状，呈红、粉、白、紫、褐、黄等色；雄蕊多数，花丝连合成筒并包围花柱。花期为5～6月。分裂果，心皮多数，各含1粒种子，种子肾形，千粒重为9.22g。

2. 生态习性

喜光，耐半阴、耐寒，适应性强；要求深厚、肥沃、排水良好的土壤。忌积水。

3. 繁殖栽培

播种繁殖。春、秋皆可播种，南方秋播，北方以春播为主。扦插繁殖则主要用于一些重瓣品种，用基部抽生的侧枝扦插，在深秋掘起植株，将根基抽生的枝条带根分割后另行栽植。种子播种后发芽迅速整齐，幼苗生长期注意施肥、除草、松土，以使植株健壮。开花期应适当浇水，追施磷肥、钾肥。开花后可剪去地上部分，根部产生萌蘖形成新株，翌年开花。

拓展任务2 宿根花卉

（一）萱草（图2-30）

百合科，萱草属。

1. 识别要点

百合科宿根草本。根茎短、常肉质。叶基生、二列状、线形。花茎高出叶片、上部有分枝。花大、花冠漏斗形至钟形，裂片外弯，基部为长筒形，内被片较外被片宽。蒴果。原种花色为黄至橙黄色。单花开放1d，有朝开夕凋的昼开型、夕开次晨凋谢的夜开型以及夕开次日午后凋谢的夜昼开型。

2. 生态习性

萱草类性强健而耐寒，适应性强，又耐半阴，可露地越冬。对土壤选择性不强，以富含腐殖质、排水良好的湿润土壤为佳。

3. 繁殖栽培

春秋以分株繁殖为主，每丛带2、3个芽，施以腐熟的堆肥，若春季分株，夏季就可开花，通常3～5年分株一次。播种繁殖，应在采种后即播，经冬季低温于次春萌发。春播当年不萌发。多倍体萱草需人工辅助授粉可提高结实率。花后扦插茎芽，成活率较高，且茎芽成株的次年即可开花。近年运用组织培养法繁殖多倍体萱草，进一步提高了繁殖系数。萱草类适应性强，在定植的3～5年内不需特殊管理，于开花前后施些追肥长势更盛。

（二）玉簪（图2-31）

百合科，玉簪属。

1. 识别要点

宿根草本。本属植物约40种，多分布于东亚，我国有6种，分布甚广，多为美丽的观赏植物。地下茎粗大，叶簇生，具长柄。多为总状花序，自下而上同时开1～3花，花蓝、紫或白色，花被片基部联合成长管，喉部扩大。

2. 生态习性

玉簪类性强健耐寒而喜阴，忌直射光，植于树下或建筑物北侧生长良好，土壤以肥沃湿润，排水良好为宜。

3. 繁殖栽培

繁殖多用分株法，春、秋均可进行。播种繁殖3～4年开花。近年用组织培养方法，取叶片、花器均能获得幼苗，不仅生长速度较播种快，并可提早开花。开花前可施些氮肥及磷肥，则叶绿而花茂。

（三）景天（图2-32）

景天科，景天属。

1. 识别要点

多年生，是景天科中分布最广，种类最多的属；我国约有150种，南北各省都产。由于地理条件的不同致使形态上也极富变化。通常根茎显著或无。茎直立，斜上或下垂。叶多互生、密集呈覆瓦状排列，对生或轮生；叶色有紫、红、褐、绿、绿白等。聚伞花序顶生，花瓣4～5枚，雄蕊与花瓣同数或2倍；萼4～5裂；花多为黄色、白色，还有粉、红、紫等色。

2. 生态习性

景天类以北温带为分布中心，因而多数种类具有一定耐寒性。喜光照，部分种类耐阴，对土质不甚选择。自然界常多数种类同时生长在岩石上及石缝间，此种生态状况为自然杂交提供了条件。

3. 繁殖栽培

以分株扦插繁殖为主，部分种类也可叶插。播种繁殖多在早春进行，多数种类种子寿命只可保持一年，欲长期保持应放置低温及干燥条件下。栽培较容易，但以排水良好而富含腐殖质的土壤对生育有利。露地栽培宜在早春3～4月间充分灌水即可萌发，生育期间适当施以液肥。盆栽者，应保持盆土松软、排水通畅，并于早春进行分栽。

（四）荷包牡丹（图2-33）

荷包牡丹属，罂粟科，别名荷包花、铃儿草。

1. 识别要点

宿根草本。地下茎水平生长，稍肉质。一至数回三出复叶。花序顶生或与叶对生，排成下垂的总状花序。萼2片极小而早落；花瓣4枚，外侧2枚基部膨大成囊状呈心形，先端反卷；内侧2枚小而直立，花有红、黄、白等色；花柱纤细，柱头2～4鸡冠状或角状；蒴果长形。

2. 生态习性

荷包牡丹性耐寒而忌夏季高温，喜湿润、疏松的土壤，在沙土及黏土中生长不良。生长期间喜侧方遮阴，忌日光直射。早春开花，至盛夏则茎叶枯黄休眠。

3. 繁殖栽培

以春秋分株繁殖为主，约3年左右分株一次。也可进行扦插繁殖，北京地区6～9月间均可进行，成活率较高，次年即可开花。种子繁殖可秋播或层积处理后春播，实生苗3年开花。荷包牡丹栽培容易，不需特殊管理，若栽植于树下等有侧方遮阴的地方，可以推迟休眠期、延长观赏期一个月左右。在春季萌芽前及生长期施些饼肥及液肥则花叶更茂。盆栽时宜选用深盆，下部放些瓦片以利排水。荷包牡丹也可促成栽培，在休眠后栽于盆中，置入冷室，至12月中旬移至12～13℃室内，注意养护管理，2月即可见花。花后再放回冷室，早春重新栽于露地。

（五）桔梗（图2-34）

桔梗科，桔梗属，别名僧冠帽，梗草。

1. 识别要点

宿根草本。高30～100cm，上部有分枝。块根肥大多肉，叶互生或3枚轮生，几乎无柄，卵形至卵状披针形。端尖，边缘有锐锯齿。花单生枝顶或数朵组成总状花序；花冠钟形，蓝紫色；径约2.5~5cm，花冠裂片5片，三角形；雄蕊5个，花丝基部扩大；花柱长，5裂而反卷；萼钟状，宿存；花期为6~10月，切花品种花期在5~6月。园艺品种有白、粉及重瓣等。

2. 生态习性

桔梗性喜凉爽湿润环境，喜阳光充足，但也能耐微荫，适栽于排水良好、含腐殖质的沙质壤土中。自然界多生于山坡草丛间或沟旁。桔梗是雄性先熟的花，始花时就已散粉，经2~3d后雌蕊才成熟。因此需用他花授粉方可结实。

3. 繁殖栽培

播种或分株繁殖。对于性状稳定的品种来说，播种苗后代很少变异，通常3~4月直播，播前先浸种，播后在畦面覆盖稻草以保温，发芽后注意保持土壤湿润，5~6月间移植，并追施1~2次液肥，以促其生长，待茎叶枯萎后定植。做切花栽培多用播种法，次年即可剪切花。因实生苗在2~4年内可以获得品质优良的切花。分株繁殖在春秋季都可进行，根应连同根颈部的芽一起分离栽植。一次种植可持续4~5年，因此可与果树等间作。早生品种在5~6月切花后可再度发芽，并于8~9月第二次剪取切花。剪切花时期以开花前一天最适。

桔梗也可用一年的实生苗做促成栽培。11月中下旬上盆，盆上加些基肥，于1月上旬置于室外经受低温，可用稻草或苇帘防寒及保湿，至3月初移于室内，白天温度约20~25℃，夜温10~15℃，精心养护3月中下旬即可开花。

（六）宿根石竹（图2-35）

石竹科，石竹属。

1. 识别要点

多年生或一、二年生草本。茎节膨大，叶对生。花单生或为顶生聚伞花序及圆锥花序；萼管状，5齿裂，下有苞片2至多枚；花瓣5瓣、具爪，被萼及苞片所包被；雄蕊10个、花柱2个、蒴果圆筒形至长椭圆形。

2. 生态习性

宿根石竹类喜凉爽及稍湿润的环境，土壤以沙质土壤为好，排水不良则易生白绢病及立枯病。

3. 繁殖栽培

繁殖可用播种、分株及扦插法。春播或秋播于露地，寒冷地区可春秋播于冷床或温床，如常夏石竹、瞿麦等，发芽适温为15~20℃，温度过高则萌发受到抑制。幼苗通常经过2次移植后定植。分株繁殖多在4月进行。扦插法生根较好，可于春秋插于沙床中。

（七）耧斗菜（图2-36）

毛茛科，耧斗菜属。

1. 识别要点

宿根花卉。叶丛生、2~3回三出复叶。萼片5片、辐射对称，与花瓣同色。花瓣5瓣，自花萼间伸向后方；雄蕊多数，内轮的变为假雄蕊；雌蕊5个，蓇葖果。

2. 生态习性

耧斗菜性强健而耐寒，华北及华东等地区均可露地越冬。喜富含腐殖质、湿润而排水良

好的沙质壤土，在半阴处生长及开花更好。

3. 繁殖栽培

分株或播种繁殖。分株宜在早春发芽以前或落叶后进行。播种繁殖于春、秋季均可进行。2~3月可于冷室盆播，或4月在露地荫处直播。若9月上旬播种，次年有30%~40%开花；5~6月播种次年着花更多，但露地育苗时，在7~8月间应以苇帘遮阴。定植时以数株丛植一起效果为好。

拓展任务3 球根花卉

（一）百合（图2-37）

百合科，百合属，别名百合蒜、强瞿。

1. 识别要点

多年生草本。地下具鳞茎，阔卵状球形或扁球形；外无皮膜，由多数肥厚肉质的鳞片抱合而成。地上茎直立，不分枝，少数上部有分枝，高50~150cm。叶多互生或轮生；线形，披针形至心形；具平行叶脉。有些种类的叶腋处易着生珠芽。花单生，簇生或成总状花序；花大形，漏斗状或喇叭状或杯状等，下垂，平伸或向上着生；花具梗和小苞片；平伸或反卷，基部具蜜腺；花白、粉、淡绿、橙、橘红、洋红及紫色，或有赤褐色斑点；常具芳香。蒴果3室；种子扁平。

2. 生态习性

百合类绝大多数性喜冷凉湿润气候，要求肥沃，腐殖质丰富，排水良好的微酸性土壤及半阴环境。多数种类耐寒性较强，耐热性较差。忌连作。

由于百合种类多，自然分布广，所要求的生态条件不尽相同，尤其是一些分布广的种类，其适应性较强，种性强健，也能略耐碱土和石灰质土，如王百合、湖北百合、川百合、卷丹等。又如卷丹和湖北百合比较喜温暖干燥气候，较耐阳光照射；要求高燥肥沃的沙质土壤。而腹香百合则适应性较差，不耐碱性土，对酸性土要求较严格；其种性也不如前者，易患病害和退化。

百合类为秋植球根，一般秋凉后萌发基生根和新芽，但新芽常不出土，待翌春回暖后方破土而出，并迅速生长和开花。花期一般自5月下旬至9、10月，花期早晚和开花难易程度因种而异，差别较大，但均属球根花卉中开花最迟的一类。易开花的种类有王百合、湖北百合、川百合和卷丹等，而麝香百合对温度较敏感，其自然花期为6~7月，但常行促成栽培，令其冬春开花。百合类开花后，地上部分逐渐枯萎并进入休眠，休眠期一般较短但也因种而异。解除球根休眠需经一定低温，通常2~10℃即可。花芽分化多在球根萌芽后并生长一定大小时进行，具体时间也因种而异，如麝香百合生长50片叶后方可分化花芽。百合类又为自花结实植物，但因长期营养繁殖结果，有些种类自花不孕，一般野生种类易自花授粉并结实良好。种子成熟期因种和品种而异，早者60d成熟，晚者150d方可成熟，一般需80~90d左右。种子生活力2年。百合类的鳞茎系多年生，其鳞片寿命约3年。鳞茎中央的芽伸出地面形成直立的地上茎后，又在其旁发生1至数个新芽，自芽周围向外渐次形成鳞片，并逐渐扩大增厚，几年后便分生为新的小鳞茎，进行更新。与此同时，埋于土中的地上茎节处也可形成珠芽。

3. 繁殖方法

百合类的繁殖方法较多，可分球、分珠芽、扦插鳞片以及播种等。以分球法最为常用；扦插鳞片也较普遍应用，而分珠芽和播种则仅用于少数种类或培育新品种。

（1）分球法　母球（即老鳞茎）在生长过程中，于茎轴旁不断形成新的小球（新鳞茎）并逐渐扩大与母球自然分裂，将这些小球与母球分离，另行栽植。每个母球经一年栽培后，可分生1～3个或数个小球，常因种和品种而异。百合地上茎的基部及埋于土中的茎节处均可产生小鳞茎，同样可把它们分离，作为繁殖材料另行栽植。为使百合多产生小鳞茎，常行人工促成方法，即适当深栽鳞茎或在开花前后切除花蕾，均有助于小鳞茎的发生。也可花后将茎切成小段，每段带3、4片叶，平铺湿沙中，露出叶片，经20～30d便自叶腋处发生小鳞茎，上述小鳞茎经1年（大者）或2～3年（小者）培养，便可作为种球栽植。

（2）分珠芽法　分珠芽法适用于产生珠芽的种类，如卷丹，沙紫百合等，可在花后珠芽尚未脱落前采集并随即播入疏松的苗床内或贮藏沙中，待春季播种。管理细致周到时，2～3年可望开花，比播种繁殖快。

（3）扦插鳞片法　选取成熟的大鳞茎，阴干数日后，将肥大健壮的鳞片剥下，斜插于粗沙或蛭石中，注意使鳞片内侧面朝上，顶端微露土面即可，入冬移入温室，保持室温20℃，以后自鳞片基部伤口处便可产生子球并生根，经3年培养便可长成种球。一般一个母球可剥取20～30片鳞片，可育成50～60个子球。

（4）播种法　因种子不易贮藏（干燥低温下可贮藏3年），播后生长慢且常有品质变劣的缺点，故只在培育新品种时或结实多又易发芽的种类，如台湾百合，才用此法。一般种子成熟采后即播，20～30d便可发芽。如无播种条件，也可阴干后次年春播。自播种至开花所需时间，因种类和条件而异。如山丹播种的第二年即能开花；王百合播种后则几个月即能开花，而紫背百合需3～4年方能开花。

近年来，也多用组织培养法繁殖，利用百合花的不同部位如花丝、花柱、子房以及远缘杂种幼胚等进行培养获得新株，解决了由于多年持续进行营养繁殖引起的老化现象而降低生活力的问题；也防治了病害感染，使种球不断得以复壮；并能培育远缘杂种苗。

4. 栽培管理

百合类栽培法因不同种类差别较大，现就一般种类论述。宜选半阴环境或疏林下要求土层深厚、疏松而排水良好的微酸性土壤，最好深翻后施入大量腐熟堆肥、腐叶土、粗沙等以利土壤疏松和通气。栽植时期多数以花后40～60d为宜，即8月中下旬至9月。秋季开花种类可较迟栽植。百合类栽植宜深，尤对具茎根的种类，深栽以利茎根吸收肥分，一般深度约为18～25cm。栽好后，入冬时用马粪及枯枝落叶进行覆盖。

生长季节不需特殊管理，可在春季萌芽后及旺盛生长而天气干旱时，灌溉数次，追施2～3次稀薄液肥；花期增施1～2次磷肥、钾肥。平时只宜除草，不适中耕以免损伤“茎根”，又名“底根”（下根），寿命可达数年，故不宜每年挖起，一般可隔3～4年分栽一次。百合类系无皮鳞茎，易干燥，因此采收后即行分栽，若不能及时栽植，应用微潮的沙土进行假植，并置荫凉处。

也可促成栽培。9～10月份选肥大健壮的鳞茎种植于温室地畦或盆中，尽量保持低温；11～12月室温为10℃。新芽出土后需有充足阳光，并升至15℃，经12～13周开花。如于现蕾后给以20～25℃并每天延长光照5h，可提早2周开花。如欲于12月至次年1月开花，鳞

茎必须于秋季经过冷藏处理。麝香百合最宜控制花期，9月底以前种植温室中，可望元旦前开花。鳞茎冷藏贮存时，可周年分批栽种，不断供应鲜花。切取鲜花宜于含蕾初放时剪取，及早摘除花药以免污染衣物并可延长水养时间。

（二）美人蕉（图2-38）

美人蕉科，美人蕉属。

1. 识别要点

多年生草本。其具粗壮肉质根茎；地上茎直立不分枝。叶互生，宽大；叶柄鞘状。单枝聚伞花序排列呈总状或穗状，具宽大叶状总苞。花两性，不整齐；萼片3枚，呈苞状；花瓣3枚呈萼片状；雄蕊5枚均瓣化为色彩丰富艳丽的花瓣，成为最具观赏价值的部分。其中一枚雄蕊瓣化瓣常向下反卷，称为唇瓣。另一枚狭长并在一侧残留一室花药。雌蕊也瓣化形似扁棒状，柱头生其外线。蒴果球形；种子较大、黑褐色、种皮坚硬。花期很长，自初夏至秋末陆续开放。

2. 生态习性

美人蕉类性强健，适应性强，几乎不择土壤，具一定耐寒力。在原产地无休眠性，周年生长开花。在我国的海南岛及西双版纳也同样无休眠性，但在华东、华北等大部分地区冬季则休眠。尤在华北、东北地区根茎不能露地越冬。本属植物性喜温暖炎热气候，好阳光充足及湿润肥沃的深厚土壤。可耐短期水涝。生育适温约25～30℃。其为闭花受精植物。本属中多数二倍体品种易结实，有些结实少或不良。三倍体品种均不结实。

3. 繁殖栽培

普通分株繁殖。将根茎切离，每丛保留2、3芽就可栽植（切口处最好涂以草木灰或石灰）。为培育新品种可用播种繁殖。种皮坚硬，播种前应将种皮刻伤或开水浸泡（也可温水浸泡2d）。发芽温度25℃以上，2～3周即可发芽，定植后当年便能开花；生育迟者需2年才能开花。发芽力可保持2年。

一般春季栽植，暖地宜早，寒地宜晚。丛距80～100cm，覆土约10cm。除栽前充分施基肥外生育期间还应多追施液肥，保持土壤湿润。寒冷地区在秋季经1、2次霜后，待茎叶大部分枯黄时可将根茎挖出，适当干燥后贮藏于沙中或堆放室内，温度保持5～7℃即可安全越冬。暖地冬季不必采收，但经2～3年后须挖出重新栽植。

促成栽培也很简便，欲使“五一”劳动节开花可在1月份催芽，即将贮藏的根茎平放温室地床上，用掺有等量肥的土堆盖起来，维持日温30℃，夜温15℃条件，经10余天出芽后定植盆内，保持盆上湿润，酌量追肥。4月上旬开始出花蕾，中旬以后逐渐开窗通风，“五一”劳动节上花坛时部分植株可以开花。

（三）大丽花（图2-39）

菊科，大丽花属，别名大理花、天竺牡丹、西番莲、地瓜花。

1. 识别要点

多年生草本，地下部分具粗大纺锤状肉质块根，形似地瓜，故名地瓜花。株高依品种而异，约为40～150cm。茎中空，直立或横卧；叶对生，1～2回羽状分裂，裂片卵形或椭圆形，边缘具粗钝锯齿；总柄微带翅状。头状花序具总长梗，顶生，其大小、色彩及形状因品种不同而富于变化；外周为舌状花，一般中性或雌性；中央为筒状花，两性；总苞两轮，内轮薄膜质，鳞片状；外轮小，多呈叶状；总花托扁平状，具颖苞；花期为夏季至秋季。瘦果

黑色、压扁状的长椭圆形；冠毛缺。

2. 生态习性

大丽花原自生于墨西哥海拔1500m的高原上，因此，既不耐寒又畏酷暑而喜高（干）燥凉爽、阳光充足、通风良好的环境，且每年需有一段低温时期进行休眠。土壤以富含腐殖质和排水良好的沙质壤土为宜。大丽花为春植球根和短日照植物。春天萌芽生长，夏末秋初气温渐凉、日照渐短时进行花芽分化并开花，直至秋末经霜后，地上部分凋萎而停止生长，冬季进入休眠。短日照条件下促进花芽的发育，通常10～12h短日照下便急速开花；长日照条件下促进分枝，增加开花数量，但延迟花的形成。大丽花的块根由茎基部原基发生的不定根肥大而成，肥大部分无芽，不会抽生不定芽，仅在根颈部分发生新芽，生长发育成新的个体。种子繁衍时一般舌状花呈中性或雌性，常不结实，筒状花两性，易结实，为雄蕊先熟花。

3. 繁殖方法

一般以扦插及分株繁殖为主，也可进行嫁接和播种繁殖。

（1）扦插繁殖　一年四季皆可进行，但以早春扦插最好。2～3月间，将根丛在温室内囤苗催芽（即根丛上覆盖沙土或腐叶土，每天浇水并保持室温，白天18～20℃，夜晚15～18℃），待新芽高至6～7cm，基部一对叶片展开时，剥取扦插。也可留新芽基部一对叶以上处切取，随以后生长留下的一对叶腋内的腋芽伸长6～7cm时，又可切取扦插，这样可以继续扦插到5月为止。扦插用土以沙质壤土加少量腐叶土或泥炭土为宜，保持室温白天20～22℃，夜间15～18℃，2周后生根，便可分栽。春插苗不仅成活率高，而且经夏秋充分生长，当年即可开花。6～8月初可自成长植株上取芽，进行夏播，成活率不及春插。9～10月以及冬季均可扦插并于温室内培养。但成活率均不如春插而略高于夏插。

（2）分株繁殖　春季3～4月间，取出贮藏的块根，将每一块根及附着生于根颈上的芽一齐切割下来（切口处涂草木灰防腐），另行栽植。若根颈部发芽少的品种，可每2、3条块根带一个芽而切割。无根颈或根颈上无发芽点的块根均不出芽，不能栽植。若根颈上发芽点不明显或不易辨认时，可于早春提前催芽，待发芽后取出，再按上述方法进行切割。此法简便易行，成活率高，植株健壮，但繁殖系数不如扦插法多。

（3）播种繁殖　培育新品种以及矮生系统的花坛品种，多用播种繁殖。大丽花夏季因湿热而结实不良，故种子多来自秋凉后而成熟者，并且又以外侧2～3轮筒状花结实最为饱满，越向中心的筒状花结实越困难。极少数舌状花能结实，故应以筒状花作母本。通常雄蕊先熟。花粉散出后，雌蕊急速伸长，所以应将母本筒状花的雄蕊在成熟前去除（用剪除筒状花的端部办法去雄蕊），待雌蕊成熟时进行授粉。因舌状花凋萎后常残存在花托上，着雨水后而腐败影响筒状花结实，所以授粉前应当完全拔除。供父本用的花，可先切取放室内水养，待花粉成熟时取出保存备用。授粉宜在午前9～10时进行。经30d左右种子成熟，若在成熟之前遇严重霜冻，便丧失发芽力，所以应在霜冻前切取，置于向阳通风处，吊挂起来催熟。种子调制后贮藏至翌春播种，一般7～10d发芽。当年秋天即可开花，其生长势较扦插苗和分株苗均为强健。因大丽花园艺品种为多源杂种，遗传基因丰富而复杂，播种后变异性大而丰富，所以对培育新品种极为有利。

（4）嫁接繁殖　嫁接大丽花，可用不带芽的块根作砧木，选择粗细高矮一致的嫩芽梢

作接穗，削成鸭嘴状，按事先设计的图案，在砧木上下刀，切口中插入接穗，用胶带纸将接口处粘连封闭，埋入土中，发芽抽枝后移入盆中或花坛中。

4. 栽培要点

大丽花的栽培，因目的不同而异，通常有露地栽培和盆栽两种方式。

（1）露地栽培 宜选通风向阳和高燥地，充分翻耕，施入适量基肥后做成高畦以利排水。栽植时期因地而异：华南地区2～3月种植，华中地区4月中下旬，而华北地区则于5月间种植。种植深度以使根茎的芽眼低于土面6～10cm为度，随新芽的生长而逐渐覆土至地平。栽时即可埋设支柱，避免以后插入误伤块根。株距依品种而定，高大品种约120～150cm，中高品种60～100 cm，矮小品种40～60cm。

生长期间应注意整枝修剪及摘蕾等工作。整枝方式依栽培目的及品种特性而定。基本有两种：一是不摘心单干培养法，即独本大丽花培育法。保留主枝的顶芽继续生长，除靠近顶芽的两个侧芽作为以防顶芽损伤替补芽外，其余各侧芽均自小就除去，促使花蕾健壮生育，花朵硕大，此法适用于特大和大花品种。另一法是摘心多枝培养法，即多本大丽花培育法。当主枝生长15～20cm时，自2～4节处摘心，促使侧枝生长开花。全株保留侧枝数，视品种和要求而定，一般大花品种留4～6枝，中、小花品种留8～10枝。每个侧枝保留1朵花，开花后各枝保留基部1、2节再剪除，使叶腋处发生的侧枝再继续生长开花。该法适用于中、小花品种及茎粗而中空、不易发生侧枝的品种。

大丽花各枝的顶蕾下常同时发生两个侧蕾，为避免意外损伤，可在顶、侧蕾长至黄豆粒大小时，挑选其中两个饱满者，余者剥去，再待花蕾较大时（1cm），从中选择健壮的1个花蕾，即定蕾，留作开放花朵。

大丽花性喜肥，但忌过量，生长期间每7～10d追肥1次，但夏季气候炎热，超过30℃时不宜施用。立秋后气温下降，生育旺盛，可每周增施肥料1、2次。常用肥料有腐熟人粪尿、麻酱渣、棉籽饼、麻籽饼以及硫酸铵、尿素、硫酸亚铁等。应掌握先淡后浓的原则。

切花栽培时，应选分枝多、茎干细而挺直、花朵持久的中小品种。整枝时可留较多分枝。主干或主侧枝顶端的花朵，往往花梗粗短，不适合切花观赏，故应除去顶蕾，使侧蕾或小侧枝的顶蕾开花而用作切花。注意及时剥除无用的侧蕾。

（2）盆栽 宜选用扦插苗，尤以低矮中小品种为好，也可用少数中高生品种，以花形整齐者为宜。

扦插苗生根后即可上盆，盆土配制应以底肥充足、土质松软、排水良好为原则，并随植株大小和换盆大小进行调制。通常由腐叶土、园土以及沙土等按比例混合配制。盆栽大丽花的整形修剪应视观赏要求而定，有独本和多本两种方式，具体方法与露地栽培基本相同，但是株形高低、枝条粗细以及花朵大小的调整均更为严格。另外，盆栽大丽花的浇水应严加控制，以防徒长和烂根，掌握不干不浇，见干见湿的原则。尤其夏季高温多湿的地区，通风防雨是极为重要的环节，稍有疏忽，盆孔堵塞，盆内积水就导致植株死亡。

大丽花秋后经几次轻霜，地上部分完全凋萎而停止生长时，应将块根挖起，使其外表充分干燥，再用干沙埋存于木箱或瓦盆内放置5～7℃、湿度50%的环境条件下。大量块根也可贮藏于地窖中。盆栽者剪除地上茎叶后，可将原盆放置贮藏。

知识归纳

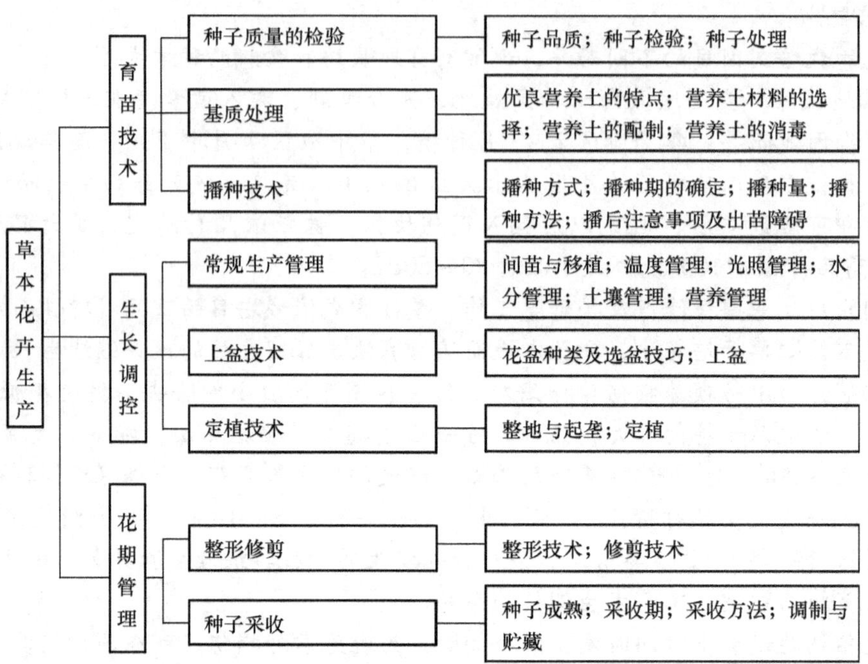

复习思考题

1. 草本花卉间苗与幼苗移栽方法是什么？
2. 花卉栽培与温度、光照的关系如何？
3. 如何选择合适的花盆？草本花卉上盆需注意哪些事项？
4. 花卉定植前如何进行土壤消毒？
5. 结合实践调查花盆的种类及区别。
6. 花卉露地定植方法是什么？

项目3

盆栽花卉生产

盆栽花卉小巧玲珑，花冠紧凑，有利于搬移，可根据需要随时布置室内外的花卉进行装饰；盆栽花卉能及时调节市场，南北方相互调用，提高市场的占有率；盆栽花卉能多年生栽培，可连续多年观赏；盆栽花卉对温度、光照要求严格，北方冬季需保护栽培，夏季需遮阳栽培；盆栽花卉花盆体积小，盆土及营养面积有限，必须配制培养土栽培；盆栽花卉条件人为控制，要求栽培技术严格、细致，有利于促成栽培和抑制栽培。

基本任务1　繁殖技术

> 知识目标

- 了解营养繁殖的方法及原理。
- 掌握盆栽花卉的分类方式。
- 掌握各种营养繁殖后的管理任务要求。

> 能力目标

- 学会各类盆栽花卉的各种营养繁殖技术要点。
- 重点掌握扦插和嫁接繁殖的技术难点。
- 能够针对不同植株采用相应的繁殖方法。

营养繁殖也叫无性繁殖，是利用植物营养器官即根、茎、叶或芽的一部分为繁殖材料，培育新植株的育苗方法。营养繁殖的优点是后代能长期保持母本的优良性状；可以缩短幼苗期，使植物提前开花结果。营养繁殖的缺点是根系发育较差，无主根；繁殖材料携带不便，繁殖系数低，寿命短。

子任务1　盆栽花卉分类

一、按生态习性分类

（一）一、二年生花卉

一、二年生花卉是指能在当年完成开花、结实等生活史的花卉，或者自种子萌发、开花、结实需要在两个生长季节内完成的花卉。但由于各地的气候条件和栽培特点不同，一年生或二年生花卉已经没有明显区别，所以通称其为一、二年生花卉，如一串红、万寿菊、蒲包花、瓜叶菊等。

（二）宿根花卉

宿根花卉是指经一次栽植后，能够多年生长开花的草本花卉。这类花卉在盆栽花卉中占有重要地位，而大部分又是常绿花卉，如秋海棠类、文竹、君子兰、虎尾兰、四季樱草、蓬蒿菊、铁线草、蜈蚣草及部分兰科花卉。

（三）球根花卉

凡是花卉的地下器官膨大而粗壮，成为球状或块状时，通称为球根花卉。它主要是由花卉的茎或根变态形成的，根茎内储存有丰富的养分。球根花卉以其植物形态来分，又有鳞茎、球茎、块茎、根茎及块根等区别。属于鳞茎类的盆栽花卉有水仙、朱顶红、郁金香等；属于球茎类的盆栽花卉有：仙客来、小菖兰等；属于块茎类的盆栽花卉有球根秋海棠、马蹄莲等；属于根茎类的盆栽花卉有鸢尾、红花酢浆草等；属于块根类的盆栽花卉有花毛茛等。球根花卉的茎干为柔软草质，因此它也属于草本花卉。

（四）多肉多浆花卉

多肉多浆花卉是指茎或叶肥厚多汁，形态上与一般花卉迥然不同，而大多能耐较长期干旱的植物，如仙人掌、仙人球、山影掌、昙花、蟹爪兰、霸王鞭、麒麟掌、玉树、莲花掌、紫景天、芦荟、龙须海棠等。这类花卉的茎干草质多肉，因此也属于草本花卉。

（五）半木质花卉

半木质花卉是指茎干基部已木质化，而上部的茎干为柔软草质的过渡类型的盆栽花卉，如天竺葵、一品红、倒挂金钟等。但这类花卉在幼嫩时为完全草质，所以严格说起来它们仍属于草本花卉。

（六）花木类

花木类是指枝干为坚硬木质的盆栽花卉，它有常绿和落叶之分，如扶桑、山茶、叶子花、夹竹桃、栀子、米兰、茉莉、柑橘类等，属于盆栽长绿木本花卉；而梅花、碧桃、石榴、无花果等，属于盆栽落叶木本花卉。盆栽常绿木本花卉除少数松柏类外，其余在冬季大都不休眠，在高温或中温的空中栽培，仍能正常生长发育；而盆栽落叶木本花卉在冬季则处在落叶休眠状态，大多比较耐寒。

（七）盆景

盆景为我国独创，历史悠久。它主要是应用各种深浅不同、形状别致的花盆，栽种经过艺术加工的植物材料，或模仿大自然的山水景色，配制盆石而成的艺术观赏品。

二、按植物高低分类

（一）特大型盆栽（90cm 以上，150cm 以下）

宽广的庭园或大规模的展览会，特大型盆栽雄壮威武，曾经盛极一时，但随着生活空间的缩小，渐渐失去了往日的风光。

（二）大型盆栽（75～90cm）

这种大型盆栽，是目前国内外盆栽家最喜欢的高度。这种盆栽能将气派、格调、古气充分表现出来，是生活空间较大的爱好者最理想的盆栽。

（三）中型盆栽（30cm 以上，75cm 以下）

这是目前最流行的盆栽，一个人用双手可以自由搬动，管理方便，可任意布置于玄关、客厅、茶几、礼堂，也是目前国际间最受欢迎、价格最高，同时也是最具观赏价值、最能表现盆栽家盆艺手法的盆栽。

（四）小型盆栽（30cm 以下）

这种盆栽单手可以搬动，管理、观赏方便，可布置于茶几、书桌或小房间，是生活空间不充裕的爱好者最适合栽种的盆栽。

目前居住环境越来越小，小型盆栽在国内外逐渐引起注意。由于其成形容易，将紧跟着中型盆栽成为未来的主流，尤其是 15 ~ 20cm 的小型盆栽。

（五）超迷你盆栽（10cm 左右）

这种盆栽一手可拿数盆，娇小玲珑，相当可爱。其由于体型太小，无法充分表达盆的意境，并且管理困难，所以无法普遍推广，因此爱好者较少。

子任务2　扦 插 繁 殖

扦插繁殖是指以植物营养器官的一部分（如根、茎、叶等），在一定的条件下插入土、沙或其他基质中，利用植物的再生能力，使这部分营养器官在脱离母体的情况下，长出所缺少的其他部分，成为一个完整的新植株。这种繁殖方法称为扦插繁殖。所得苗木为扦插苗。

一、扦插繁殖原理

植物体的每个细胞具有全能性，即每个细胞都具有一套完整的遗传物质，它包含着重新形成与母本相同而又独立的植株的全部信息，具有潜在的形成相同植株的能力。在完整植株中，由于细胞在体内受到内在环境的束缚，相对稳定；一旦脱离母体，在适宜营养和外界环境条件下，就会表现出全能性。同时，植物体具有再生机能，即当植物体的某一部分受伤或被切除而使植物整体受到破坏时，能表现出弥补损伤和恢复协调的功能。

在扦插后的生根过程中，枝插与根插的生根原理是不同的。枝插是在枝条内的形成层和维管束鞘组织，形成根原始体，从而发育生长出不定根，并形成根系；根插是在根的皮层薄壁细胞组织中生长出不定芽，而后发育成茎叶。

插穗扦插后，通常是在插穗的叶痕以下剪口断面处，先产生愈合组织，而后形成生长点。在适宜的温度和湿度条件下，插穗基部发生大量不定根，地上部萌芽生长，长成新的植株。

二、生根类型

（一）皮部生根

先从皮部生根的树种在皮下有原生根原基（根基始体）。原生根原基是由特殊的薄壁细胞群组成的。原生根原基形成的时期因树种而异。原生根原基的位置多在枝条内最宽髓射线与形成层的结合点上，其外端通向皮孔，从皮孔得到氧气，从髓细胞中取得了营养物质。根原基多的树种插穗成活率高，相反成活率低。根原基在适宜的温湿度条件下，经过 3 ~ 7d 即能从皮孔生出不定根（有的从皮下生根）。凡是分生组织，特别是形成层发育越好，活的薄壁细胞的营养物质对它供应越多，枝条中根原基的生长发育就越好，生根也越快。插穗最先生根的位置，多数是在土壤温度、湿度和通气条件较适宜的深度，即距地表 3 ~ 8cm 处。从此以后，插穗的下切口也逐渐出现愈合组织，其附近生出大量不定根。根在插穗上的分布情况，由于极性作用，营养物质向插穗下部流动和积累，所以到秋季插穗下部及下切口附近的根最多。

（二）愈合组织生根

植物受伤后都有恢复生机、保护伤口形成愈合组织的能力。花卉插穗的下切口被切伤，因受愈伤激素的刺激，引起形成层和形成层附近的薄壁细胞分裂，在下切口的表面逐渐形成一种半透明不规则的瘤状突起物，即具有明显细胞核的薄壁细胞群，这就是初生愈合组织。其作用是保护伤口，免受外界不良环境条件的影响，并能吸收水分和养分。初生愈合组织继续分生，逐渐形成与插穗相应的、发生联系的形成层、木质部和韧皮部等组织，最后愈合组织将切口包合。这些愈合组织的细胞和愈合组织附近部位的细胞，在生根过程中都很活跃，形成生长点。

在温度、水分适宜的环境中，从生长点或形成层中产生出根原基。这种根原基不是原生根原基，是从愈合组织中诱生的根原基。从这些诱生根原基生出很多不定根。根原基向外生长时能“吃掉”阻挡它们生长通路上的细胞和组织，把它们弄碎或水解掉，这就是愈合组织的生根过程。此外，在叶痕下的切口上，愈合组织发育很旺盛，所以生根也很多。植物的形成层、髓和髓射线组织的活细胞是形成愈伤组织的主要部分。插穗被切伤部分形成愈伤组织的能力和组织充实与否有关，组织越充实，细胞所含原生质越多，越容易形成愈伤组织。

三、生根剂

（一）ABT 生根粉

ABT 生根粉是一种广谱高效生根促进剂。用示踪原子测定及液相色谱分析证明，ABT 生根粉处理插穗，能参与插穗不定根形成的整个生理过程，具有补充外源激素与促进植物体内源激素合成的效果，因而能促进形成不定根，缩短生根时间，并能促使不定根原基形成簇状根系，效果优于吲哚丁酸和萘乙酸。

ABT 生根粉的种类适用于木本植物的有 3 个型号：1 号生根粉主要用于插穗难生根的树种；2 号生根粉适用于一般苗木及花灌木；3 号生根粉主要在移植苗木时用以促进被切断的根系恢复功能，以提高成活率。

使用 ABT 生根粉溶液浓度一般以 50×10^{-6}、100×10^{-6}或 200×10^{-6}效果较好。每克生根粉浸插穗 3000 ~ 6000 个。浸泡插穗时间：嫩枝 0.5 ~ 1h，一年生休眠枝 1 ~ 2h，多年生休眠枝 4 ~ 6h。浸泡深度距下切口 2 ~ 3cm。

（二）植物生长激素

对扦插繁殖进行化学调控，是应用植物生长激素活化插穗组织内的形成层细胞，刺激愈伤组织的形成与根的发生，增加根数，有利于插穗养分和水分的吸收，促进扦插苗的生长，提高成活率达 95% 以上。特别是对生根能力较弱和扦插难成活的种类，或者生活力衰弱的高龄亲本进行扦插时，除采用生根机能旺盛的幼嫩枝条外，更需补充生根所需的生长调节物质，并排除生根阻碍物质的影响，从而提高插穗的生根能力。

（三）化学药剂

1. 快沾法

采用高浓度、短时间浸沾插穗基部，即植物生长激素浓度为 20×10^{-6} ~ 1000×10^{-6}，浸

沾时间短至1秒钟~15分钟，通常采用随沾随插。插穗浸沾后，使植物生长激素通过插穗基部切口、伤口、叶痕等进入插穗组织内起作用，促进愈伤组织形成和生根。采用快沾法具有操作简便、设备少，同时不易受环境条件的影响，处理效果显著等优点。

2. 慢浸法

采用低浓度、较长时间浸泡，将植物生长激素稀释成1×10^{-6}（易生根的种类）~20×10^{-6}（不易生根的种类），浸插穗基部的时间长达8~24h。插穗对植物生长激素溶液的吸收量，决定于处理时的环境条件，如温暖、干燥的环境比寒冷、湿润时吸收多；此外，还与植物种类、扦插季节及植物生长激素的种类有关。慢浸法处理时，还需准备浸插穗的容器。

3. 涂抹法

将植物生长激素与滑石粉或黏土粉混合，即先将一定量的植物生长激素溶解后，按比例拌入滑石粉，然后晾干呈粉末状。应用时将插穗基部用水浸湿，再蘸一下拌有植物生长激素的滑石粉，并抖掉过多的粉末，即可扦插；另外，也可将植物生长激素拌入羊毛脂中，涂于插穗基部后扦插。用化学剂处理插穗，能增强新陈代谢作用，从而促进插穗生根。常用的化学药剂有高锰酸钾、二氧化锰和磷酸等。

此外，还可采用喷洒法，在剪下插穗前、后喷洒植物生长激素；注射法，将植物生长激素直接注射到插穗里；浇施法，将植物生长激素浇在土壤中让插穗吸收；木签法，将浸过生长激素的木签插入插穗中，以上几种方法，均有促进插穗生根的效果。

不同花卉可以用不同植物生长激素与浓度进行处理，常见花卉植物激素处理情况见表3-1，达到促进插穗生根，加快苗期生长的效果。

表3-1 常见花卉植物激素处理情况

花卉种类	植物生长激素名称	处理浓度/(mg/L)	处理时间/(s或h)
鸢尾	Ga（赤霉素）	100	长期喷洒两次
木兰	IBA	25	20h
垂丝海棠	IBA	100	8-16h
爬山虎	IBA	50	8h
瓜叶菊	IBA	100	8-24h
天竺葵	IBA	50-100	8-24h
倒挂金钟	IBA	50-100	8-24h
蔷薇	IBA	15-25	8-24h
满天星、杜鹃	IBA	100	3h
泽漆	IBA	50	10-15s
满天星、杜鹃	IBA	200	1-10s
菊花	BA	25	8-24s
菊花	B9	5000	1-15s
一品红	B9	2500	1-15s
麝香石竹	B9	5000	1-15s
大丽花	B9	2500	1-15s
百合	NAA	100	15s
大丽花	IBA	500	1-15s

（四）其他化学物质对插穗生根的影响及其配制

其他化学物质如糖、维生素、含氮化合物及高锰酸钾等，能促进插穗的生根和提高成苗率。

扦插时应用糖分处理时，插穗生根效果较好，一般用2%～5%蔗糖溶液浸泡插穗基部10～24h。维生素处理对插穗生根也有一定效果，但维生素的适用范围很有限，一般不单独使用，而与生长激素并用。如1～2mg/L VB1与20～200mg/L IBA对山茶等浸泡20h，促进生根的效果显著。含氮化合物处理，一般效果不显著，但对高龄亲本或养分不足的插穗，处理后有促进插穗生根的作用。同时，还可补充磷、钾等营养成分。

此外，应用高锰酸钾、二氧化锰、硫酸锰、氯化铝、二氧化铁、硫酸亚铁、硼酸等化学物质以适宜的浓度和时间进行处理，对促进插穗生根有良好的效果。

实际应用时，2、3种植物生长激素与化学药剂混合使用，则效果更好。

四、扦插繁殖方法

（一）枝插

用植物的茎、枝作插穗扦插是生产中应用最广的方法。枝插又分为硬枝扦插和嫩（软）枝扦插。

1. 硬枝扦插

硬枝扦插采用一、二年生已经完全木质化的健壮枝条作插穗，适用于落叶木本花卉的繁殖。一般北方地区宜秋季采穗贮藏后春插，而南方宜秋插。

（1）剪穗　插穗一般在秋季落叶后，或在早春树液流动前剪取。选取的枝条要粗壮、无病害，剪取靠近主茎的一、二年生枝条作插穗。如不立即扦插，应贮藏过冬，一般是将剪取的枝条捆成束，贮藏于室内或地窖的湿沙中，保持0～5℃。也可在露天挖沟和坑埋藏，深度以超过冻土层为宜。冬天截取的枝条可贮藏在雪中或地窖中，到扦插时取出剪截成插穗。插穗一般剪成10～20cm长，北方干旱地区可稍长，南方湿润地区可稍短。上剪口应在离顶芽0.5～1cm处平剪，下切口靠节部，剪成平口或斜口，每穗留2、3个芽。下切口是平口时，生根慢但生根多，根分布均匀如图3-1a所示；斜口虽与基质接触面大，吸水多，利于成活，但是生根多在斜口先端，易形成偏根如图3-1b所示。剪插穗时，切口要求平滑不能撕裂。

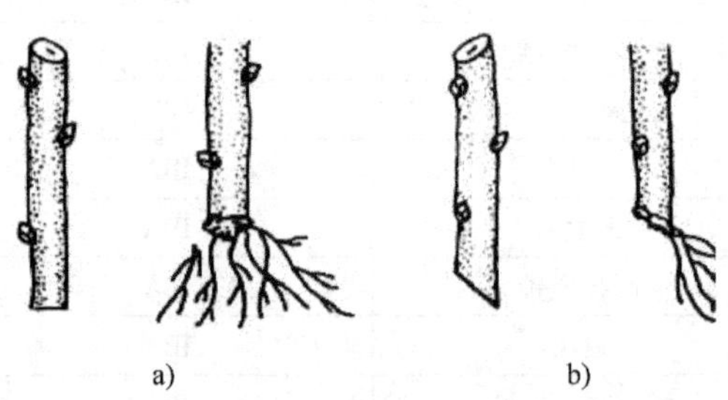

图3-1　插条下切口与生根的关系
a）下切口平剪生根均匀　b）下切口斜剪根偏于一侧

（2）扦插　扦插前应将贮藏的插穗进行剪截、浸水、催根处理。硬枝扦插通常可分为3种，即长枝扦插、短枝扦插、单芽枝扦插。

1）长枝扦插。一般插穗超过4节，长度大于20cm。根据插穗长短、粗细、硬度和生根难易选择扦插方式。细长、柔软的插穗和生根困难的花木，可采取圈枝平放的扦插方式，如图3-2a所示，粗壮、硬度大的插穗可采取斜插方式，如图3-2b所示，比圈枝扦插省工、省地，便于大量生产大苗。

2）短枝扦插（图3-3）。插穗为2～3节，长10～20cm。直插或斜插，基质面上仅留一

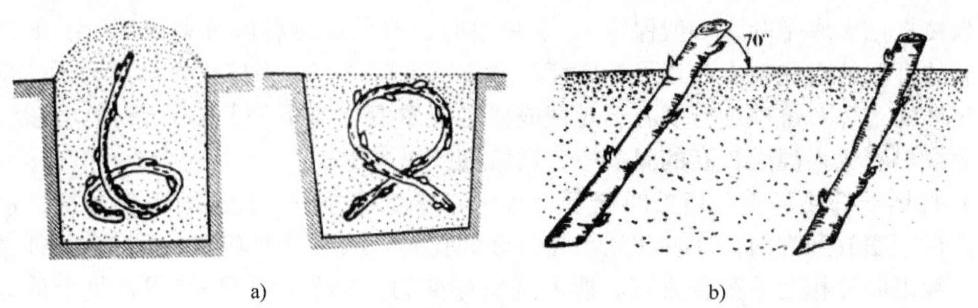

图3-2 长枝扦插
a）圈枝扦插 b）斜插

芽露出。在干旱地区扦插后还应覆盖，以保持芽位湿度。这种方式适用广泛，便于大面积生产，是园林花卉及花木生产中最有效的扦插方法。

3）单芽枝扦插（图3-4）。插穗为1节1芽，长5~10cm，适用于一些珍贵品种或材料来源少的品种。单芽枝扦插对插穗质量和扦插技术要求高，最好在保护地内采用营养钵或育苗盘扦插。如果直接在露地扦插，要求扦插后覆盖稻草或河砂，经常注意保湿。待生根萌芽后，撤去覆盖物。

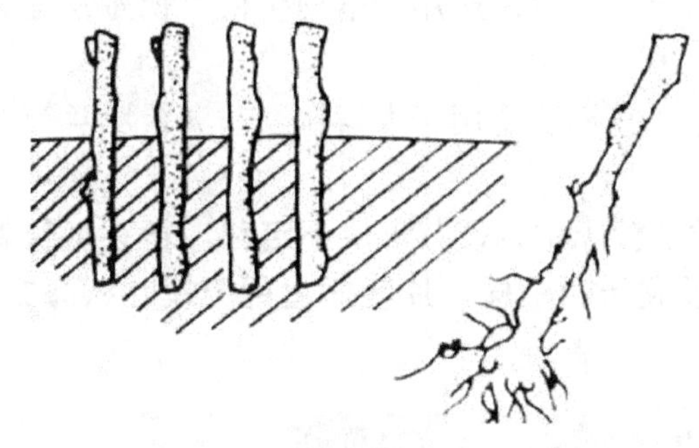

图3-3 短枝扦插

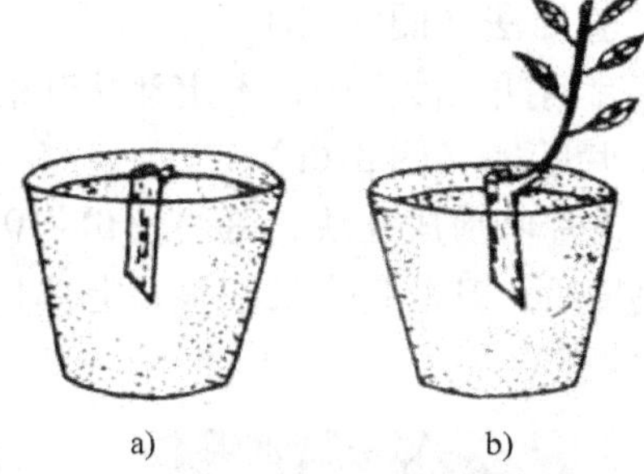

图3-4 单芽营养钵扦插
a）休眠枝单芽扦插 b）绿枝单芽扦插

2. 嫩（软）枝扦插（图3-5）

选生长健壮的母株，采用当年生的未木质化或半木质化的枝条作插穗。大部分一、二年生草本花卉和一些花灌木可用软枝扦插繁殖，如天竺葵、菊花和彩叶草等。对茎叶含汁液较多的植物，如凤梨、天竺葵、仙人掌等，插穗剪下晾数小时后再扦插，可防止茎腐烂。嫩（软）枝扦插在温室内周年均可进行，露地扦插在有遮阳设备时，于夏秋植物生长旺盛期也可进行。在环境条件适宜时，软枝很快能发根，半个月至一个月即可成苗，且成活率高，运用广泛。

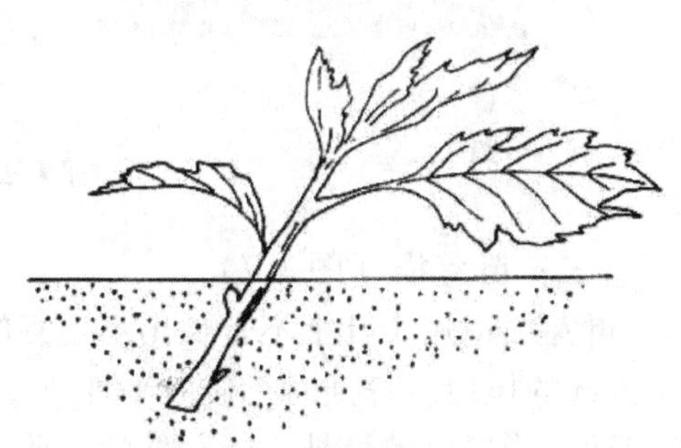

图3-5 嫩（软）枝扦插

（1）剪穗 选取健壮枝梢，一般剪成3~10cm长，通常在节下剪断，因为在节上也能发根。软枝扦插大多带叶，一般保留 1、2 片整叶，有的也可将叶片剪成半叶，如桂花、茶花、菊花的扦插，有些较大叶片可卷成筒状，以减少蒸腾，如橡皮树扦插。为了获得大量合适的嫩枝插穗，可对母株进行摘心、短截或摘去花蕾等措施促使其多发新梢。盆栽花灌木，可在秋季或早春放入温度较高的温室中，促使抽枝以采穗。

（2）扦插　扦插基质以疏松的蛭石、珍珠岩或沙等为主。扦插时应先开沟，把插穗按一定的株行距摆放到沟内，或者放到预先打好的孔内，然后覆盖基质。不同种类插穗株行距不同，一般以叶片相互不重叠为宜。插入基质深度为插穗长的 1/3 ~ 1/2，每个插穗上保留 2 ~ 4个腋芽和 2 ~ 3 片叶，长度 5 ~ 10cm，较长的插穗可斜插。插穗的下端切口应在节下剪取，剪成马耳形或平面。嫩枝扦插在温室内全年均可进行，应随采随插，宜在清晨或黄昏剪取插穗，这样含水分较多，且温湿度适宜，成活率较高。扦插完毕浇一次透水。扦插初期应控制较高湿度，减少蒸发，必要时须遮阳。

（二）叶插

叶插用于能从叶上发生不定芽及不定根的花卉。这类花卉大都具有粗壮的叶柄、叶脉或肥厚的叶片。叶插是割取花卉的整个叶片或部分叶片在温室内进行扦插，以控制其温度和湿度，利于成活。其方法有平置法、直插法、片叶插等。

1. 平置法（图 3-6a）

先将叶柄切去，把叶片平铺在沙土上用竹针固定。平置法适用于落地生根、秋海棠等。

2. 直插法（图 3-6b）

将叶柄插入沙土中，不定芽从叶柄的基部产生。直插法适用于大岩桐、非洲紫罗兰等。

3. 片叶插（图 3-6c）

将 1 片叶剪成几块，每块长 5 ~ 10cm，分别插于沙土中，使其形成不定芽。新芽生长到一定高度后，基部将生长细根，上部长出新叶，形成新的植株。片叶插适用于蟆叶秋海棠、虎尾兰等。

a)

b)

c)

图 3-6　叶插

a）平置法　b）直插法　c）片叶插

（三）叶芽插（图 3-7）

叶芽插适用于叶上不宜长出不定芽的花卉种类。插穗为一节附一叶，并稍带木质部或带 1 ~ 2cm 的枝段。扦插时将枝段平埋于土中，叶片露出土面。从叶柄基部产生不定根，而叶芽可萌发形成完整植株。叶芽插的基质以沙或沙和珍珠岩混合较好。常见可用叶芽插的种类有山茶、杜鹃、桂花、橡皮树、栀子、柑橘类、菊花、大丽花、龟背竹和喜林芋等。

（四）根插（图 3-8）

利用根较肥厚花卉的根部作插穗，进行繁殖。选择较粗大或为肉质根的花卉，将根剪成

长5~10cm的段，垂直或水平埋入沙土中。垂直插入深度为插穗长度的1/3，水平插覆盖土层为根枝直径的2、3倍。此法于早春和秋季进行。春插的插穗要在前一年秋季采集，并进行冬贮，方法同硬枝扦插。适用于根插的有芍药、牡丹、凌霄等。

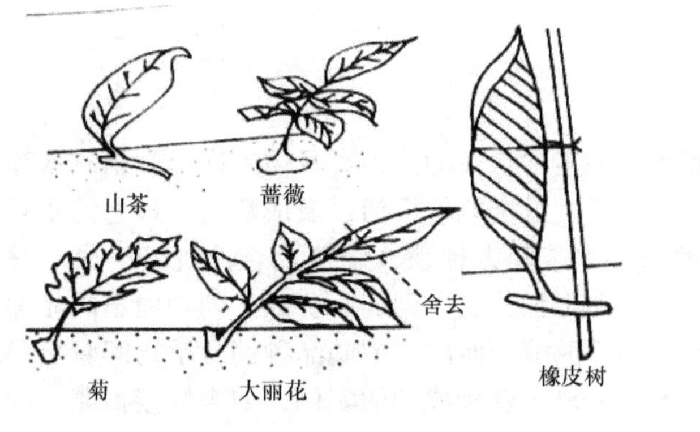

图3-7 叶芽插

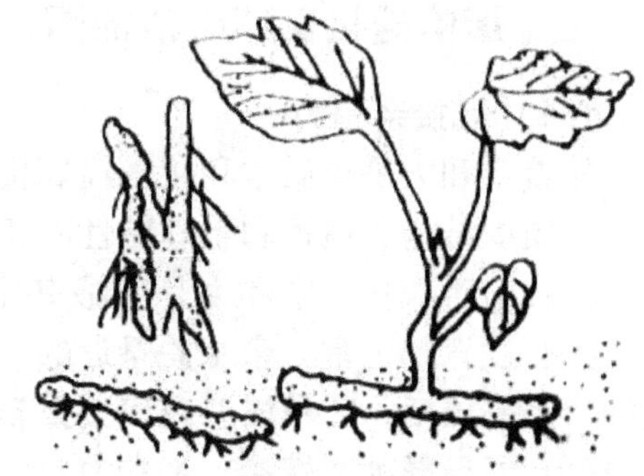

图3-8 根插

五、扦插后管理

扦插后的管理较为重要，也是扦插成活的关键之一。扦插管理需注意以下问题：

1）土温要高于气温。北方的硬枝插在室外要搭盖小拱棚，防止冻害；调节土壤墒情，提高地温，促进插穗基部愈伤组织的形成，土温高于气温3~5℃最适宜。

2）保持较高的空气湿度。扦插初期，硬枝插、嫩枝插和叶插的插穗无根，靠自身平衡水分，需90%左右的相对湿度。气温上升后，及时遮阳防止插穗蒸发失水，影响成活。

3）由弱到强的光照。扦插后，逐渐增加光照，加强叶片的光合作用，尽快产生愈伤组织而生根。

4）及时通风透气。随着根的发生，应及时通风透气，以增加根部的氧气，促使生根快，生根多。

子任务3 嫁接繁殖

嫁接也称为接木，是人们有目的的利用两种不同植物结合在一起的能力，将一种植物的枝或芽接到另一种植物的茎或根上，使之愈合生长在一起，形成一个独立的新个体，这种技术称为嫁接。供嫁接用的枝或芽称为接穗或接芽，而承受接穗的植株称为砧木。嫁接用符号“+”表示，即砧木+接穗，也可用“/”表示，即接穗/砧木。如山桃+桃，或桃/山桃。以枝条作为接穗的称为“枝接”，以芽作为接穗的称为“芽接”。用嫁接方法繁殖所得的苗木称为“嫁接苗”。嫁接苗和其他营养繁殖苗所不同的特点是借助了另一种植物的根，因此嫁接苗为“它根苗”。

一、嫁接繁殖原理

当接穗嫁接到砧木上后，在砧木和接穗伤口的表面，由于死细胞的残留物形成一层褐色的薄膜，覆盖着伤口。随后在愈伤激素的刺激下，伤口周围细胞及形成层细胞旺盛分裂，并使褐色的薄膜破裂，形成愈伤组织。愈伤组织不断增加，接穗和砧木间的空隙被填满后，砧木和接穗的愈合组织的薄壁细胞便互相连接，将两者的形成层连接起来。愈合组织不断分化，向内形成新的木质部，向外形成新的韧皮部，进而使导管和筛管也相互沟通，这样砧木和接穗就结合为统一体，形成一个新的植株。

二、影响嫁接繁殖成活的因素

（一）嫁接亲和力

嫁接亲和力是指砧木和接穗经嫁接能愈合并正常生长的能力。具体来讲，是指砧木和接穗内部组织结构、遗传和生理特性的相似性，通过嫁接能够成活以及成活后生理上的相互适应。嫁接能否成功，亲和力是其最基本的条件，亲和力越强，嫁接愈合性越好，成活率越高，生长发育越正常。亲缘关系近的，嫁接亲和力强，反之则弱。所以，同种内不同品种之间嫁接最易成活，如单瓣茶花嫁接重瓣茶花、毛鹃嫁接西鹃、不同品种的月季之间嫁接等均易成活；同属异种间嫁接，亲和力次之，但也有较多嫁接成功的实例，如杏嫁接梅花、湖北海棠嫁接垂丝海棠、紫玉兰嫁接白玉兰、蒿嫁接菊等均较易成活；同科异属间嫁接，亲和力小，成活较困难；不同科之间亲和力极弱，一般很难成活。当然，有些亲缘关系很近的植物，由于种种原因的影响，也会表现出不亲和的特性。

（二）形成层与髓射线的分裂作用

嫁接后，砧木与接穗伤口处的形成层与髓射线细胞大量分裂，形成愈伤组织。愈伤组织形成的快慢与嫁接成活关系密切。一般草本花卉的茎内有很多组织能进行细胞分裂，故愈伤组织能快速形成，又易于组织分化，故草本植物比木本植物容易嫁接。木本植物中含营养物质多、韧皮部发达的种类其愈伤组织形成较快，成活率高。

（三）砧木和接穗的生长状况

发育健壮的接穗和砧木，贮藏积累的养分多，形成层易于分化，愈伤组织容易形成，成活率高一些。如果砧木和接穗一方组织不充实，发育不健壮，则直接影响嫁接的成活。砧木和接穗的生活力，尤其是接穗在运输、贮藏中生活力的保持是嫁接成活的关键。

（四）接穗含水量

含水量大小将直接影响嫁接成活率。在操作中，通常将接穗泡在水中，并将削好后的接穗含在口中来保持接穗含水量。

（五）嫁接绑扎材料

嫁接后，绑扎材料常用宽1cm、长30cm的塑料薄膜带进行绑扎，既能有效防止水分散失，又能提高嫁接部位温度，利于嫁接成活。若使用透水透气的材料绑扎，则不易成活。

（六）嫁接操作技术

在嫁接操作时，要做到“平、净、齐、紧、快”。平，就是接穗及砧木刀削面要平滑；净，就是砧木和接穗削面要干净，不能有脏东西；齐，就是要将接穗与砧木的形成层对齐；紧，就是绑扎要紧；快，就是整个操作过程速度要快。

三、嫁接繁殖方法

嫁接方法很多，主要包括芽接、枝接、仙人掌类植物的嫁接三大类。

(一) 芽接

凡是用芽作接穗的嫁接方法称为芽接。其优点是操作方法简便，嫁接速度快，砧木和接穗的利用都经济，一年生砧木苗即可嫁接，而且容易愈合，接合牢固，成活率高，成苗快，适合于大量繁殖苗木。适宜芽接的时期长，且嫁接当时不剪断砧木，一次接不活，还可进行补接。下面介绍几种常见芽接方法。

1. "T"形芽接

因砧木的切口很像"T"字，称为"T"形芽接。又因削取的芽片呈盾形，故又称为盾形芽接，"T"形芽接是果树育苗上应用广泛的嫁接方法，也是操作简便、速度快和嫁接成活率最高的方法。芽片长1.5~2.5cm，宽0.6cm左右；砧木直径在0.6~2.5cm之间，砧木过粗、树皮增厚反而影响成活。

(1) 削芽（图3-9a）　左手拿接穗，右手拿嫁接刀。选接穗上的饱满芽，先在芽上方0.5cm处横切1刀，切透皮层，横切口长0.8cm左右。再在芽以下1~1.2cm处向上斜削1刀，由浅入深，深入木质部，并与芽上的横切口相交。然后用右手抠取盾形芽片。

(2) 开砧（图3-9b）　在砧木距地面5~6cm处，选一光滑无分枝处横切1刀，深度以切断皮层达木质部为宜。再于横切口中间向下竖切1刀，长1~1.5cm。

(3) 接合（图3-9c）　用芽接刀尖将砧木皮层挑开，把芽片插入"T"形切口内，使芽片的横切口与砧木横切口对齐嵌实。

(4) 绑缚（图3-9d）　用塑料条捆扎。先在芽上方扎紧一道，再在芽下方捆紧一道，然后连缠三四下，系活扣。注意露出叶柄，露芽不露芽均可。

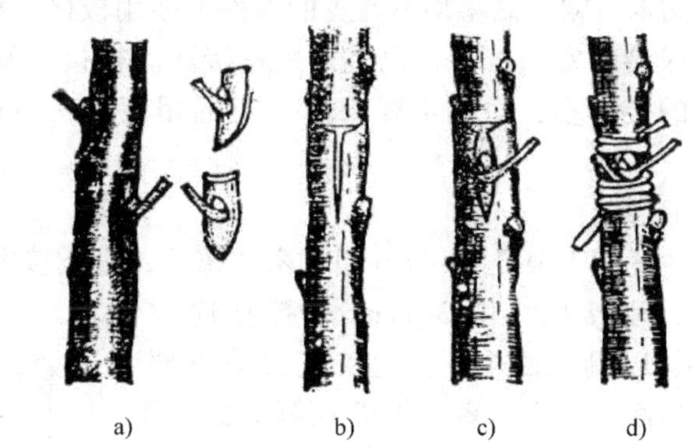

图3-9　"T"形芽接
a) 削芽　b) 开砧　c) 接合　d) 绑缚

2. 嵌芽接（图3-10）

对于枝梢具有棱角或沟纹的树种，如板栗、枣等，或其他植物材料砧木和接穗均不离皮时，可用嵌芽接法。用刀在接穗芽的上方0.8~1cm处向下斜切1刀，深入木质部，长约1.5cm，然后在芽下方0.5~0.6cm处斜切呈30°角与第1刀的切口相接，取下倒盾形芽片。砧木的切口比芽片稍长，插入芽片后，应注意芽片上端必须露出1段砧木皮层。最后用塑料条绑紧。

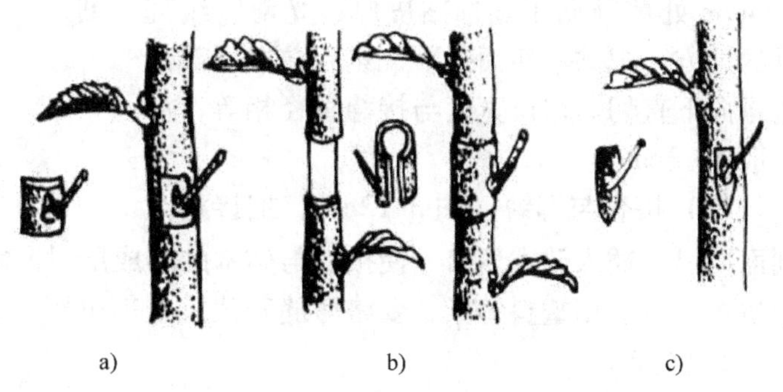

图3-10　嵌芽接
a) 片状嵌芽接　b) 环状嵌芽接　c) 盾状嵌芽接

3. 方块芽接（图3-11）

接芽取方块形，砧木树皮切成"工"字形、"]"或"H"形，插入芽片绑紧即可。

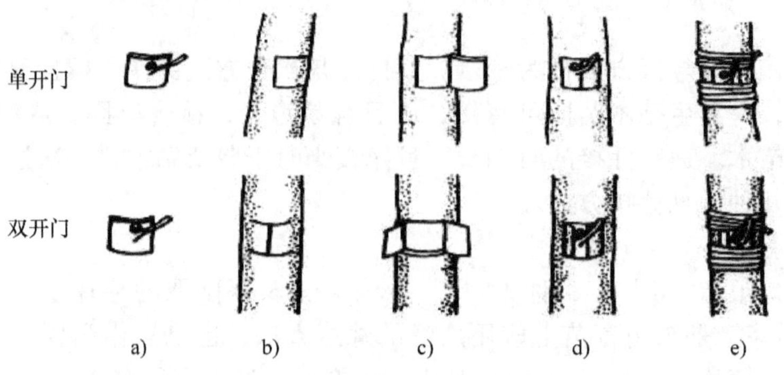

图 3-11　方块芽接

a）取芽片　b）切砧木　c）扒开树皮　d）结合　e）绑缚

（二）枝接

把带有数芽或1芽的枝条接到砧木上称为枝接。枝接的优点是成活率高，嫁接苗生长快。在砧木较粗、砧穗均不离皮的条件下多用枝接，如春季对秋季芽接未成活的砧木进行补接。根接和室内嫁接，也多采用枝接法。枝接的缺点是，操作技术不如芽接容易掌握，而且用的接穗多，对砧木要求有一定的粗度。常见的枝接方法有切接、劈接、舌接、靠接等。

1. 切接

此法适用于根径1～2cm粗砧木的嫁接，是枝接中一种常用的方法。

（1）削接穗（图3-12a）　接穗通常长5～8cm，以具三四个芽为宜。把接穗下部削成2个削面，1长1短，长面在侧芽的同侧，削掉1/3以上的本质部，长3cm左右，在长面的对面削一马蹄形小斜面，长度在1cm左右。

（2）砧木处理（图3-12b）　在离地面3～4cm处剪断砧干。选砧皮厚、光滑、纹理顺的地方，把砧木切面削平，然后在本质部的边缘向下直切。切口宽度与接穗直径相等，深一般2～3cm。

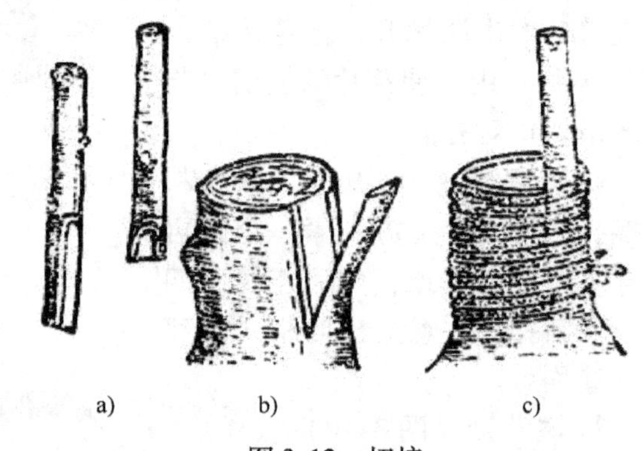

图 3-12　切接

a）削接穗　b）砧木处理　c）接合与绑缚

（3）接合与绑缚（图3-12c）　把接穗大削面向里，插入砧木切口。使接穗与砧木的形成层对准靠齐。如果不能两边都对齐，对齐一边也可。然后用塑料缠紧，要将劈缝和截口全都包严实。注意绑扎时不要碰动接穗。

2. 劈接

劈接是一种古老的嫁接方法，应用很广泛。对于较细的砧木也可采用，并很适合于果木高接。

（1）削接穗（图3-13a）　接穗削成楔形，有2个对称削面，长3～5cm。接穗的外侧应稍厚于内侧。如砧木过粗，夹力太大的，可以内外厚度一致或内侧稍厚，以防夹伤接合面。接穗的削面要求平直光滑，粗糙不平的削面不易紧密结合。削接穗时，应用左手握稳接穗，右手推刀斜切入接穗。推刀用力要均匀，前后一致，推刀的方向要保持与下刀的方向一致。

如果用力不均匀，前后用力不一致，会使削面不平滑，而中途方向向上偏会使削面不直。一刀削不平，可再补一两刀，使削面达到要求。

(2) 砧木处理（图3-13b）　将砧木在嫁接部位剪断或锯断。截口的位置很重要，要使留下的树桩表面光滑，纹理通直，至少在上下6cm内无伤疤，否则劈缝不直，木质部裂向一面。待嫁接部位选好剪断后，用劈刀在砧木中心纵劈1刀，使劈口深3~4cm。

(3) 接合与绑缚（图3-13c）　用劈刀的楔部把砧木劈口撬开，将接穗轻轻地插入砧内，使接穗厚侧面在外，薄侧面在里，然后轻轻撤去劈刀。插时要特别注意使砧木形成层和接穗形成层对准。一般砧木的皮层常较接穗的皮层厚，所以接穗的外表面要比砧木的外表面稍微靠里点，这样形成层能互相对齐。也可以木质部为标准，使砧木与接穗木质部表面对齐，形成层也就对上了。插接穗时不要把削面全部插进去，要外露0.5cm左右的削面。这样接穗和砧木的形成层接触面较大，利于分生组织的形成和愈合。较粗的砧木可以插2个接穗，一边一个。然后，用塑料条绑紧即可。

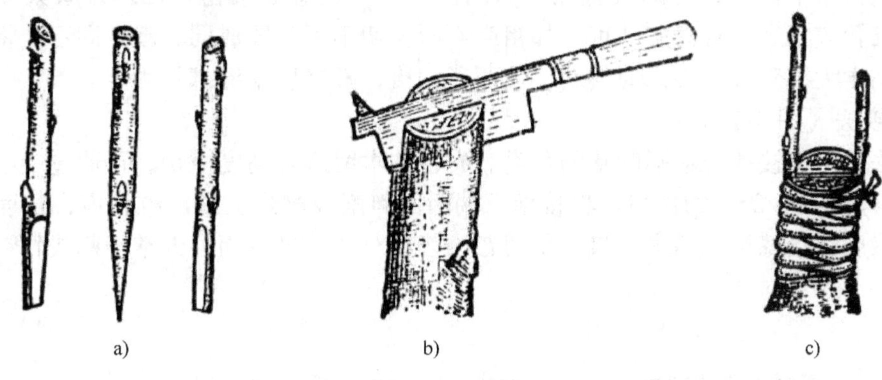

图3-13　劈接
a）削接穗　b）砧木处理　c）接合与绑缚

3. 舌接（图3-14）

舌接常用于葡萄的枝接，一般适宜砧径1cm左右粗，并且砧穗粗细大体相同的嫁接。在接穗下芽背面削成约3cm长的斜面，然后在削面由下向上1/3处，顺着枝条往上劈，劈口长约1cm，呈舌状。砧木也削成3cm左右长的斜面，斜面由上向下1/3处，顺着砧木往下劈，劈口长约1cm，与接穗的斜面部位相对应。把接穗的劈口插入砧木的劈口中，使砧木和接穗的舌状交叉起来，然后对准形成层，向内插紧。如果砧穗粗度不一致，形成层对准一边即可。接合好后，进行绑缚。

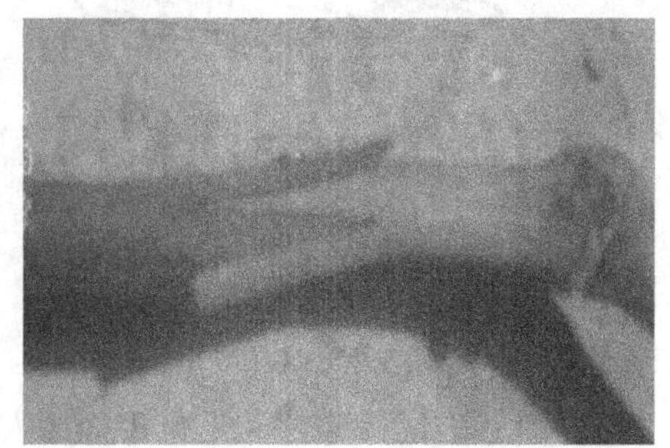

图3-14　舌接

4. 靠接（图3-15）

嫁接后成活前接穗并不切离母株，仍由母株供给水分和养分。此法适用于用其他方法嫁接不易成活或贵重珍奇的种类。靠接应在生长期间进行。事先将接穗盆栽培养或砧木紧贴扎紧。成活后，剪去砧木上部和接穗下部即可。

（三）仙人掌类植物的嫁接

仙人掌类植物的茎肥厚多汁，嫁接的方法也不同于一般植物，常采用的嫁接方法主要有下列几种，依砧木与接穗的形态而选用。只要便于操作和固定，不管哪一种方法均易成活。

嫁接时期以5～6月植株开始生长后为宜。此时嫁接，接口不易腐烂，成活也快。夏季温湿度高时易腐烂，不宜嫁接。

图3-15　靠接

1. 平接法（图3-16）

平接法是应用最广泛的一种方法，对球形、柱形的种类普遍适用，操作简单，易于成活。将砧木在适当高度处水平横切，为防止切后其断面凹陷，用刀将茎四周斜削，然后将接穗下部也进行水平横切，立即放置在砧木切面上，要注意使接穗与砧木维管束相接。如砧木、接穗维管束粗度一致对齐即可，如粗度不同，切不可放置成同心圆，即不能将接穗的维管束放在砧木大维管束中心，应偏斜，使两者相接，嫁接后用绳绑扎固定。

2. 劈接法（图3-17）

劈接法适用于接穗为扁平叶状的种类。先将砧木留适当高度横切，再通过中心或偏于一侧从上向下直切1～2cm的切口。将接穗下端两面斜削成楔形，露出维管束，长度与砧木切口相等。然后将接穗插入砧木切口，使两者维管束对齐，最后用仙人掌长刺或竹针插入，使接穗固定。

图3-16　平接法

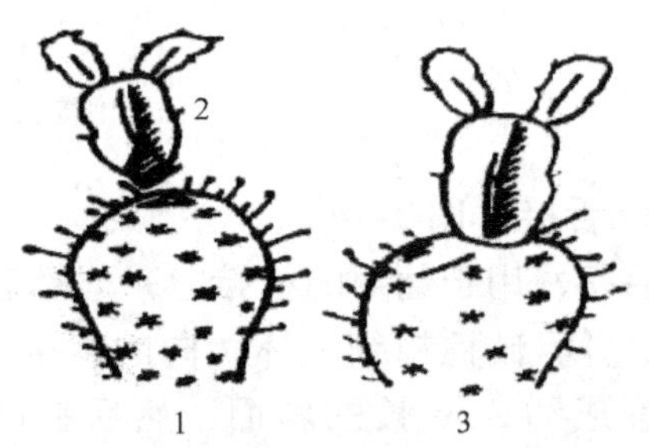

图3-17　劈接法
1—削砧木　2—削接穗　3—结合

3. 斜接法（图3-18）

斜接法适用于茎细而长的柱状仙人掌类。其方法与平接相似，仅将砧木与接穗的切口削成30°～40°的斜面，既增大了砧木与接穗的愈合面，又更易于固定。

4. 插接法（图3-19）

与劈接相似的一种接法，但砧木不切开，而用窄的小刀从砧木的侧面或顶部插入，形成一个嫁接口，再将削好的接穗插入接口中，用刺固定。用仙人掌属作砧木时，也可用插接法，只需将砧木短枝顶端的韧皮部削去，顶部削尖，插入接穗体的基部即可。

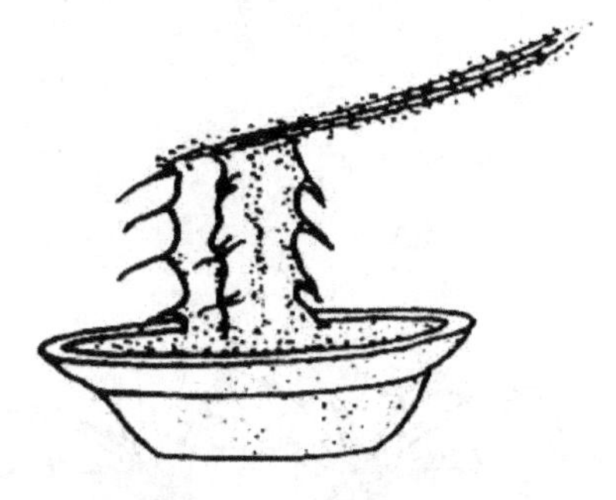

图 3-18 斜接法

图 3-19 插接法

四、嫁接后管理

1）各种嫁接方法嫁接后都要进行温度、空气湿度、光照、水分的正常管理，不能忽视某一方面，保证花卉嫁接的成活率。

2）嫁接后要及时检查成活程度，如果没有嫁接成活，及时补接。

3）嫁接成活后及时松绑塑料膜带，长时期缢扎影响植株的生长发育。

4）保证营养能集中供应给接穗，及时剥除砧木上和接穗上的萌芽，可多次进行，根蘖由基部剪除。

子任务4 分 生 繁 殖

分生繁殖是人为地将植物体分生出来的幼植物体或者植物营养器官的一部分与母株分离或分割，另行栽植形成独立生活的新植株的繁殖方法。分生繁殖形成的新植株能保持母株的遗传性状，繁殖方法简便，容易成活，成苗较快，但数量有限。

一、分生繁殖的原理

（一）花卉分生繁殖的特点

分生繁殖是利用花卉植物的一部分，如在其根际处萌生的小株、分蘖或球根等，分裂或切割成若干单株进行栽植的方法。这是最简单、最可靠的繁殖方法。其操作简便，成活率高，但繁殖率低，生产数量有限，不能满足大规模栽培的需要。

分生繁殖根据花卉植物生物学特性的不同，可分为两类：一为分株法，多用于丛生性强的花灌木和萌蘖力强的多年生草本花卉；二为分球法，多用于具有球茎、鳞茎等的球根类花卉。

（二）花卉分生繁殖进行的时期

落叶类花卉的分生繁殖应在休眠期进行。南方在秋季落叶后进行，此时空气湿度较大，土壤也不冻结。有些花卉入冬前还能长出一些新根，冬季枝梢也不易抽干，同时也有利缓和春季劳动力紧张的状况。北方由于冬季严寒，并有干风侵袭，秋后分株易造成枝条受冻抽干，影响成活率，故最好在开春土壤解冻而尚未萌动前进行分株。

常绿类花卉由于没有明显的休眠期，但其无论在南方或北方，在冬季大多停止生长而进入休眠状态，这时树液流动缓慢，因此多在春暖旺盛生长之前进行分株，北方大多在移出温室之前或出室后立即分株。

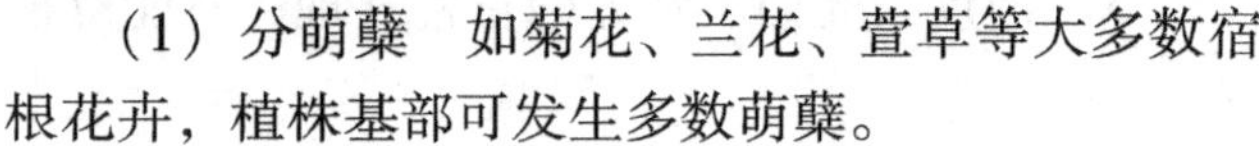

二、分生繁殖的方法

（一）花卉分株法（图3-20）

1. 分株时间

落叶性花木在秋季落叶后进行；常绿性花木在春暖之前进行。

2. 分株方法

花卉分株法是分割从母体发生的萌蘖、吸芽、走茎、匍匐茎及根茎等小植株，分别栽植而形成独立的植株。由于这些幼株已产生较多根系，所以分栽后很容易成活。

图3-20　分株法

（1）分萌蘖　如菊花、兰花、萱草等大多数宿根花卉，植株基部可发生多数萌蘖。

（2）分匍匐茎　如狗牙根、野牛草、结缕草等多数草坪植物，易从母株发生匍匐茎，在各节上发生幼小植株，在其下部生根。

（3）分走茎　如虎耳草、吊兰等常用走茎来繁殖，走茎为细长的地上茎，其节间特长，在节上发生幼株。

（4）分根茎　如泽兰、紫菀等具细长根茎（地下茎），节上生根等，形成幼株。

（5）分吸芽　如芦荟、虎尾兰、拟石莲花、水塔花等，其肉质或半肉质的叶，丛生于极短的小枝上，在其下部接近地面处抽出新根，当新根生出后，即可与母株分离栽植。

3. 注意事项

（1）露地花木类　分株前大多需将母株丛从田内挖掘出来，并多带根系，然后将整个株丛用利刀或斧头分劈成几丛，每丛都带有较多的根系。还有一些萌蘖力很强的花灌木和藤本植物，在母株的四周常萌发出许多幼小的株丛，在分株时则不必挖掘母株，只挖掘分蘖苗另栽即可。由于有些分株苗植株幼小，根系也少，因此需在花圃地内培育1年，才能出园。

（2）盆栽花卉　分株繁殖多用于多年生草花。分株前先把母株从盆内脱出，抖掉大部分泥土，找出每个萌蘖根系的延伸方向，并把团在一起的团根分离开来，尽量少伤根系。然后用刀把分蘖苗和母株连接的根颈部分割开，立即上盆栽植。文殊兰、龙舌兰等一些草木花卉，能经常从根颈部分滋生幼小的植株，这时可先挖附近的盆土，再用小刀把与母体的连接处切断，然后连用幼株将分蘖苗提出另栽。

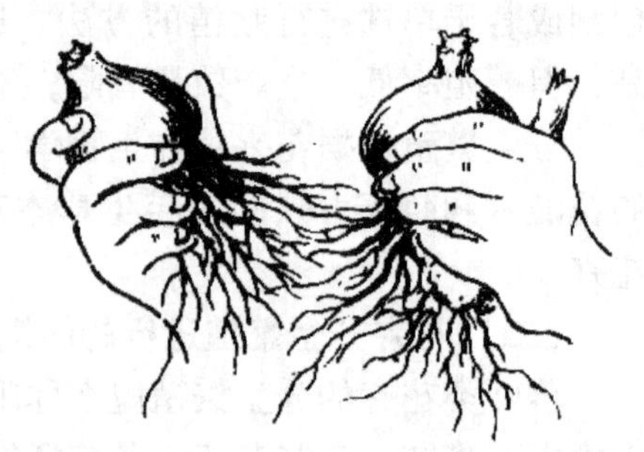

图3-21　分球法

（二）花卉分球法（图3-21）

1. 分球时间

可在挖球之后，将母株基部萌发的小球摘下，分别贮藏、分别栽植。

2. 种植时间

春植球根在3～4月间；秋植球根在9～11月间；有些是随时分割，随时栽植。

3. 分球的方法

大部分球根类花卉的地下部分分生能力都很强，每年都能长出一些新的球根，用它们进行繁殖，方法简便，开花也早。分球法因球根部分的植物器官不同，必须区别对待。

（1）分球茎 如唐菖蒲、仙客来等球根类。唐菖蒲的分生能力强，开花后在老球茎干枯的同时，能分生出1～3个大球茎和几个小球茎。大球茎第二年分栽后即可开花，小球茎培育1～2年后能开花。不到0.5cm直径的子球，可开沟条播，是大量繁殖唐菖蒲的种源。仙客来的球茎长在土壤表面，很少分生小球茎，故多采用播种繁殖。

（2）分有皮鳞茎 如水仙、郁金香、风信子和朱顶红等都是有皮鳞茎，都是秋植球根类花卉，每年都从老球基部的茎盘部分分生出几个子球，它们抱合在母球上，把这些子球分别栽来培养大球，一般要经几年时间，直径达5～7cm时才能开花。

（3）分无皮鳞茎 百合等是无皮鳞茎，每个鳞片都相当肥大，并且抱合很松散，繁殖时可把鳞片分剥下来，然后斜插入旧盆土内，发根后，可从老鳞片的基部长出1～3个或更多的小鳞茎，用它们再分栽繁殖，经3～4年才能开花。

（4）分块茎 如美人蕉等，地下部分具有横生的块茎，并发生许多分枝。在分割块茎繁殖时，每根分割下来的块茎分枝都必须带有顶芽，才能长出新的植株。分栽后无论块大小，当年就能开花。

（5）分块根 如大丽花等，地下部分是块根，它们的叶芽都着生在接近地表的根颈上，因此分割时每一部分都必须带有根茎部分。繁殖时应将整墩块根栽入土内进行催芽，然后再采脚芽来扦插繁殖。

（6）分根茎 如马蹄莲、一叶兰等的地下部分是根茎，它们大多是多年生常绿植物，根茎的茎节部分能形成侧芽，这些侧芽萌发后能长出新的叶丛。可将叶丛的地下根茎割开，把一株分成数株，连同根系上盆分栽。

三、花卉分生繁殖的管理

从生型及萌蘖类的木本花卉，分栽时穴内可施用些腐熟的肥料。通常分株繁殖上盆浇水后，先放在荫棚或温室蔽光处养护一段时间，如出现有凋萎现象，应向叶面和周围喷水来增加湿度。北京地区如秋季分栽，入冬前宜截干或短截修剪后埋土防寒保护越冬。如春季萌动前分栽，则仅适当修剪，使其正常萌发、抽枝，但花蕾最好全部剪掉，不使开花，以利植株尽快恢复长势。

对一些宿根草本花卉以及球茎、地茎、根茎类花卉，在分栽时穴底可施用适量基肥，基肥种类以含较多磷肥、钾肥的为适。栽后及时浇透水、松土，保持土壤适当湿润。对秋季移栽种植的种类浇水不要过多，来年春季增加浇水次数，并追施稀薄液肥。

子任务5 压条繁殖

压条繁殖法是利用生长在母株上的枝条埋入土中或用其他湿润的材料包裹，促使枝条的被压部分生根，以后再与母株割离，成为独立的新植株。

一、压条繁殖的特点

压条繁殖多用于木本花卉中的灌木类，如桂花、腊梅、迎春、金钟花、月季等。其方法

是将母体部分枝条，进行环状剥皮，然后覆于土中，待生根后自母体上剪下，再行种植，成为独立植株。这种方法的优点是能保存母本的优良特性，以弥补扦插、嫁接不足之处。有些植物用剪下的枝条进行扦插或嫁接不易成活，而压条则易成活。因压条在其未发根之前，不与母体分离，能获得养分的供给，所以发根成活的几率高；缺点是无法大量繁殖，仅局限于小范围进行。

二、压条的时期和枝条的选择

压条的时期依压条方法不同而异，可分为休眠期压条和生长期压条两类。

（一）休眠期压条

在秋季落叶后或早春发芽前，利用一、二年生的成熟枝在休眠期进行的压条属于真正压条法。其多用于普通压条法。

（二）生长期压条

在生长季中进行，一般在雨季进行，用当年生的枝条压条。其多用于堆土压条法和空中压条法。

三、压条繁殖的方法

（一）普通压条法

普通压条法又称为单枝压条法，如图 3-22a 所示。普通压条法为最通用的一种方法，适用于枝条离地面近且容易弯曲的树种。其方法是将母株上近地面的一、二年生枝条，选其一部分压入土中，深约 8～20cm，依枝条的粗细而定。最好先将欲压的枝条弯曲至地面比试后再掘穴，距母株近的一侧挖成斜面，以便顺应枝条的弯曲，使其更好地与土壤密切接触，沟的另一侧挖成垂直面，以引导枝梢垂直向上，穴内或沟内最好加入松软肥沃的土壤并稍踏实，并于枝条向上弯曲处，插一木钩以固定，露出地面的枝梢，必要时可缚一支持物如竹竿、木棒等。

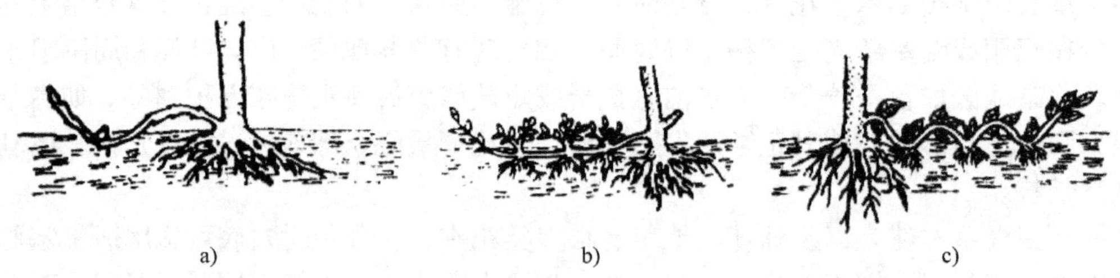

图 3-22　普通压条法
a）普通压条法　b）水平压条法　c）波状压条法

普通压条法又可分为以下 2 种方法：

1. 水平压条法（图 3-22b）

水平压条法又称为沟压、连续压或水平复压，是我国应用最早的一种压条法，适用于枝条长而且生长较易的种类。此法的优点是能在同一枝条上得到多数的新植株，其缺点是操作不如普通压条简便，各枝条的生长力往往不一致，而且易使母株趋于衰弱，通常仅在早春进行，一次压条可得 2、3 株苗木。

2. 波状压条法（图3-22c）

波状压条法适用于枝条长而柔软或为蔓性的种类。一般在秋冬季进行压条，于次年秋季可以分离，在夏季生长期间，应将枝梢顶端剪去，使营养向下集中，有利于生根。

（二）堆土压条法（图3-23）

堆土压条法多用于枝条不易弯曲、丛生性强、根部发生萌蘖多的花木，如贴梗海棠、木本绣球等。由于这些花木分枝力弱，枝条上没有明显的节，腋芽不明显，培土后可使枝条软化，促使其生根，一次可得到大量株苗。此法宜在生长旺季进行。先将枝条的下部距地面约20～30cm处进行环状剥皮，然后堆土，将整个株丛的下半部分埋住。埋后经常保持土堆湿润。到来年早春萌芽以前刨开土堆，并从新根的下面逐个剪断后移植。

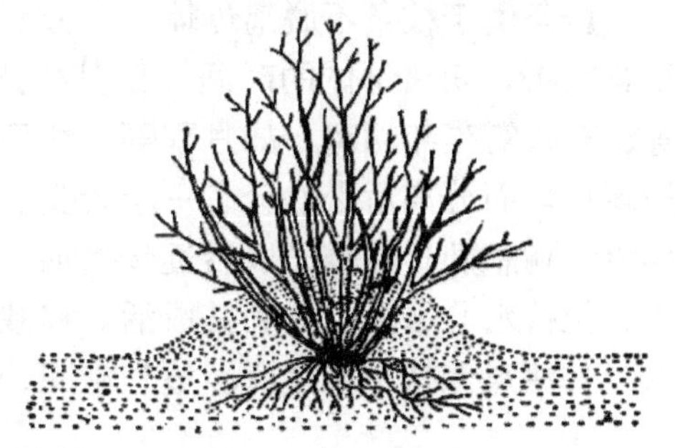

图3-23　堆土压条法

（三）空中压条法（图3-24）

空中压条法是将空中枝条欲生根部位进行环状剥皮，伤口用基质包裹并保湿让其生根，再将生根枝条剪离母体的繁殖方法。空中压条可用繁殖一些热带及亚热带的花木，温带的一些植物也可。压条时间可在春季于上年生长的枝条上进行，或在夏末部分木质化的枝条上进行。一些场合可以用一年以上的老枝，但生根并不好，而且生根后这样粗的压条，操作上也比较困难。在压条上有许多生长的叶片可加速根的形成。

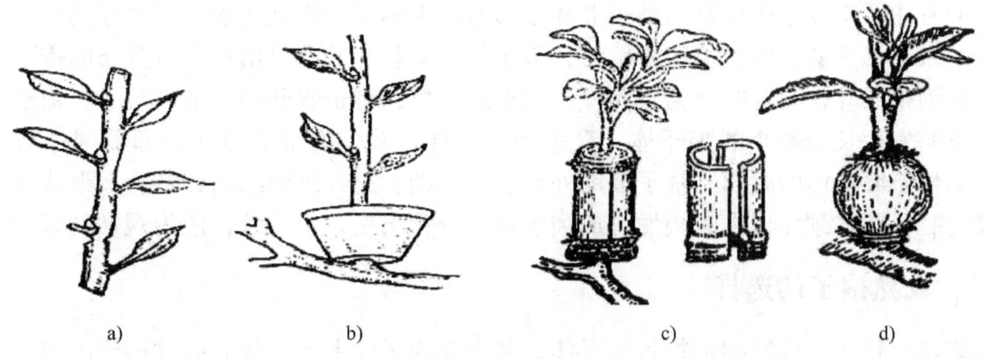

图3-24　空中压条法

a）压条前的去皮刻伤　b）花盆高压法　c）竹筒高压法　d）塑料薄膜高压法

压条过程的第一步是在茎上进行环状剥皮，依种类而定，在离茎尖15～30cm以上的地方进行，环剥的宽度约为1.2～2.5cm，从茎的周围移去树皮，用刀刮移去树皮后的暴露面，以完全除去韧皮部部分及形成层，以阻止上下部分再愈合。在暴露的伤口上用吲哚乙酸等处理。

然后用两把稍微湿润的基质放在茎的周围包裹在环剥口上，基质可用苔藓、泥炭甚至壤土，前两者太湿可能引起茎组织的腐烂。用一块20～25cm见方的塑料薄膜小心再将基质完全包住，上下两端用绳或胶布扎紧，使基质保湿。如果绑扎不紧则基质易干，需补充水分，因为生根基质需一直保持湿润。包扎完后，压条应当缚在邻近的枝条上以其作为支柱，以防被风折断。

剪离母体移植空中压条的时间，最好是根据根的形成情况而定，可以通过透明的薄膜观察到根的生长情况。一些种类2~3个月内或更短一些时间即能生根。春季或初夏做的空中压条最好让它一直到生长缓慢或休眠时再进行移植。冬青类、丁香、杜鹃、木兰等应让其经过两个生长季节。移植时尽量保持基质完整。

压条由于枝条不脱离母体，水分、养分的供应问题不大，因而管理比较容易，只需检查压紧与否。切离母体的时间，依其生根快慢而定。有些需翌年切离，如牡丹、腊梅、桂花等；有些需当年切离，如月季等。切离之后即可分株栽植，栽植时尽量带土栽植，并注意保护新根。而分离后必然会有一个转变、适应、独立的过程。所以开始分离后要先放在蔽荫的环境，切忌烈日曝晒，以后逐步增加光照。刚分离的植株，也要剪去一部分枝叶，以减少蒸腾，保持水分平衡，有利其成活。移栽后注意水分供应，空气干燥时注意叶面喷水及室内洒水，并注意保持土壤湿润。适当施肥，保证生长需要。

子任务6　孢 子 繁 殖

孢子是由蕨类植物孢子体直接产生的，它不经过两性结合，因此与种子的形成有本质的不同。

一、孢子繁殖的原理

蕨类植物是一群进化水平最高的孢子植物。孢子体和配子体独立生活。孢子体发达，可以进行光合作用。配子体微小，多为心形或垫状叶状体，绿色自养或与真菌共生，无根、茎、叶的分化，有性生殖器官为精子器和颈卵器。无种子，用孢子进行有性繁殖。

孢子来自孢子囊。蕨类植物繁殖时，孢子体上有些叶的背面出现成群分布的孢子囊，这类叶子称为孢子叶，其他叶称为营养叶。孢子成熟后，孢子囊开裂，散出孢子。孢子在适宜的条件下萌发生长为微小的配子体，又称为原叶体，其上的精子器和颈卵器同体或异体而生，大多生于叶状体的腹面。精子借助外界水的帮助，进入颈卵器与卵结合，形成合子。合子发育为胚，胚在颈卵器中直接发育成孢子体，分化出根、茎、叶，成为观赏的蕨类植物。

二、成熟孢子的选择

在蕨类植物上，成熟的植物是孢子体，并会在孢子叶上产生带有有性孢子的孢子囊。这些孢子会在叶子的下端。

在苔藓上，其孢子囊则是长在细茎上，如蕨类植物一般会产生有性孢子。此孢子体（双倍体）的孢子囊是从卵受精后的配子体（单倍体）颈卵器长成出来的。孢子囊起初会有一些叶绿素，但之后便会转变为棕色，并改由依靠配子体提供其养分。孢子囊会从茎基部，依附着颈卵器组织的地方吸收养分。

因其发育的不同，孢子囊在维管植物中可分成厚孢子囊和薄孢子囊两种。薄孢子囊只出现在蕨类植物中，一开始只有一个细胞，并由此细胞发展成茎、壁和孢子囊内的孢子。每个薄孢子囊内有64个左右的孢子。厚孢子囊出现在所有的其他维管植物和一些原始蕨类中，一开始是一层细胞（多于一个细胞）。厚孢子囊较大（因此有较多孢子），且有多层的壁。虽然这些壁可能会伸展及损伤，导致最后只剩一层壁还残留着。

一群孢子囊可能在发展中聚合在一起，称为聚合囊。此结构在松叶蕨属和如天星蕨属、单蕨属及合囊蕨属等合囊蕨纲中是很显著的特征。

三、孢子繁殖的方法

孢子繁殖适用于没有两性生殖器官，叶背能产生孢子的蕨类植物。采用孢子繁殖时，应注意以下两点：

1）繁殖用土（常用直径为0.5cm泥炭土）和花盆均需严格消毒（放高压锅中蒸1h灭菌），盆内以2份泥炭藓和1份珍珠岩混合作为基质。同时播种用的温室，也须事前密闭点燃硫黄消毒，严防病菌滋生。

2）繁殖时选叶面生长健壮的成熟孢子叶作为繁殖材料。将孢子叶平铺在经过消毒的盆土表面，将生有孢子囊的一面向下，略微压紧，然后套上塑料薄膜袋（袋上扎几个小洞，以利通气）以利保持温度、湿度。然后放温室内光线微弱蔽阴处，室温保持在18～24℃之间，相对湿度低于90%。盆土干旱时用浸盆法补充水分。约经1～2月，孢子即可生根发芽长出小植株。

蕨类植物孢子的播种，常用双盆法。把孢子播在小瓦盆中，再把小盆置于盛有湿润水苔的大盆内，小瓦盆借助盆壁吸取水苔中的水分，更有利于孢子萌发。

基本任务2　生长调控

> 知识目标

- 了解盆栽基质的种类和性能。
- 理解水肥管理等对盆栽花卉生长的调控原理。
- 掌握配制营养液所需的材料。

> 能力目标

- 能够正确选择基质材料进行盆栽花卉生产。
- 掌握常用营养液的配制方法及配制时的注意事项。
- 学会盆栽花卉的生长调控技术。

子任务1　基质处理

一、基质的种类及性能

盆栽花卉必须根据其生长需求进行人工复合配制，这种优化配置的土壤称为花卉营养土，又称为培养土。盆栽花卉需要经常搬动，应选用疏松肥沃、容重较轻的基质为佳。目前花卉的盆栽基质一般分为两类，一是有土栽培基质，二是无土栽培基质。各地在配制营养土时，本着就地取材、价格低廉、有利于植物生长的原则选用材料。

培养土最主要的特点是腐殖质含量丰富，一般是由园土、河砂、腐叶土、泥炭土、堆肥土、草皮土、松针土、沼泽土、腐木屑、蛭石、珍珠岩、煤烟灰、煤渣、塘泥、陶粒、水苔、岩棉、聚苯乙烯、树皮等材料按一定比例配制而成的。

1. 园土

园土一般取自菜园、果园或种过豆科农作物的表层土壤，它们都具有一定的肥力和良好的团粒结构，是调制培养土的主要原料之一，但缺水时表层容易板结，湿时黏结、通气透水性差，不能单独使用。

2. 河砂

河砂颗粒较粗，不含杂质，通气和透水性能良好，是培养土的主要成分，并可单独用于扦插或播种繁殖。但是河砂不具团粒结构，没有肥力，保水性能也较差。

3. 腐叶土

腐叶土是植物枝叶在土壤中经过微生物分解发酵后形成的营养土。在这个由多种微生物交替活动使植物枝叶腐解的过程中，形成了肥力较充足，含腐殖质多，质地疏松，通气、排水性能良好等很多不同于自然土壤的优点，是较理想的基质材料，可用来配制培养土，也可单独使用栽培花卉。但是腐叶土中生物含量较高，呈微碱性反应，使用时应根据需要加以调整，堆积时应提供有利于发酵的条件，存贮时间不宜超过 4 年。

4. 泥炭土

泥炭土是由许多年前沼泽地中的各种植物（大多为蕨类）死亡后经腐烂、炭化、沉积而成的草甸土，其质地松软，通气、透水及保水性能都非常好，对插条产生愈伤组织和生根极为有利，常作为培养土的成分和扦插基质，但泥炭土没有肥力。

5. 堆肥土

堆肥土是用植物残落枝叶、青草、干枯植物或有机废物与园土分层堆积 3 年，每年翻动两次再进行堆积，经充分发酵腐熟而成。堆肥土含较丰富的腐殖质和矿物质，pH 值为4.6～7.4；原料易得，但制备时间长。制备时，堆积疏松，保持潮湿，使用前需过筛消毒。

6. 草皮土

草皮土是由草地或牧场上层 5～8cm 表层土壤，经 1 年腐熟而成。其土质疏松，营养丰富，腐殖质含量较少，pH 值为6.5～8，适于栽培月季、石竹、菊花等花卉。取土深度可以变化，但不易过深。

7. 松针土

松针土是用松、柏等针叶树落叶或苔藓类植物堆积腐熟，经过 1 年，翻动 2、3 次而制成。松针土为强酸性土壤，pH 值为 3.5～4.0，腐殖质含量高，适于栽培酸性土植物，如杜鹃花。其可用于松林自然形成的落叶层腐熟或直接用于腐殖质层。

8. 沼泽土

沼泽土是取沼泽地上层 10cm 深土壤直接作栽培土壤。沼泽土为黑色，富含腐殖质，呈强酸性反应，pH 值为 3.5～4.0。

9. 腐木屑

腐木屑是由锯末或碎木屑熟化而成。其有机质含量最高，持肥、持水性好，可取自于木材加工厂的废用料，熟化期长，常加人粪尿熟化。

10. 蛭石、珍珠岩

蛭石、珍珠岩无营养含量，保肥、保水性好，卫生洁净。防止用过度老化的蛭石或珍珠岩。

11. 煤烟灰

煤烟灰通气和通水性好，不板结，并含有一定量的营养元素，用它代替河砂调制培养土时，可以减轻盆土的重量。

12. 煤渣

煤渣含矿质、通透性好、卫生洁净，多用于排水层。

13. 塘泥

塘泥取自池塘，干燥后粉碎、过筛。其含有机质多，营养丰富，一般呈微碱性或中性，排水良好。有些塘泥较黏，用时常要拌沙、腐木屑、珍珠岩等。

14. 陶粒

陶粒由黏土煅烧而成，颗粒状，大小均匀；具适宜的持水量和阳离子代换量；能有效地改善土壤的通气条件；无病菌、虫卵、草籽；无养分。

15. 水苔

水苔也叫白藓，是苔藓类植物，常生长于山林中的岩石峭壁或溪边泉水旁，呈鲜绿色或白绿色疏松绵状，密集交织成片，茎匍匐贴生，有不规则分枝或羽状分枝，茎与枝叶近圆形，晒干后呈淡白色。其干净无菌，吸水保水能力均强，疏松透气，微酸性。水苔常用于直接作为洋兰或国兰的基质，也是很好的包装材料。作为基质可洗净除杂后直接利用或晒干后再用，使用年限可达3~5年。

16. 岩棉

岩棉保水性和通气性极佳；阳离子代换量较低；pH值为中性至碱性；结构非常稳定，几乎无菌；密度低，为$264g/dm^3$；碳氮比为0；使用成本一般。

17. 聚苯乙烯

聚苯乙烯是目前使用的最轻的栽培基质。其保水性差，但通气性优良；阳离子代换量很低，几乎为0；pH值为中性；结构非常稳定，无菌；密度很低，为$25g/dm^3$；碳氮比为0；使用成本低。

18. 树皮

树皮在国外使用较多。在我国台湾也有用龙眼树皮。把树皮切成一定大小再应用。

二、盆栽基质的配制方法

（一）有土栽培基质的配制（可参见草花生产基质的配制）

（二）无土栽培基质的配制

无土栽培基质配制分为固体基质配制和营养液配制两大类。

1. 固体基质配制

许多基质都独具特点，但如果单独使用又存在一些不足，因此在实际应用中，应根据其不同的特性及生产需要，来配制复合基质。

（1）陶粒+珍珠岩　比例2:1，可以有效地增加陶粒基质的含水量，适合各种粗壮或肉质根系的花卉。

（2）蛭石＋珍珠岩　比例1∶1，改善通气状况，可以作为扦插基质。

（3）煤渣＋河砂　比例为1∶1，可作为扦插或栽培基质。

（4）泥炭土＋蛭石＋珍珠岩　比例为2∶1∶1，该种基质含水量高，可以用作观叶植物栽培基质。

（5）泥炭土＋珍珠岩＋黄杉树皮　比例为1∶1∶1，用作附生植物盆栽基质。

（6）锯末＋煤渣　比例为1∶1，用作盆花栽培基质。

（7）泥炭土＋珍珠岩＋河砂　比例为1∶1∶1，用作盆栽植物栽培基质。

（8）泥炭土＋珍珠岩　比例为3∶1，用作扦插基质。

（9）泥炭土＋河砂　比例为1∶1，用于扦插和盆栽植物。

（10）泥炭土＋蛭石　比例为1∶1，用于扦插繁殖。

（11）泥炭土＋珍珠岩　比例为1∶2，用于盆栽根系纤细的植物，如杜鹃花。

（12）泥炭土＋珍珠岩　比例为3∶1，用作高床基质。

（13）泥炭土＋河砂　比例为3∶1，用作大型盆栽植物基质。

（14）泥炭土＋煤渣　比例为1∶1，用作喜酸性盆栽植物基质。

配制复合基质时，所用的基质以2、3种为宜，制成的复合基质应当满足以下要求；增加基质的孔隙度，提高基质的保水保肥能力，改善基质的通透性，即为植物根系生长提供最佳的环境条件。另外，在基质选配时，如果当地只有某种基质，就应以这种基质为基础，选择适合在这种基质上生长的花卉来种植；如果已有某种花卉，就应根据这种花卉的生物学特性，选择适合该花卉生长的基质。

2. 营养液配置

无土栽培的植物脱离了土壤条件，是在人为创造的环境条件下进行生长，生长发育所需要的各种矿质营养主要通过营养液提供。所以营养液配置是无土栽培的核心技术。

所谓营养液，就是将植物生长发育所必需的所有矿质营养元素的化合物，溶解到水中配制成的溶液。它具有适合植物吸收、并使其能良好生长发育的离子浓度和酸碱度。

（1）营养液的组成和要求　营养液就是能够提供植物生长所需要的营养元素的化学物质溶液，包括水、营养元素、螯合物，应当具有适宜的酸碱性、离子总浓度及离子比例。组成营养液的各种矿质元素，是以含有这些矿质元素的化合物的形式存在的，由这些化合物按一定的比例配制成的营养液，必须符合以下原则：

1）营养液必须含有植物生长发育所必需的全部矿质营养元素。

2）含各种营养元素的化合物必须是根部可以吸收的状态，也就是可以溶于水的呈离子状态的化合物。

3）营养液中各种营养元素的数量比例，应该是符合植物生长发育要求的、均衡的。

4）营养液中各营养元素的无机盐类构成的总盐度及其酸碱度，是适合植物生长发育要求的。

5）组成营养液的各种化合物，在栽培植物的过程中，应在较长时间内，能保持被植物正常吸收的有效状态。

6）组成营养液的各种化合物的总体，在被根系吸收过程中，造成的生理酸碱反应应该是比较平衡的，即具有很强的缓冲性。

（2）花卉营养液配方（表3-2）　营养液在国外花卉生产上应用较为广泛，并已提出了

各种营养液配方及主要元素的浓度。

表 3-2 各种花卉营养液配方

花卉种类 / 肥料用量 /(g/100kg 水) / 肥料种类		用于夏季一般作物	用于冬季一般作物	菊花	唐菖蒲	蔷薇类	香豌豆	紫罗兰	金鱼草	草莓	香石竹
硝酸钙 $Ca(NO_3)_2$		134.7	84.2	168.4	—	—	210.5	—	122.8	126.3	—
硝酸钾 KNO_3		—	—	—	—	114.1	—	76.1	41.2	—	—
硝酸钠 $NaNO_3$		—	—	—	62.4	—	—	—	—	—	200.0
硫酸铵 $(NH_4)_2SO_4$		19.0	—	33.7	15.6	23.4	—	15.6	—	—	20.0
硫酸镁 $MgSO_4 \cdot 7H_2O$		53.6	53.6	75.8	53.6	64.4	75.1	53.6	53.6	53.6	85.0
硫酸钾 K_2SO_4		74.8	87.3	62.4	—	—	—	—	—	87.3	—
硫酸钙 $CaSO_4$		9.6	—	—	23.8	33.7	—	21.4	—	—	—
磷酸二氢钾 KH_2PO_4		—	—	52.4	—	—	52.4	—	—	—	—
过磷酸钙 $Ca(H_2PO_4)_2 \cdot 2CaSO_4$		—	—	—	—	—	—	108.5	—	—	150
重过磷酸钙 $Ca(H_2PO_4)_2 \cdot H_2O$		47.7	47.7	—	46.8	47.7	—	—	88.2	51.4	—
氯化钾 KCl		—	—	—	63.4	—	—	—	—	—	50
合计		339.4	272.8	382.7	206.1	283.3	388	275.3	305.8	318.6	505.0
主要元素浓度 $(\times 10^{-6})$	N	200	100	250	130	200	250	100	100	150	352.6
	P	65	65	120	65	65	120	65	65	70	183.5
	K	300	350	400	300	420	150	280	280	350	242.7
	Ca	320	180	280	200	240	350	300	300	260	356.1
	Mg	50	50	70	50	60	70	50	50	50	79

(3) 营养液的配制 合格的营养液不产生沉淀，因此，在进行营养配制时，应以难溶解物质的溶度积法则来指导。

1) 配制方法。将营养液配方中的肥料配成浓度较大的浓缩液，分别贮备；或以钙为中心，凡是与钙作用不会产生沉淀的肥料配在一起，再以磷为中心，凡是与磷酸根离子反应不沉淀的肥料配在一起。铁盐必须单独贮备。

母液 A：包括 $Ca(NO_3)_2$、KNO_3，配成 200 倍浓缩液。

母液 B：包括 $NH_4H_2PO_4$、$MgSO_4$，配成 200 倍浓缩液。

母液 C：各种微量元素，配成 1000 倍浓缩液。

由于各种花卉对微量元素需要的数量极少，而且都有一定相近的适宜浓度范围，其通用配方见表 3-3。

表 3-3 营养液微量元素通用配方

化合物名称	用量/(mg/L)	化合物名称	用量/(mg/L)
螯合铁	0.3	硫酸铜	0.002
硫酸亚铁	0.3	硫酸锌	0.005
硼酸	0.05	钼酸铵	0.001
氯化锰	0.05		

配制营养液有两种方法：一是分别按已试验出来的顺序取贮备液倒入大贮液灌内，加入

水使总体积达到刻度，静置一段时间（3~5h以上）方可进行其他步骤。二是先在大贮液灌内加入水，水量为要配制的营养液体积的40%，将母液A应加入的量加入其中，开动电泵使其流动扩散均匀，然后将B液应加入的量慢慢加入其中，再将C液加入……，最后加足水量，再使其流动一段时间。

配制好营养液后，要测定营养液的酸碱度，大多数植物需要pH值在5.5~6.5之间，pH值在6.5以上就要在营养液中加入酸来调整，可用硫酸、硝酸或磷酸，酸要稀释后加入贮液池中；如果加入的酸较多，要考虑酸中的营养元素（硝酸中的氮、磷酸中的磷）会干扰营养平衡，可相应减少该营养元素用量。pH值低于5.5时，就要在营养液中加入碱来调整，常用氢氧化钠或氢氧化钾，方法同加酸。

2）配制规程。仔细阅读肥料或化学品说明书，注意分子式、含量、纯度等指标；核对计算的配方用量至少3遍；准备盛装贮备液的容器，贴上不同颜色的标识；称取肥料或化学试剂的用量，再核实3遍。加水溶解稀释，有些试剂溶解太慢，可以加热；有些试剂如硝酸铵，不能用铁质的器具敲击，只能用木、竹或塑料器具取用；加水定容、浓缩液一般为100~200倍，但铁盐可以浓缩至1000倍。配工作液时调整氢离子浓度；配制完成后贴上标签。注明溶液名称、浓度配制原料及用量、配制日期和配制人、审核人；认真填写配制记录表格。

子任务2　常规生产管理

一、盆栽花卉常规生长调控

（一）科学浇水

浇水是养花中一项重要性的管理工作，浇水是否科学，是能否养花成功的关键所在。由于盆土的局限性，盆栽花卉比地栽花卉更容易干旱、植株更容易缺水，因此浇水是盆栽花卉很重要的一项经常性工作，有时需要天天浇水。首先要了解所养花卉的原产地，因其原产地不同，生态习性就不同，有的喜湿润，有的耐干旱，因此浇水次数及浇水量都不同。其次，要掌握水的质量、温度和浇水量。

1. 选用优质水

水按照含盐类的状况分为硬水和软水。硬水中含有钙、镁、钠、钾等盐类，用它来浇花，常使花卉叶面产生褐斑，影响花卉观赏价值。因此，浇花用水以含盐类少的软水为好。在软水中又以雨水（或雪水）较为理想。因为雨水是一种近乎中性的水，不含矿物质，又有较多的空气，浇花十分适宜。如果能长期使用雨水浇花，则有利提高花卉的观赏价值。例如常用雨水浇灌喜酸性土的山茶、杜鹃、含笑等花卉，不仅生长加快，植株健壮，花叶繁茂，还可延长花卉的栽培年限。为此，雨季应设法多贮存些雨水备用。我国北方寒冷地区，冬季如能用雪水浇花效果也较好，但应注意需将冰雪融化后搁置到水温接近室温的时候才可使用，否则花卉则容易遭受冻害。没有雨水和雪水的季节，可用水性温和的河水、湖水或池塘水。城市自来水中含氯较多，水温偏低，不宜用来直接浇花，需先贮存1~2d，使氯气挥发后再用。另外，养鱼缸中换下来的废水和经过发酵的淘米水均含有一定养分，用来浇花是很有益的。有资料介绍，用凉开水浇花，可以提前开花。其原因是水煮沸时排除了大量气体分子，改变了水分子的结构顺序，使其与花卉细胞内水分子的结构顺序相接近，因而易被花

卉细胞吸收。所以，凉开水能促使花卉提早开花，而且花色鲜艳。另外要切记浇花不能使用含有肥皂或洗衣粉的洗衣水，更不能使用含有油污的涮锅（碗）水，因油渍土壤，使水分分离，影响养分吸收，对花卉生长十分不利。

2. 注意水的温度

不论是炎热的夏季，还是冰冷的冬季，浇花用水的温度都需要注意，如果水温与土温相差在10℃以上，就很容易损害花卉的根系，影响水分的吸收，导致花卉生长不良。炎夏中午前后叶面温度可高达40℃左右或更高，若在此时浇冷水，由于土温突然降低，根毛受到低温的刺激，就会立即阻碍水分的正常吸收，使植株产生生理干旱现象，这种现象在一些草花（茑萝、翠菊等）中尤为明显。严冬季节，傍晚用冷水浇喜高温的花卉，容易出现寒害。因此，冬、夏季节浇花用水均需先放容器内晾晒1d，待水温接近气温时再用来浇水较为稳妥。一些地区没有自来水，使用井水、泉水等地下水也应注意不宜用来直接浇花，而应先晾晒后再用，因为这类水的水温与气温相差较大，同时又缺少生物活性物质，经过晾晒，既可以提高水温，又可增加活性物质，有利于花卉生长。

3. 掌握好浇水量

盆花浇水量是否能做到适时、适量，是养花成败的关键。盆花浇水量应根据花卉品种、植株大小、生长发育时期、气候、土壤条件、花盆大小、放置地点等各个方面进行综合判断，确定浇水的时间、次数及浇水量。在通常情况下，湿生花卉应多浇水；旱生花卉应少浇水；球根类花卉浇水不能过多；草本花卉含水量大，蒸腾强度也大，浇水量比木本花卉要多；叶片大、柔软、光滑无毛的花卉多浇水；叶片小、有蜡质层、茸毛、革质的花卉少浇水；生长旺盛期多浇水，休眠期少浇水；苗大盆小的多浇水，苗小盆大的少浇水；天热多浇水，天冷少浇水；旱天多浇水，阴天少浇水等。对于一般花卉来讲，一年四季的供水量是：每年开春后气温逐渐升高，花卉进入生长旺期，浇水量应逐渐加多。早春浇水宜在午前进行。夏季气温高，花卉生长旺盛，蒸腾作用强，浇水量应充足，夏季浇水宜在早晚进行。立秋后气温渐低，花卉生长缓慢，应适当少浇水。冬季气温低，许多花卉进入休眠或半休眠期，要控制浇水，盆土不太干就不要浇水，以免因浇水过多而烂根、落叶。冬季浇水宜在午后13~14点进行。

4. 浇水方式

（1）浇水　用喷壶或水管放水淋浇，将盆土浇透。在盆花养护阶段，凡盆土变干的盆花，都应全面浇水。水量以浇后能很快渗完为准，既不能积水，也不能浇半截水，掌握“见干见湿”的浇水原则。

（2）喷水　用喷壶、胶管或喷雾设备向植株和叶片喷水的方式。喷水不但供给植株吸收水分，而且能起到提高空气湿度和冲洗灰尘的作用。一些生长缓慢的花卉，在荫棚养护阶段，盆土经常保持湿润，虽表土变干，但下层还有一定的含水量，每天叶面喷水1、2次，不浇水。在北方养护酸性土花卉常采用这种给水方式。

（3）找水　在温室或花圃中寻找缺水的盆花进行浇水的方式称为找水，如早晨浇过水后，中午10：00~12：00左右检查，太干的盆花再浇水1次，可避免过长时间失水造成伤害。

（4）放水　放水是指结合追肥对盆花加大浇水量的方式。在傍晚施肥后，次日清晨应再浇水1次。

（5）勒水　连阴久雨或平时浇水量过大，应停止浇水，并立即松土称为勒水。对水分过多的盆花停止供水，并疏松盆土或脱盆散发水分，以促进土壤通气，利于根系生长。

(6) 扣水　在翻盆换土后，不立即浇水，放在荫棚下每天喷1次水，待新梢发生后再浇水称为扣水。翻盆换土时修根较重，不耐水湿的植物可采用湿土上盆，不浇水，每天只对枝叶表面喷水，有利于土壤通气，促进根系生长。有时采取扣水措施而促进花芽分化，如梅花、叶子花等木本花卉。

5. 浇水经验

1) 要正确判断盆土是否缺水，可采取如下方法：

① 敲击法。用手指关节部位轻轻敲击花盆上、中部盆壁，如发出比较清脆的声音，表示盆土已干，需要立即浇水；若发出沉闷的浊音，表示盆土潮湿，可暂不浇水。

② 目测法。用眼睛观察一下盆土表面颜色有无变化，如颜色变浅或呈浅灰白色时，表示盆土已干，需要浇水；若颜色变深或呈现深褐色时，表示盆土是湿润的，可暂不浇水。

③ 指测法。将手指轻轻插入盆土约2cm深处摸一下土壤，感觉干燥或粗糙而坚硬时，表示盆土已干，需立即浇水；若略感潮湿，细腻松软的，表示盆土湿润，可暂不浇水。

④ 捏捻法。用手指捻一下盆土，如土壤成粉末状，表示盆土已干，应立即浇水；若土壤成片状或团粒状，表示盆土潮湿，可暂不浇水。

以上四种测试方法均为经验之谈，它们只能凭直接的感受告诉人们盆土干湿的大概情况。如需要准确知道盆土干湿情况则需要土壤湿度计，将湿度计插入土壤里即可看到刻度上出现“干燥”或“湿润”等字样，便可确切地了解盆土的干湿度。

2) 浇水应掌握“见干见湿”的原则。花卉种类很多，习性各异，大体上可分为水生、湿生、中性、旱生（又可细分为半耐旱、耐旱）4类。而每类花卉对水分的需要量不同，因此不同的花卉应有不同的浇水原则。换句话说，给盆花浇水要根据每类花卉的生长习性加以区别对待，才能做到科学浇水。“见干见湿”即“不干不浇，浇必浇透”。此方法主要适用于目前一般家庭所养的中性花卉以及半耐旱花卉。所谓“见干”，是指浇过一次水之后等到土面发白，表层土壤干了再浇第二次水，绝不能等盆土全部干了才浇水。所谓“见湿”，是指每次浇水时都要浇透，即浇到盆底排水孔有水渗出为止，千万不要浇“半截水”（即上湿下干），因为一盆生长旺盛的花卉，其根系大多集中于盆底，浇“半截水”实际上等于没浇水。采用“见干见湿”方法浇水，既满足了中性花卉生长发育所需要的水分，又保证了根部呼吸作用所需要的氧气，有利于花卉健壮生长。

（二）合理施肥

合理施肥是指施肥应根据花卉的种类和不同生育期，适时、适量地施用适合其生长发育的肥料。盆栽花卉营养面积较小，除上盆时施入基肥外，生长季节还需要经常补施肥料，使盆土中有充足的养分，才能满足盆花生长发育的需要，使之花繁叶茂，果实累累。

1. 根据花卉不同生育期的需要施肥

给盆花施肥要注意各个生育期对营养元素的不同需要合理搭配营养供给，否则易发生营养缺乏症。苗期以施氮肥为主，辅以少量钾肥，促进幼苗迅速茁壮生长；孕蕾期需多施些磷肥、钾肥，以促其花多色艳。施肥注意适时、适量，若施氮肥过多，易形成徒长，影响花芽分化；施钾肥过多，会阻碍生育，影响开花结果。

2. 根据花卉种类施肥

如山茶、杜鹃、栀子等喜酸性花木，应施用酸性或生理酸性肥料，如硫酸铵、硝酸钾、

过磷酸钙等，而不能施碳铵、草木灰等碱性肥料，否则易患黄花病，甚至死亡。每年需要重剪的花木，如月季等，需要加大磷肥、钾肥的比例，以利萌发新的枝条。开大型花的花卉，如大丽花、菊花等，在开花期间需要施适量的完全肥料，才能使所有花朵都开放，形美色艳。四季开花的花木，如茉莉、米兰等，需适当多施磷肥、钾肥、硼肥，促使花香味浓。球根花卉和肉质根花卉，如百合、唐菖蒲、君子兰等，应多施些磷肥、钾肥，以利球根充实。一般观叶花卉应偏重于施氮肥。观叶花卉幼苗期氮、磷、钾三者的比例以1∶1∶1较好，成株期三者的比例以2∶1∶1为宜。但观叶花卉中的花叶品种三者的比例以1∶1.2∶1.2为好。若施氮肥过多，则彩斑或花纹易消失，影响观赏效果。

3. 根据季节施肥

冬季气温低，大多数花卉处于生长停滞状态，一般不施肥；春、秋季正值花卉生长旺盛期，根、茎、叶增长，花芽分化，幼果膨胀，均需要较多肥料，应多施些追肥；夏季气温高，又是多数花卉生长旺盛期，施追肥浓度宜小，次数可稍多些。

4. 施肥经验

我国各地对盆花如何合理施肥有着许多宝贵经验。概括起来讲，主要是施肥要注意适时、适量和坚持“三看、三忌、四多、四少、四不”的原则。三看：一看土壤，二看花卉种类，三看花卉长势。三忌：一忌施浓肥，二忌施热肥（夏季中午土温高，施肥易伤根），三忌施坐肥（即栽花时盆底施基肥，不可将根直接放在肥上，而应在肥上加一层土，然后再将花苗栽入盆中）。四多：黄瘦多施，发芽前多施，孕蕾多施，花后多施。四少：肥壮少施，发芽少施，开花少施，雨季少施。四不：新栽不施，盛暑不施，徒长不施，休眠不施。此外，施用前要松土，因表土板结会影响养分迅速下渗和被根系吸收利用。

5. 盆栽花卉施肥时应注意的问题

一般应采取“薄肥勤施”的原则，同时一定要施充分腐熟的液肥，切忌施浓肥和未腐熟肥料。若施液肥浓度过大容易造成花卉枝叶枯黄，甚至整株死亡。因此，盆花施化肥时浓度不可过高，一般以0.1%左右的浓度为宜。施用沤制的液肥时也必须稀释若干倍后再用。一些花卉爱好者把臭鸡蛋或鸡、鸭、鱼的内脏及肉皮等埋入盆土中，本想这样可以增加养分使花卉花繁叶茂，结果事与愿违，反而伤害了花。这是因为花卉生长是依靠吸收土壤中经过发酵溶解于水中的氮、磷、钾等营养元素，而上述食物未经发酵即直接埋入盆内，遇到土壤水分发酵产生高温，会直接烫伤花卉根系，同时未腐熟肥料在发酵时产生臭味，招来蝇类产卵，生出蛆虫也会咬伤根系，危害花卉生长。所以养花一定要注意施用充分腐熟的肥料，才能保证花卉生长良好。为防止上述食物在沤制时发出臭味，影响人体健康，可用泡菜坛沤制，即把家庭副食品的废物，如动物内脏、臭鸡蛋、变质牛奶、豆浆及少量橘子皮等物投入泡菜坛里，将坛口水槽添满水，并加入少量敌百虫等杀虫药剂，扣上盖子，因为有水阻隔就能避免臭味散发出来。夏天约经两个月左右即可腐熟。施用时取其上部清液加水10~20倍，并在肥水内再加少许敌百虫等杀虫剂以防蛆虫或其他害虫滋生。施用前先把表土取出一层，施肥后再把这层表土盖上，臭味就不向外扩散了。

二、组培苗的管理

（一）试管苗出瓶

经过生根诱导的嫩茎在长出可以移栽的根系后，即可进行出瓶处理。在盆栽花卉作物的快速繁殖过程中，试管苗的移栽是很重要的，也是难度较大的一项操作。因为经过数周的培养，试管苗已经适应了高湿、适温、无菌的生活环境，一旦将它们移到环境较为恶劣的培养瓶外，则它们往往难以适应而大量死亡。因此，为了提高移栽成活率，在移栽之前应先对培养瓶中的试管苗进行锻炼处理，以提高其抗逆性，这样在移栽后试管苗就会有较高的成活率。处理的方式主要是降低温度，即将所培养的试管苗放到需要移栽的地方，以使它们适应外界的变温环境；此外还要进行通风处理，即把培养瓶的封口逐渐打开，使试管苗慢慢适应外界环境，以保证植株生长得更为充实，减轻其在移栽后萎蔫失水的现象发生。经过锻炼处理后的试管苗即可进行移栽，在移栽时要用水将根系所粘附的培养基冲洗干净，防止以后被细菌污染而影响根系的生理活动，再将试管苗小心地种植在经过灭菌处理的珍珠岩、蛭石等基质中。

1. 透气锻炼

为了提高试管苗的成活率，一定要在定植前经过透气锻炼，以提高它们的抗逆性，这样在定植后才会使因无法适应外界环境所造成的死苗现象有所减轻。如果有条件，最好能把所移栽的试管苗置于密闭的环境中，再往里面通入二氧化碳气体，使其中二氧化碳的浓度能够保持在500～1000mg/L之间，这样试管苗就可以更好地吸收二氧化碳以进行同化作用，从而使组织更为充实，适应外界环境因素的能力也就更强。

2. 脱除基质

培养的试管苗如果使用液体培养基，则脱除基质的操作十分简单，只需把它们从培养容器中取出即可。而在绝大多数情况下，花卉试管苗的组织培养使用的是添加了琼脂的培养基，因此在小苗出瓶后就必须将它们除去，否则在移栽后培养基就会由于蔓延大量的菌类，而使试管苗根系的正常生理功能受到影响。在脱除琼脂培养基前，最好把待处理的容器浸于30℃左右的温水中，这样培养基就比较容易与试管苗根系分离。如果温度较低，培养基就会变得较硬，给操作带来一定困难。

（二）试管苗移栽

试管苗移栽是花卉组织培养的重要环节，许多生产者由于没有掌握好试管苗出瓶的技术方法，看到所培养的试管苗生长得青葱碧绿，就忽视了对它们的炼苗管理，最后往往造成栽培失败。因此试管苗的移栽工作就显得具有特别重要的现实意义。为了做好试管苗的移栽，应该选择适用的基质，并配以相应的管理措施，才能确保整个工作有条不紊地顺利进行。用组织培养法繁殖的花卉幼苗与常规方法繁殖的花卉幼苗一样，也必须经过炼苗处理才能更好地生长发育，从而使所培养的试管苗真正能够派上用场。

1. 移栽基质

适合栽种试管苗的基质并不是到处都有，要根据不同花卉的习性来进行配制，这样才能获得满意的栽培效果（参见盆栽花卉固体基质配制）。

2. 日常管理

在试管苗移栽后的头几天里应该经常往环境中喷水，以增加空气湿度，并且要给新移栽的试管苗遮阴，经过一段时间，再逐渐增加光照。当试管苗适应环境条件以后就可以采用常规管理。

3. 炼苗处理

从某种意义上来说，试管苗虽然在基因型上并未发生变化，但是由于它们是与培养基、

培养环境所相适应的特殊产物，因此在生理、形态等方面都与基因型相同的正常小苗有着很大的差异。炼苗的措施较多，例如通过控水、减肥、增光、降温等措施，使它们逐渐地适应外界环境，从而使生理、形态、组织上发生相应的变化，使之更适合于自然环境，只有这样才能保证试管苗顺利移栽成功。

当有些试管苗从形态上看虽然已有根系发生，但是它们所生成的根如果是从愈伤组织上产生的，则难以与茎的维管束相连，当移栽后，无法将所吸收的水分输导到茎中，从而导致试管苗死亡。这种情况的出现，主要是由于生根培养基的问题。此外，在琼脂培养基中所生长的新根大多没有根毛，或仅有较少的根毛，这样的试管苗由于吸收能力较差，因此在移栽后也难以满足地上部的水分需要，最终会导致植株失水死亡。从叶片方面来看，试管苗的角质层并不发达，叶片通常没有表皮毛，或仅有较少表皮毛。一些植物在较高的相对湿度下，叶片上出现了大量的水孔，此外，气孔的数量、大小也往往超过普通苗。由此可知，试管苗更适合于高湿的环境，当将它们移栽到正常环境中时，由于仅有较少的保护组织，且细胞间隙较大，因此在刚刚移栽中，试管苗失水率很高，容易死亡。为了要改善试管苗的上述不良生理、形态特点，则必须要经过与外界相适应的缓苗处理，通常采取的措施有：透气、增施二氧化碳肥料、逐步降低空气湿度等。此外，由于试管苗基本是在无菌的环境中形成的，因此其对外界细菌、真菌的抵御能力也较差。为了提高成活率，可以在培养土中掺入75%的百菌清可湿性粉剂200~500倍液，以进行灭菌处理。

（三）盆栽或定植

一般而言，试管苗的盆栽或定植成活率很大程度上受到其生物学特性的影响，那些原产热带雨林气候中的龟背竹、火鹤芋等，由于其生长环境更接近于试管苗的培养条件，因此其盆栽或定植也相对来说容易一些。而那些原产地较为干旱的满天星、香石竹等，由于必须在较为干燥的环境中才能正常生长，因此其盆栽或定植也相对来说要难一些。当所繁殖的试管苗要进行定植前，最好在两个星期前就先把它们放在所要种植的地点进行管理，这样可以显著地降低花卉试管苗在定植后的死亡率。在试管苗的出圃定植过程中，影响其成活的因素主要是盆栽或定植时期的确定，不同的植物在不同的时间进行盆栽或定植，其成活率也不同。对于原产热带雨林的观叶植物来说，如果能够保持高温环境，则可以周年移栽，但是对于菊花、满天星、香石竹、月季等花卉的试管苗，则最好在每年3~6月或9~10月进行盆栽或定植。对于上市季节性较强的花卉种苗，则必须要在规定的时间内进行盆栽或定植，以免影响生产效益。这就要求在进行组织培养时提前做好生产规划。

不论何种花卉作物的试管苗在盆栽或定植后都要经过一段较长的缓慢生长阶段才能开始迅速生长，因此，这时栽培者见到试管苗生长较慢的情况不必着急，此段时间一般为1~3个月不等，视所栽种的花卉种类而定。

子任务3 关键技术措施

一、上盆、换盆与翻盆

（一）上盆

盆栽花卉上盆参见草本花卉上盆技术。需要注意的是将苗放于盆中央，填培养土于苗根的周围，将盆提起在地上敦实。

（二）换盆与翻盆的含义

1. 换盆

换盆是把盆栽的花卉换到另一盆中去的过程。换盆有两种情况：其一是随着幼苗的生长，根群在盆内土壤中已无再伸长的余地，因而生长受到限制，一部分根系常从排水孔中穿出，因此必须从小盆换到大盆中，以扩大根群的营养容积，有利于植株继续健壮生长；其二是已经充分成长的植株，经过长时间生长，原来盆中的土壤物理性质变劣，养分基本利用完毕，或者盆土为根系所充满，需要修整根系和更换新的培养土，而盆的大小不需更换。

2. 翻盆

翻盆花苗植株虽未长大，但因盆土板结、养分不足等原因，需将花苗脱出修整根系，重换培养土，增施基肥，再栽回原盆，这个过程称为翻盆。

（三）换盆与翻盆的方法

换盆之前要先进行脱盆，即把植株从原盆中取出来。较小的花盆可用左手托住盆土的中央，将花盆反扣过来，用右手的手掌磕打花盆四周，就可以使土团和花盆分离。较大的中型花盆只用左手一般很难将整盆托住，这时可以用双手托住盆土把花盆反翻过来，将盆沿的一侧轻轻地在地上连磕数下，即可将土团脱出。对于一些有主干的木本中型盆花，可用手握住植株主干，将它连盆提离地面，同时抬起一只脚在盆沿连蹬几下，花盆就会脱离土团而落地。大型花盆脱盆比较困难，可将盆放倒在地面滚动几圈，然后一人把住盆沿儿，另一人握住树干用力外拉，如此即可脱盆。

脱盆后，剥掉土球四周50%～70%的旧盆土，剪除烂根及部分老根，然后按上盆的过程进行处理。

换盆时，有时也会不剥落原有土球，保持根系完好，放入大盆中，增加培养土，称为套盆。

（四）换盆与翻盆的次数

各类花卉盆栽过程均应换盆或翻盆。一般来说，一、二年生草花生长迅速，在开花前要换盆2、3次，换盆次数较多，能使植株强健，生长充实，植株高度较低，株形紧凑，但会使花期推迟；宿根、球根花卉大都每年换盆或翻盆1次；木本花卉可1～3年换盆或翻盆1次。春秋两季适宜换盆，换盆时常结合进行分株繁殖，春季开花的宜秋季进行，秋季开花的宜春季进行。某些特殊情况如根部患病则可随时进行换盆。

（五）换盆或翻盆的时间

换盆或翻盆多在春季进行。多年生花卉和木本花卉也可在秋冬停止生长时进行；观叶植物宜在空气湿度较大的春、夏间进行；观花花卉除花期不宜换盆时，其他时间均可进行。生长迅速、冠幅变化较大的花卉，可以根据生长状况以及需要随时进行换盆或翻盆。

（六）注意事项

一是盆的大小要选择适宜，按植株生长发育速度逐渐换到大盆中去；二是根据花卉种类来确定换盆的时间和次数，过早或过迟换盆对生长发育都不利。

二、倒盆与转盆

（一）倒盆

由于各种原因调换盆花在栽培地摆放位置的工作称为倒盆。由于盆花在温室中放置的位

置不同，光照、温度、湿度、通风等都会有所差异，使生产的盆花规格大小有较大差异，为了使盆花产品生长均匀一致，就要经常倒盆，将生长旺盛的植株移到环境条件较差的地方，而将生长发育较差盆花移到环境条件较好的地方，调整其生长。除以上两种原因外，还要根据盆花在不同生长发育阶段对温度、光照、水分的不同要求进行倒盆。

（二）转盆

在单屋面和不等屋面温室中，光线一般都是从南侧射入，盆花放置一段时间后，由于植株的趋光性，会使植株朝向光线一侧生长，造成盆花倾斜。为防止植株偏向一方生长，破坏匀称圆整的株形，应每隔一段时间就转一次花盆的搁置方向，使植株均匀的生长。

基本任务3　花期调控

知识目标

- 了解花期调控的作用和原理。
- 掌握整形修剪与促成抑制栽培的时期和技术类型。

能力目标

- 学会整形修剪的技术。
- 掌握盆栽花卉促成抑制栽培的关键技术环节。

子任务1　整形修剪

整形修剪是指对盆栽花木树干、树枝的修剪，它是发挥盆栽花木形美的一个重要工作。通常盆栽，除摘芽、摘叶和整形外，又可由枝的修剪来决定它的基本形态。因此，枝干的修剪与攀扎，对于花木树姿的形成极为重要。

一、整形修剪的含义

整形修剪是花卉养护管理工作中一项重要的技术措施。通过整形修剪，可以保持花卉枝条分布均匀，株形整齐美观，可提高观赏价值。否则任其自然生长，不仅枝条徒长，杂乱无章，而且花量也会减少，甚至不开花，大大降低了观赏效果。因此，素有养花“七分靠管，三分靠剪”的谚语。花木整形修剪包括剪枝、摘心、摘叶、剥蕾、疏花、疏果、抹芽、剪根等。

二、整形修剪的目的

（一）除劣促新

无论草本或木本盆栽植物，生长过程中都会发生徒长枝、老弱枝及感染病虫枝，这些枝条应及时修剪除掉，以促进新枝生长。

（二）协调生长

生长发育过旺的植株，即使是正常的枝条或叶片，为了协调生长，也要进行适当的修剪。但不易发生不定芽的种类如杜鹃、瑞香等花卉，一般不进行修剪。

（三）控制开花

栽培单头切菊，必须经常摘芽、摘蕾，以保证正常生长。月季切花生产，也须依季节经常修剪，以促进腋芽萌发，调节开花，保证均衡上市。

（四）塑造形姿

树桩及公园和街道的树木塑形，都是通过不断修剪整形而形成的。

（五）更新复壮

茉莉和一些宿根花卉，其老株要通过重剪才能长出新株，达到更新复壮的目的。

三、整形修剪的时期

以观花为主的盆花，凡春季开花的品种，如迎春花、梅花、碧桃等，花芽大都是在头年生的枝条上形成的，因此冬季不能修剪，否则就会将许多生有花芽的枝条剪掉，而应在花谢以后1~2周内修剪。凡是在当年生的枝条上开花的花木，如扶桑、一品红、月季、茉莉、夹竹桃、米兰、倒挂金钟、叶子花、金橘、代代、佛手、石榴等，则可在早春休眠期修剪，促使其多发新枝、多开花、多结果。大多数早春和春夏之交开花的花灌木，如玉兰、丁香、樱花、桃花、榆叶梅、金钟花、紫荆、紫藤、黄刺梅、连翘等，也都是在头一年夏秋季节进行花芽分化的。因此，这类花卉也应在花谢以后进行修剪，不能延至冬季再修剪，否则就会影响到开花数量。一些夏秋季开花的花灌木，如紫薇、凌霄、木芙蓉、木槿、枸杞等，它们都是在当年生萌发的新枝上形成花芽的，这类花木可在冬季落叶后休眠期进行短截修剪。对于一年内连续开花几次的花木，如月季、茉莉等，应在每次花谢后立即进行适度的修剪整形，促使抽生新枝，再次开花。

四、整形技术

（一）支缚

盆栽花卉中有的茎枝纤细柔长，有的为攀缘植物，有的为了整齐美观，有的为了做成盆景，常设支架或支柱，同时进行绑扎。由于植物种类和人们要求的不同，支架的形式也多种多样。

大型立柱用于有气生根的大、中型盆栽攀援植物的整形，通常均需要在盆的中央树立一个大型立柱，供扎根、生长和攀援之用。用做立柱的材料有许多种，可就地取材制作。在热带地区常用树蕨茎干，它疏松透气、排水保湿而且十分耐腐朽，有利于气生根的吸附，是一种理想的立柱材料。目前广东地区使用最多的是直径57cm、长80~150cm的竹竿外面捆绑一层较厚的棕皮，看起来与树干相似，也有一定的保湿能力，适于气生根的攀援，保湿透气均好。用塑料管和钢丝网制作的立柱比较耐久，材料也比较容易得到。用这种大型支柱制作图腾柱的植物有绿萝、黄金葛、多种藤本喜林芋等。通常用直径为25~35cm的花盆，中间树立一根包好苔藓或棕皮的白立柱，沿立柱周围栽种3株高30~50cm的健壮种苗。3株苗的高度和生长势应当相似，不宜相差太大。将种苗的茎秆捆绑在立柱上，使植株必须向上生长。

许多小型的攀援植物、茎秆比较细弱植物和开花植物中花茎不够坚挺者，均需要给以支撑。通常用细竹竿或用包有彩色塑料皮的8号铁丝做成各种形状的支架，如圆形、方格形或直条形等，底脚插在盆土中。再将植物的茎秆捆绑在支架上。捆绑的方法也比较讲究，通常采用宽松的8字形结扎法。如果捆扎得太紧，未留植物生长的余地，随着植物的生长，会形成自缢环，使绳结以上茎干枯死，应重新绑扎。

（二）曲枝

曲枝也称为吊扎，是整形简易方法，多用于容易流胶、剪口较大的松柏类苗木上。从12月到第二年2月间进行，利用铅丝作助力，扭曲枝干。铅丝型号根据树枝粗细决定，一般枝粗如筷子者，用14~16号铅丝；枝粗如钢笔杆者，宜用12号铅丝。方法是：先将铅丝的一头插入树干基部的盆土中固定，然后将铅丝上方缠绕在树干上，再按需要的姿态将树枝扭弯，不可过急，务必使曲度自然，必要时再用细棕绳吊扎，以达到理想的曲度。先弯粗枝，后弯细枝，注意勿伤及树皮；弯扎侧枝时，改用16号铅丝，先绕主干两圈，后向侧枝缠绕，最后停留在预定的弯度上收尾。在年初吊扎整形的，到10月中下旬即可解除铅丝。如有勒痕，过一年自会消失。曲枝虽是整形的妙法，树姿苍劲优美，但需时长久，通常要3~5年。

（三）诱引

诱引是对缠绕性花木，如蔷薇、络石、扶芳藤、金银花、矮金莲、香豌豆、牵牛、茑萝等的整形方法。通常用铅丝、竹子、绳索等制成扇面式、圆柱式、屏风式等各式支架，然后把藤蔓诱引上架。

（四）高压

高压可作为辅助整形的一种手段。如有的花木很美，但主干太高，则可在适当部位进行高压，待发根后，秋季将它剪下盆栽，就可弥补这一缺点。也可用高压法截取姿态优美的枝条，制成双干或多干式盆景。母株在高压前，须先增加营养，促使生长旺盛。高压时期因树种的不同而有不同，常绿树在春季叶芽开始萌动时施行，松、柏类则在3月下旬到4月上旬，金橘则在5月上旬。通常能扦插成活的树种，均可用高压方法获得所需苗木。

五、修剪的生理反应

（一）改变植株地上部与地下部的关系

修剪能促进营养生长，因为修剪以后，根系中贮藏的养分会移动到剪后萌发的芽中，从而促使新枝条的生长。不过，若是强修剪，剪后虽会增加生长量，但增加的部分不能补偿已除去的部分，因此，重剪实质上是一种矮化过程。

（二）剪根可促进开花

侧枝修剪（特别是幼龄树）易保持营养生长，而根部修剪则可促进开花，因为根部修剪之后，植株会减少氮素积累，营养生长随之放慢，从而保存了更多的碳水化合物，过剩的碳水化合物对促进开花极为有利。许多花卉采用断水方法促使花芽萌发也是这个道理。

（三）造成生长素分布不平衡

地上、地下部的分枝容易受生长素的影响，而生长素在生长旺盛的顶端上产生最多。高浓度生长素从茎顶往下移动会抑制侧芽生长，故摘除茎顶可直接促进侧枝发芽，增加分枝。相反，若除去侧枝而保留茎顶，不仅可以减少分枝，而且由于增加了茎顶的活力和生长素的含量，可以进一步限制侧芽的萌发。生长素也制约花卉分枝的角度，近茎顶的枝条，其角度小于下位枝条；重剪幼树的分枝，角度也较小。

了解花木的顶端优势，对花木整形是十分重要的。比如要想得到直立型的花木，必须保持顶芽生长；又如栽培切菊，起初要除侧芽，长到一定高度后改为除顶芽，让每个植株长出3、4个花蕾，其他侧蕾则需除掉。

六、修剪技术

修剪可采用包括剪枝、剪梢、摘心、摘叶、摘花、剥芽、剥蕾、疏果、去蘖、摘果、剪根等方法，节省养分，培养合理株形，提高通风透光。

（一）剪枝

剪枝主要有疏枝和短截两种方法。在花卉生长期，结合整形进行疏剪，即去掉过密枝、细弱枝、病虫枝，能改善通风透光条件，促使枝条分布均匀，养分集中于花枝上，并减少病虫害发生。开花后，多进行短截修剪，即从基部2、3节处剪去花后枝条，促其枝条下部腋芽抽伸新的枝梢而再次开花，剪枝是延长开花期的措施之一。

1. 疏枝（图3-25）

疏枝是指将枝条自基部完全剪除，疏枝主要疏除病虫枝、伤残枝，不宜利用的徒长枝、竞争枝、交叉枝、并生枝、下垂枝、重叠枝等。疏枝能使冠幅内部枝条分布趋向合理，均衡生长，改善通风透光条件，加强光合作用，增加养分积累，使枝叶生长健壮，减少病虫害等，但疏枝对全株生长有削弱作用。疏枝程度要依据花卉种类的特性、花卉的生长阶段而定。萌发力强、发枝力强的可以多疏枝，反之则要少疏枝。为了促进幼苗生长迅速，宜少疏枝。为了保持盆栽花卉的根冠平衡，根部进行了修剪的植株，地上部也应适当疏剪枝条。花卉移植或换盆时如伤及根部，伤口应进行修整。通常修根常与换盆结合进行，剪去老残冗根以促其多发新根，只是对生长缓慢的种类，不宜剪根。还有为了抑制枝叶的徒长，促使花芽的形成，也可剪除根的一部分。经移植的花卉所有花芽应完全剪除，以利植株营养生长的恢复。

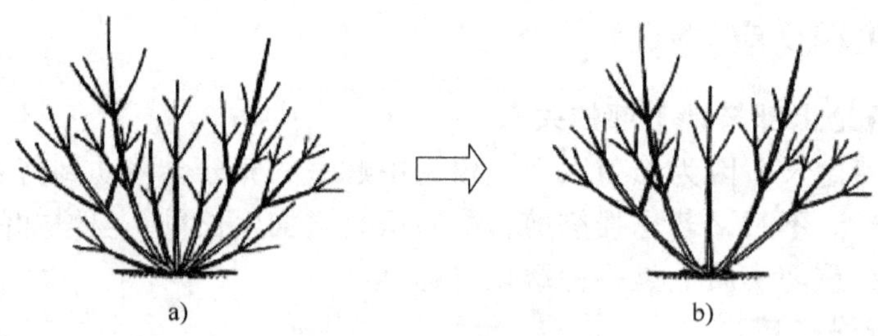

图3-25　疏枝
a）疏枝前　b）疏枝后

2. 短截（图3-26）

短截是指将枝条先端剪去一部分，保持一定的树高和树形，并促进新枝萌发，是一种减少冠幅内枝条长度的修剪方法。剪时要充分了解花卉的开花习性，注意留芽的方向。短截能使留存在枝条上的芽得到更多水分和养分，刺激侧芽萌发，使其抽生新梢，增加分枝数目，加强局部生长势，并能改变枝条的生长方向和角度，调节每一分枝的距离，使树冠紧凑和整

齐；也可调节生长与发育生长的关系。在当年生枝条上开花的花卉种类，如扶桑、倒挂金钟、叶子花等，应在春季修剪，而一些在二年生枝条上开花的花卉种类，如山茶、杜鹃等，宜在花后短截枝条，使其形成更多的侧枝。留芽的方向要根据生出枝条的方向来确定，要其向上生长，留内侧芽；要其向外倾斜生长时，留外侧芽。修剪时应使剪口呈一斜面，芽在剪口的对方，距剪口斜面顶部 1 ~2cm 为度。

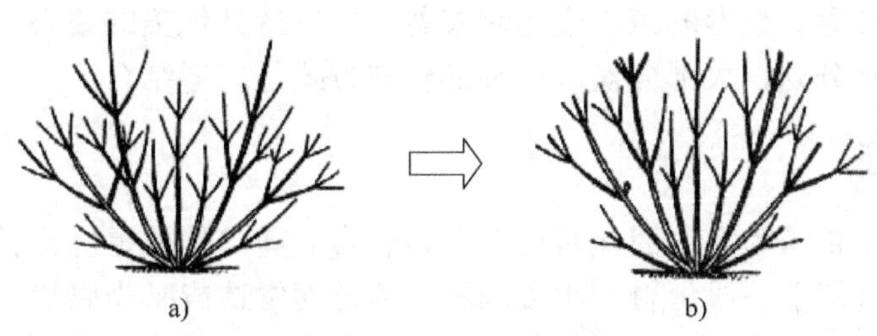

图 3-26 短截
a）短截前 b）短截后

（二）摘叶

摘叶是对落叶树木进行整形的一项有效措施，主要是摘除植株下部密集、衰老、徒耗养分以及影响光照的叶片，其他发黄、破损或感染病害的叶片也应该摘除。摘叶多用于枫、槭、石榴等树苗。通过摘叶可使树苗分生小枝。对树龄大的盆花，可再度发芽，产生新叶。摘叶时间和数量与树龄、长势有关。一般以 5 月下旬到 7 月中旬为摘叶最适时期；生长季节长的树种可迟至 7 月下旬到 8 月下旬；北方则以 5 月为宜。生长势旺盛的，每年可摘叶 2、3 次；生长较弱和树龄大的摘 1 次就可以了。

摘叶时注意：摘叶前宜施氮肥 2、3 次，放在阳光充足处，促使发根、生长。夏季宜置于无煤烟、避台风、防烈日而又通风的环境下保养；摘去叶片而留叶柄，控制盆土的湿度（保持适度干燥）；先摘强枝、徒长枝或茂盛部分的叶，再摘其他部分的叶。

（三）摘花与摘果

摘花一是摘除残花，如杜鹃的残花久存不落，影响美观及嫩芽的生长，需要摘除；二是不需结果时开谢的花及时摘去，以免其结果而消耗营养；三是残缺僵化有病虫损害而影响美观的花朵需要摘除。摘果是指在观果植物栽培中，有时挂果过密，为使果实生长良好，调节营养生长与生殖生长之间的关系，摘除不需要的小果，以减少养分的消耗，促使新芽的发育。

（四）剪根

剪根主要用于盆栽多年生草花和木本花卉。盆栽花卉若长期不剪去部分老根，就会出现根系衰退现象，影响花卉茁壮生长，因此宜在换盆时将腐朽根、衰老根、枯死根剪除。同时对过长的主根及侧根进行适当短剪，并适当疏剪蜷卷的根，促使萌发更多的须根，使植株生长健壮。对一些因枝条徒长而影响开花结果的花木，可将一部分根剪断，以削弱吸收能力，抑制营养生长，有利开花结果。

（五）去蘖

去蘖是指除去植株基部附近的根蘖或嫁接苗砧木上发生的萌蘖，使养分集中供给植株，促使盆花生长发育。

（六）整枝

整枝的形式多种多样，依人们的喜爱和情趣，利用花卉的生长习性，经修剪整形做成各种意想的形姿，达到源于自然高于自然的艺术境界。在确定整枝形式前必须对植物的特性有充分了解。枝条纤细且柔韧性较好者，可整成镜面形、牌坊形、圆盘形或S形等，如常春藤、三角花、藤本天竺葵、文竹、令箭荷花等。枝条较硬者，宜做成云片形或各种动物造型，如腊梅、一品红等。整形的植物应随时修剪，以保持其优美的姿态。在实际操作中，两种整枝方式很难截然分开，大部分盆栽花卉的整枝方式是二者结合。

七、剪后处理

锯枝干时间以生长季为宜，因此时切口容易愈合。剪口的位置应在枝的基部，并与大枝生长方向平行，不宜留下一段，否则小段因不易愈合而常造成感染腐烂。如是剪梢，则剪口应与地面垂直，以免雨水停留。剪口断面愈合的快慢因剪口是否平滑而各异，通常断面平滑者较易愈合。如第一次生长季愈合不完全，可将未合处再削，使其完全愈合。剪口通常在枝条剪去后马上用白色或绿色的油漆、虫漆涂抹，隔半个月再涂一次，以防感染；也可用沥青与煤油等量混合，涂于切口背光处（因向阳处会吸热对伤口愈合不利）。易腐烂的剪口用松脂与酒精制成的蜡处理。如果伤口已烂成洞，则先用火灼烧洞口，再填塞水泥。修剪之后的植株，要加强水肥管理，以促进其伤口迅速愈合。

子任务2　花期调控技术

观赏栽培中，观花植物最具观赏价值的时期是开花期。在自然界中，开花及开花时间是自然过程。人类对花卉美的追求，产生了“集百花于一时”的渴望，并进行着努力。

随着人们对植物生长发育过程的不断了解，花卉花期的早晚直接影响到它上市时间和商品价值，花期调控已经成为现代花卉生产栽培的一项核心技术，受到越来越多的重视。花期调控还可为杂交育种提供方便。花卉花期调控的主要目的是：①丰富不同季节花卉种类；②满足特殊节日及花展布置的开花要求；③创造百花齐放的景观。目前对花卉的开花，尤其是花期控制已成为园艺研究的一个新热点。

在花卉栽培中，采用人为措施，控制花卉开花时间的技术，称为花期调控技术，也称为促成抑制栽培、催延花期。使花期提前的，称为促成栽培，使花期推后的，称为抑制栽培。

一、基本原理

花卉栽培除观叶植物外，要达到开花结果的目的。要掌握各类花卉的生长发育规律和生态习性，以及成花、开花的习性，熟悉各类栽培花卉在不同生长发育阶段对环境条件的要求，人为地创造或控制相应的环境条件。

（一）营养生长

花卉植物营养生长是生殖生长的基础，营养生长阶段使植株长大、健壮，才能够进行花芽分化，进入生殖生长，才能产生五彩缤纷、深受人们喜爱的花朵。因此，花卉植物只有经过充实的营养生长，才能够进行花期控制。

（二）花芽分化

花芽分化是指植物自营养生长状态向生殖生长状态转变的全部过程，它受花卉本身遗传

特性及诸多环境因子的影响，其中光照和温度是最主要的影响因子。

1. 光照

(1) 光照强度　花卉植物原产地不同，则花芽分化形成及开花对光照强度的要求不同。原产热带、亚热带地区的花卉，适应光照较弱的环境；原产热带干旱地区的花卉，则适应较强的光照环境。

(2) 光周期　花卉植物开花受光周期的诱导和影响极为显著。光周期是花芽分化期白天和黑夜的相对长度，不同的花卉植物对光周期的反应是截然不同的，光周期处理的天数，因花卉种类而异，如矢车菊的光周期处理时间为13d。光周期诱导所要求的光照强度一般低于光合作用所需要的光照强度。

此外，可利用花卉植物休眠的特性，进行强迫休眠或打破休眠，以改变花卉植物新陈代谢的速度，从而达到控制花期的目的。

2. 温度

不同花卉植物花芽分化对温度的要求是不相同的。有的需要高温才能进行花芽分化，如杜鹃、山茶、梅花、牡丹等都要求温度在25℃以上时才能进行花芽分化，入秋后进入休眠，经过一段低温后打破休眠而开花。有的需要低温诱导刺激才能形成花芽，高于或低于花芽分化的临界温度，就不能进行花芽分化。花芽分化后，温度又影响其成熟时间的长短，温度过高开花提早，温度过低开花延迟。

二、调控技术

(一) 光照

1. 短日照处理

在长日照季节里，要使长日照花卉延迟开花，需要遮光；使短日照花卉提前开花，也同样需要遮光。具体的遮光方法是在日落前开始遮光，一直到次日日出后一段时间为止，用黑布或黑色塑料膜将光遮挡住，在花芽分化和花蕾形成过程中，人为地满足植物所需的日照时数，或者人为地减少植物花芽分化所需要的日照时数。由于遮光处理一般在夏季高温期，而短日照植物开花被高温抑制的占多数，在高温下花的品质较差，因此短日照处理时，一定要控制暗室内的温度。遮光处理所需要的天数，因植物不同而异。采用短日照处理的植株要生长健壮，营养生长达到一定的状态，一般遮光处理前停施氮肥，增施磷肥、钾肥。

在日照反应上，植物对光强弱的感受程度因植物种类而异，通常植物能够感应10lx以上的光强，而且上部的幼叶比下部的老叶对光敏感，因此遮光的时候上部漏光比下部漏光对花芽的发育影响大。短日照处理时，通常于下午5时至翌日上午8时为遮光时间，遮光时数控制在14～15h之间，处理天数为40～70d，光照的时间一般控制在11h左右最为适宜。

2. 长日照处理

长日照处理，对于唐菖蒲、晚香玉、瓜叶菊等一些必须在长日照条件下才能进行花芽分化的植物在冬季开花是完全必要的。在短日照季节，要使长日照花卉提前开花，就需要考虑人工辅助照明，使每天连续照光时间在12h以上。要使短日照花卉延迟开花，也需要采取人工辅助光照。

长日照处理的方法大致可以分为三种：明期延长法，在日落前或日出前开始补光，延长光照5～6h；暗期中断照明法，在半夜用辅助灯光照1～2h，达到调控花期的目的；终夜照明法，整夜都照明，照明的光强需要100lx以上才能完全阻止花芽的分化。

试验证明，给大多数短日照花卉延长光照时荧光灯的效果优于白炽灯；给一些长日花卉延长光照时白炽灯效果更好。为迎接元旦、春节、情人节等重要节日，这种栽培措施常用，而且十分有效。调节光照强度。花卉开花前，一般需要较多的光照，如月季、香石竹、茉莉等，但为延长开花期和保持较好的质量，在花开之后，一般要遮阳减弱光照强度，以延长开花时间，达到延长开花期的目的。

3. 颠倒昼夜处理

颠倒昼夜也可以有效地改变有些植物夜间开花的习性。有些花卉的自然开花习性是夜间开放或傍晚开花，如昙花、紫茉莉等。但是人们习惯于白天观赏花卉美景，因此在花卉栽培中常采用适当的光照处理措施来颠倒昼夜，使夜间开花的花卉种类能在白昼开花。如昙花在花蕾长到8cm时在白天完全遮光，夜间7点到次晨6点用100W强光照射，经4～5d的颠倒昼夜处理，即可改变其夜间开花习性，使其白天开花，在白天看到“昙花一现”的美景以饱眼福，而且经过处理后还能延长开花时间2～3d。夜来香也可用此法，使之变为“日来香”。

用人工光照处理以中断黑夜，以调控短日照花卉开花期的做法也是花卉栽培中常用的。在午夜1～2时加光2h，打破黑暗，把一个长夜分开成两个短夜，破坏了短日照的作用，就能阻止短日照植物形成花蕾开花。相反，如果对短日照花卉进行长日照处理，可阻止其花芽的形成，达到推迟花期的目的。但一旦停止光照处理，它们又恢复到自然生长环境，即可以自然地分化花芽、开花。至于何时开始处理、处理时间的长短等，应根据当时所处的气温条件、所要处理的花卉本身的生长特点、开花习性以及目标开花时间等来决定。停光日期主要决定于该植物当时所处的气温条件和它在短日照季节中，从分化花芽到开花所需要的天数。用做中断黑夜的光照，以具红光的白炽光为好。菊花切花栽培就是利用这个方法推迟花期，使之到元旦或春节开花，以供应市场。

4. 遮阴延长开花时间

部分花卉不能适应强烈的太阳光照，特别是在含苞待放之时，用遮阴网进行适当的遮光，或者把植株移到光线较弱的地方，均可延长开花时间。如把盛开的比利时杜鹃曝晒几个小时，就会萎蔫；但放在半阴的环境下，每一朵花和整株植株的开花时间均大大延长。牡丹、月季花、康乃馨等适应较强光照的花卉，开花期适当遮光，也可使每朵花的观赏期延长1～3d。

巧妙地调节和利用光照条件，是养好盆花的重要技艺。在光照达到花卉生理需要的同时，适时适度调节，可保持花卉清新完美的观赏形态。各类阳性花卉如菊花、月季在开花期适当减弱光照，移至室内，可以延长观赏时间，并能保持花叶清新艳丽。相反，如荷花、睡莲，则需在强光下才能艳丽悦目，正所谓“映日荷花别样红”。各类彩色观叶植物，在控制温度条件下逐渐提高光照强度，可使色彩更加鲜艳。大花君子兰温度在18～23℃之间，每天保持3～4h直接光照，其余时间放入室内漫射光下或半遮阴。光照太弱则叶暗浅，嫩黄徒长；光照过强则显得浓绿苍老。巧妙适度地调节光照可使叶脉清晰叶色绿。

另外光谱成分也影响着花卉花朵的开放。所有的绿色植物吸收的光以可见光（红、橙、黄、绿、青、蓝、紫）和紫外线为主，其中吸收最多的为橙光、红光。这个问题在养花中没有太大的实际意义。但是，紫光和紫外线则是植物色素形成的主要光能，紫外线又有抑制

植物枝条伸长的作用；相反，红外线却有促使植物枝条伸长的作用。因此，冬季在室内养花，由于冬季紫光和紫外线减少，且普通玻璃透紫外线的性能又差，相反的由于红外线增多，所以普遍出现各种花卉的叶色变淡，枝条比夏季长的现象。

光谱成分随天气阴晴、早晚、季节以及室内外环境的不同而不断变化，在养花实践中应注意及时调节光照的直射、漫射和强弱、长短，在顺应花卉植物自然特性的同时适当控制。

（二）温度

花卉温度处理要综合考虑如下问题：同种花卉的不同品种感温性常有差异；处理温度的高低，多依该种花卉原产地或品种育成地的气候条件而不同，温度处理一般以20℃以上为高温，15～20℃为中温，10℃以下为低温；处理温度也因栽培地的气候条件、采收的早晚（如球根花卉）、距预定开花期时间的长短、球根的大小等而不同；处理的适宜时间，是在休眠期处理还是生长期处理，因花卉种类或品种的特性而不同；温度处理的效果，因花卉种类和处理日数多少而异；许多花卉的促成栽培和抑制栽培，常需同时进行温度和日照长度的综合处理或在处理过程中先后采用几种处理措施才能达到预期的效果；处理中或处理后的栽培管理情况对促成栽培和抑制栽培的效果也有极大影响。

在日照条件满足的前提下，温度是影响开花迟早极为有效的促控因素。人为地创造出满足花卉植物花芽分化、花芽成熟和花蕾发育对温度的需求，创造最适宜的开花条件，便可达到控制花期的目的。

1. 增温法

（1）促进开花　多数花卉在冬季加温后都能提早开花，如温室花卉中的瓜叶菊、大岩桐等。春季开花的木本花卉及露地草本花卉加温后也能提早开花，如牡丹、落叶杜鹃、金盏菊等。牡丹及落叶杜鹃在入冬前就能形成花芽，但由于入冬后温度较低而处于休眠状态，若移入温室给予较高的温度（20～25℃），并经常喷雾、增加湿度（空气相对湿度80%以上），就能提早开花。开始加温至开花的天数因花卉种类、温度高低及养护方法等而有所不同，温度高、湿度适应的要快些；温度偏低、湿度不够的则要慢些。

（2）延长花期　有些花卉在适宜的温度下，有不断生长、连续开花的习性，在秋冬季节气温降低时，就停止生长和开花。若能在开花停止前，使其不受低温影响，就能不断生长开花。例如，要使非洲菊、茉莉花、大丽花等在秋季、初冬期间继续开花就要早做准备，在温度下降之前及时增温、施肥、修剪，可确保其继续生长开花。

2. 降温法

（1）延长休眠期以延迟开花　耐寒花木在早春气温上升之前还处于休眠状态，此时将其移入冷室，可使其继续休眠而延迟开花。此法适合于耐寒、耐阴的植物，冷室温度以1～3℃为宜，不耐寒花卉可略高些，品种以晚花品种为佳，移入冷室前要施足肥料；冷室内光线应弱些，每天开灯几个小时即可；每隔几天要检查干湿度，并及时浇水。花卉贮藏在冷室中的时间要根据计划开花日期的气候条件而定，出冷室初期，要将花卉放在避风、蔽日、凉爽的地方，几天后可见些晨夕阳光，并喷水、施肥，细心养护。

（2）减缓生长以延迟开花　较低的温度能减缓植物的新陈代谢，延迟开花。此法多用在含苞待放或初开的花卉上，如菊花、唐菖蒲、月季、水仙等，处理的温度因花卉种类而异。例如，若使水仙在元旦、春节期间盛开，可在此前5～7d观察水仙花蕾总苞片内的顶花，如已膨大欲顶破总苞，就应将其放在1～4℃的冷凉地方，到节日前1～2d再放回室温

15～18℃的环境中，就能使其适时开放，如发现花蕾较小，可将其放在20℃以上的地方，盆内浇15～20℃的温水，夜间补以充足光照，就能适时开花。

（3）降温避暑使耐高温花卉开花　有些植物在适宜温度下可不断生长开花，但遇到酷暑就停止生长、不再开花。例如，仙客来和吊钟海棠在适于开花的季节花期很长，如能在6～9月期间降低温度，就能使它们不断开花。

（4）人为模拟春化作用而提早开花　改秋播为春播的草花，欲使其在当年开花，可用低温处理萌动的种子或幼苗，使之通过春化作用而在当年开花，适宜温度为0～5℃。

3. 变温法

变温法催延花期，一般可以控制较长的时间。此法多用于重大节日用花上，具体做法是将一些已形成花芽的花木先用低温使其休眠，要求既不让花芽萌动，又不使花芽冻伤。热带、亚热带花卉给予温度2～5℃；温带、寒带木本落叶花卉给予温度－2～0℃，到计划开花日期前1个月左右，再将花卉放到15～25℃（逐渐增温）的室温条件下养护管理。花蕾含苞待放时，为了加速开花，可将温度增至25℃左右。如此管理，一般花卉都能预期开花。

（1）元旦、春节开花的促花处理　以迎春花为例，需元旦开花的迎春花可在节日前20～25d从越冬的低温温室移至向阳温室，元旦前10d加温至17～18℃即可开花；需春节开花的迎春花一般只需在节日前10d左右移至光照良好的温室中就能适时开花，如在春节前5d左右还未开放，可加温至17～18℃，即可适时开花。

（2）“五一”劳动节开花的控花处理　需“五一”劳动节开放的花卉可在节日前50～60d从低温越冬处移至18～25℃光照较好的温室中，加强肥水管理，一般都能适时盛开，如草本花卉中的大丽花、芍药、水葱，木本花卉中的榆叶梅、丁香、连翘等。

（3）“十一”国庆节开花的控花处理　需“十一”国庆节开放的花卉可将已形成花芽的花木在2月下旬至3月上旬，叶、花芽萌动前放到低温环境中强制其进行较长时间的休眠，到节日前1个月左右移至15～25℃的环境中栽培管理，即可适时开放，如草本花卉中的芍药、荷包牡丹，木本花卉中的樱花、榆叶梅、丁香等。

（三）生长激素

1. 打破休眠促进开花

不少花卉通过应用赤霉素打破休眠从而达到提早开花的目的，用500～1000mg/L浓度的赤霉素点在芍药、牡丹的休眠芽上，47d内萌动。

2. 代替低温促进开花

夏季休眠的球根花卉，花芽形成后需要低温使花茎完成伸长准备。赤霉素常用作部分代替低温的生长调节剂。

3. 加速生长促进开花

山茶花在初夏停止生长，进行花芽分化，其花芽分化非常缓慢，持续时间长。如用500～1000mg/L浓度的赤霉素点涂花蕾，每周2次，半个月后即可看出花芽快速生长，同时结合喷雾增加空气湿度，可很快开花。

4. 延迟开花

2，4－D对花芽分化和花蕾的发育抑制作用。菊花在花蕾期喷0.01mg/L的2，4－D可保持初开状态，喷药剂的花蕾膨大，不开放，而对照不喷的菊花已开放。

5. 加速发育

用100mg/L乙烯利30mL浇于凤梨的株心，能使其提早开花。天竺葵生根后，用500mg/L乙烯利喷2次，第5周喷100mg/L赤霉素，可使其提前开花并增加花朵数。

6. 调节衰老延长寿命

切花离开母体后由于水分、养分和其他必要物质失去平衡而加速衰老与凋萎。在含有糖、杀菌剂等的保鲜液中，加入适宜的生长调节剂，有增进水分平衡抑制乙烯释放等作用，可延长切花的寿命。例如6－苄基腺嘌呤（BA）、激动素（KT）应用于月季花、球根鸢尾、花烛、非洲菊保鲜液。

（四）栽培措施

1. 播种期调节

播种期在花卉植物花期调控措施中的概念除了种子的播撒时间之外，还包括了球根花卉种球下地时间及部分花卉植物扦插繁殖时间。一、二年生的草本花卉大部分是以播种繁殖为主的，种子的保存对种子的发芽率起着极为重要的作用。种子保存的好，贮存的时间长。

2. 控水控肥

水、肥在花卉植物的整个生命周期中是必不可少的重要条件。花卉植物只有在适宜的水、肥环境中才能茁壮成长。在健壮的花卉植物上采用人为控制开花处理手段，才可能取得令人满意的结果。部分木本植物在遇到恶劣的生活环境时（例如干旱、严重的虫害等），为了本身延续后代的需要，它们会在很短的时间内完成开花、结果的整个繁殖后代的过程。利用木本花卉的此种特性，采取控制水分的措施，可达到提前开花的目的。例如深圳市花簕杜鹃（别名：宝巾花、二角梅），在它长大成株后，停止往花盆里浇水，直到梢顶部的小叶转成红色后再浇水，很快就会开花。开花后浇水的量一定要控制在少量（约3～4d浇1次，土表湿润即可），才能保持延续不断开花。如浇水过量，其很快转为营养生长，不开花了。在球根花卉的种球采取低温处理时，一定要控制湿度，湿度过大易感病、提前抽芽；湿度小有利于种球的贮存。种球含水量越少，花芽分化越早，郁金香、风信子、百合等种球都是如此。在花期控制处理阶段，必须控制施用肥料的种类及施用量，尽量少施或不施氮肥，以施磷肥、钾肥为主；氮肥过多，影响花芽分化，只是抽梢长叶，而不开花，从而造成控花失败。

3. 调节气体法

花卉植物在生长发育过程中需要不断地进行新陈代谢活动，在植物的整个呼吸过程中，除了主要吸入二氧化碳外，还有氮、氧等空气中含有的其他气体成分，如果在花卉植物生活的环境中人为地增加不同成分的气体，植物吸收后对其体内的生理生化反应起作用，从而达到打破休眠，提早开花的目的。例如，对休眠的洋水仙、郁金香、小苍兰等球茎均用烟熏的方法来打破休眠，从而使它们提前开花。1983年人们就发现在温室中燃烧木屑可以诱导凤梨开花，这主要是烟雾中存有乙烯的缘故。用大蒜挥发出的气体处理唐菖蒲球茎4h，可以缩短唐菖蒲的休眠期，比未处理的球茎提前开花，花的质量也好。

4. 修剪法

这里的修剪主要是指用以促使开花，或再度开花为目的的修剪。如一串红、天竺葵、金盏菊等都可以在开花后修剪，然后再施以水、肥，加强管理，使其重新抽枝、发叶、开花。不断地剪除月季花的残花，就可以让月季花不断开花。摘心处理一是有利于植株整形、多发侧枝；二是延迟花期。例如菊花一般要摘心3、4次；一串红也要摘心2、3次（最后一次摘心的时间就是控制开花的处理时间）再让其开花，就能达到株形理想、开花及时的商品花。

拓展任务1　盆栽观花类草本花卉

（一）瓜叶菊（图3-27）

菊科、千里光属，别名千日莲、瓜叶莲。

1. 识别要点

全株被毛，茎直立，株高30～60cm，叶大，心脏状卵形，掌状脉，叶缘具多角状齿或波状锯齿，叶面皱缩，似瓜叶，叶柄长，基部呈耳状。茎生叶有翼，根出叶无翼。头状花序簇生成伞房状，花色丰富，有蓝、紫、红、白等色，还有间色品种。花期为12月至翌年4月，盛花期为3～4月。

（1）大花类　株高30～50cm，花大且密，花梗较长。

（2）星花类　株高60～80cm，花较小但较多，舌状花反卷，疏散呈星网状。

（3）多花类　株高25cm左右，叶片较小，花较多且矮生。

2. 生态习性

原产非洲北部大西洋上的加那利群岛，世界各国广泛栽培。喜温暖湿润、通风凉爽的环境，冬畏严寒，夏忌高温，适宜于低温温室或冷室栽培。夜间温度保持在5℃，白天温度不超过20℃，严寒季节稍加防护，以10～15℃的温度为最佳。不耐高温，忌雨涝。生长期要求光线充足，空气流通，稍干燥的环境，但夏季忌阳光直射。喜富含腐殖质、疏松肥沃、排水良好的砂质壤土。短日照促进花芽分化，长日照促进花蕾发育。

3. 繁殖方法

瓜叶菊的繁殖以播种为主。对于重瓣品种为防止品种退化或自然杂交，可用扦插繁殖。

（1）播种繁殖　播种的时间视选用的品种类型和需花时间而定，早花品种播后5～6个月开花，一般品种播后7～8个月开花，晚花品种则播后10个月开花。一般分三批播种：第一批3月播种，元旦开花；第二批5月播种，春节开花；第三批8月播种，翌年5月开花。

播种采用浅盆或播种箱，盆土由壤土1份、腐叶土3份、河砂1份，加少量腐熟基肥混合而成。播种前容器和用土要充分消毒。将种子与少量细砂混合均匀撒播在浅盆中，播后覆土，以不见种子为度。为避免种子暴露，采取盆浸法或喷雾法使盆土湿润，忌喷水，播后保湿，注意通风换气，置于遮阳背阴处。发芽适温为20℃，7～10d发芽出苗。出苗后逐渐去除遮阳覆盖物，使幼苗逐渐接受阳光照射，但中午需遮阳，两周后可进行全光照。

（2）扦插繁殖　花后5～6月份间进行，常选用生长充实的腋芽在清洁河砂中进行扦插。插时可适当疏除叶片，以减小蒸腾，插后浇足水并遮阳保湿，也可选用苗株定植时摘除的下部腋芽扦插。

4. 栽培要点

瓜叶菊从播种到开花的过程中，需移植3、4次。当幼苗长出2、3片真叶时，进行第1次移植，可选用瓦盆移植，盆土用腐叶土3份、壤土2份、河砂1份配制而成。将幼苗自播种浅盆移入瓦盆中，根部多带宿土以利成活。移栽后用细孔喷壶浇透水，浇水后将幼苗置于阴凉处。缓苗后可每隔10d追施稀薄液肥1次。当幼苗真叶长至4、5片时，进行第二次移植，选直径为7cm的盆，盆土用腐叶土2份、壤土3份、河砂1份配制而成，缓苗后给予充足的光照。当植株长出5、6片叶子时将顶芽摘除，留3、4个侧芽，最后长出7、8片叶子

时定植。用20cm的花盆，并适当施以豆饼、骨粉或过磷酸钙作基肥。定植时要注意将植株栽于花盆正中，并保持植株端正。浇足水置于阴凉处，成活后给予全光照。

定植后的瓜叶菊每15d需追施1次氮肥，起蕾后停止或减少施氮肥，增施1、2次磷肥，此时注意保持适当的温度，温度过高易造成植株徒长，节间伸长，影响观赏价值，温度过低会影响植株生长，花朵也发育不良。生长期的适温为10～15℃，不宜高于22℃，越冬温度8℃以上。生长期需保持充足的水分，但又不能过湿，以叶片不凋萎为适度。

瓜叶菊喜光，不宜遮阳，栽培中要注意经常转动花盆，保持盆株生长整齐均一。随着生长，逐步拉大盆距，使植株保持合理的生长空间，避免拥挤徒长。在单屋面温室更要注意转盆，以免生长倾斜，破坏株形。瓜叶菊宜植于花坛、花境。

（二）彩叶草（图3-28）

唇形科、锦紫苏属，别名锦紫苏、洋紫苏、老来少。

1. 识别要点

株高30～50cm，少分枝，茎四棱。叶对生，菱状卵形，先端长渐尖或锐尖，缘具钝齿牙，常有深缺刻。表面绿色而有紫红色斑纹。顶生总状花序，一般花上唇白色，下唇蓝色。花期为夏、秋。小坚果平滑，种子千粒重为0.15g。

彩叶草常见的园艺变种有五色彩叶草，又名皱叶彩叶草。叶片上有淡黄、桃红、朱红、暗红等色斑纹。生长势强健，叶边缘锯齿较深，还有细裂品种。

2. 生态习性

彩叶草喜温暖湿润的气候条件，在强光照射下叶面粗糙，叶色发暗而失去光泽，但在蔽阴处叶色又不鲜艳，故以疏荫环境为好。不耐寒，当气温接近12℃时叶片开始脱落，其中皱叶彩叶草的耐寒力稍强。对土壤要求不严，以疏松、肥沃而排水良好的沙质壤土为宜。彩叶草叶大质薄，应注意经常性的水分供应，但切忌积水，以免引起根系腐烂。

3. 繁殖栽培

播种或扦插繁殖。播种可于2～3月室内盆播，按照小粒种子的播种方法下种、给水和养护，发芽适温为25～30℃，10d左右发芽。出苗后间苗1、2次，再分苗上盆。扦插一年四季均可进行，切去枝端5cm左右为插穗，插于室内沙床，保持湿度及温度，约1周发根。也可用叶插繁殖。

4. 栽培要点

一是播种的小苗长到2～4片叶子时，需移植1次，移植时用竹签将小苗连根掘起，移植到营养钵中。经过两次移栽可定植，若作为花坛栽植，用口径7～12cm盆培养。盆栽观赏应视植株大小，逐渐换大盆，盆土用普通培养土即可。

二是为了得到理想的株形，一般需要经过1、2次摘心。第1次在长出3、4对真叶时；第2次为新枝留1、2对真叶时。花序抽出要及时摘去。

三是彩叶草喜肥，每次摘心后都要施1次饼肥水或人粪尿，入秋后，气温适宜，生长加快，应淡肥勤施，必要时可用0.1%尿素进行叶面喷施。但氮肥不宜过多，应多施磷肥，保持叶色鲜艳。

四是整个生长季要保持土壤湿润偏干，经常向叶面喷水，使叶面清新、色彩鲜艳，防止因旱脱叶。浇水量要控制，不使叶片凋萎为度。彩叶草在全日照下，叶色更鲜艳，所以一般不作遮阴。盛夏高温期，可于每天中午遮蔽阳光。

五是彩叶草的病害主要有苗期猝倒病，生长期多见叶斑病、灰霉病、茎腐病，可用普力克水剂或甲基托布津防治。虫害主要有蚜虫、蝗虫等。

彩叶草为优良盆栽观叶植物，也可供夏秋花坛用，色彩鲜艳，非常美观，尤其适用于毛毡式花坛。此外，还可剪取枝叶作为切花或镶配花篮用。

（三）蒲包花（图 3-29）

玄参科，蒲包花属，别名荷包花、拖鞋花。

1. 识别要点

植株矮小，高 30 ~ 40cm 左右，茎叶具绒毛，叶对生或轮生，基部叶较大，上部叶较小，卵形或椭圆形。不规则伞形花序顶生，花具二唇，似两个囊状物，上唇小，直立，下唇膨大似荷包状，中间形成空室。花色丰富，单色品种具黄、白、红等各种深浅不同的花色，复色品种则在各种颜色的底色上，具橙、粉、褐红等色斑或色点。蒴果，种子细小多数。

2. 生态习性

蒲包花原产墨西哥、智利等地，现世界各国温室均有栽培。喜凉爽、光照充足、空气湿润、通风良好的环境。不耐严寒，又畏高温闷热，生长适温为 8 ~ 16℃，最低温度 5℃以上。15℃以下进行花芽分化，15℃以上进行营养生长。喜阳光充足，但忌夏季强光。要求肥沃、排水良好的微酸性轻松土壤，忌土湿。自然花期为 2 ~ 5 月。

3. 繁殖方法

通常采用播种繁殖，也可扦插繁殖。

播种繁殖，可在 8 月下旬进行，不宜过早，因为高温易使幼苗腐烂。蒲包花种子细小，在播种时要将其与细土混合，撒播在浇过水的盆土表面。播种土多用草炭土、河砂按 1:1 比例配制，不覆土或覆一层水苔。盆浸法浇水后，盖上玻璃以保持湿润，放置无日光直射处。发芽前一定要保持充分湿润，温度为 20℃，1 周左右即可出苗。出苗后要立刻将其移至通风向阳处，及时间苗，温度降至 15℃左右，否则幼苗易患猝倒病。温室扦插一年四季均可进行，9 ~ 10 月扦插则翌年 5 月开花，6 月扦插，则翌年早春开花，扦插后一般 15d 即可生根。

4. 栽培要点

当幼苗长出两枚真叶时，及时分栽。移栽后两周，定植在口径 15cm 花盆中。待苗高 15cm 时可摘心，促使其多分枝，并加以适当遮阴。蒲包花性喜凉爽的环境，如高温高湿，基叶会发黄腐烂，因此温度应保持 12 ~ 15℃为宜，夏季及中午应通风和遮光，可放在荫棚下，特别是苗期和 5 ~ 6 月种子成熟时更应注意。

蒲包花平时浇水不宜多，要见干见湿，盆土持续高湿或积水会烂根，浇水时不要洒在叶片、芽或花蕾上，否则也易造成它们腐烂。开花前每 15d 施稀薄液肥 1 次，注意施肥浓度不宜过大，无机肥浓度为 0.2%。

蒲包花苗期易发猝倒病，出苗后，喷 600 倍代森锌预防。发病后，取少量 76% 敌克松加细土 40 倍施入盆土中，或用 800 倍液喷洒土面防治。另外，要及时防治蚜虫和红蜘蛛。

园林上主要用于花境，盆栽观赏。

（四）大花君子兰（图 3-30）

石蒜科，君子兰属，别名剑叶石蒜、君子兰、达木兰。

1. 识别要点

大花君子兰是多年生常绿草本，基部具叶基形成的假鳞茎，根肉质纤维状。叶二列交互生，宽带状，端圆钝，边全缘，剑形，叶色浓绿，革质而有光泽。花葶自叶丛中抽出，扁平，肉质，实心，长30～50cm。伞形花序顶生，有10～40朵花，花被6片，组成漏斗形，基部合生，花橙黄、橙红、深红等色。浆果，未成熟时绿色，成熟时紫红色，种子大，白色，有光泽，不规则形。花期为12月至翌年5月，果熟期为7～10月。

2. 生态习性

大花君子兰原产南非。性喜温暖而半阴的环境，忌炎热，怕寒冷。生长适温为15～25℃，低于5℃生长停止，高于30℃叶片薄而细长，开花时间短，色淡。生长过程中怕强光直射，夏季需置荫棚下栽培，秋、冬、春季需充分光照。栽培过程中要保持环境湿润，空气相对湿度为70%～80%，土壤含水量为20%～30%，切忌积水，以防烂根，尤其是冬季温室更应注意。要求土壤为深厚肥沃、疏松、排水良好、富含腐殖质的微酸性砂壤土。此外，大花君子兰怕冷风、干旱风的侵袭或烟火熏烤等，应注意及时排除或防御这些不良因素，否则会引起其叶片变黄，并易发生病害。

3. 繁殖方法

大花君子兰可采用分株、播种繁殖，以播种为主。

(1) 分株　分株每年4～6月进行，分切叶腋抽出的吸芽栽培。因母株根系发达，分割时宜全盆倒出，慢慢剥离盆土，不要弄断根系。切割吸芽，最好带2、3条根。切后在母株及小芽的伤口处涂杀菌剂。幼芽上盆后，控制浇水，置荫处，半月后正常管理。无根吸芽，按扦插法也可成活，但发根缓慢。分株苗三年开始开花，能保持母株优良性状。

(2) 播种繁殖　播种繁殖在种子成熟采收后即可进行，因大花君子兰种子不能久藏，种子采收后，洗去外种皮，阴干。播种温度在20℃左右，经40～60d幼苗出土。盆播种子时盆土要疏松，富含有机质，播后用玻璃或塑料薄膜覆盖。实生苗4～5年开花。

4. 栽培要点

(1) 培养土　大花君子兰栽培用培养土需具备以下条件方能使其生长良好：保水性能好、保温性能好、肥性好、富含腐殖质、pH值在6.5～7.0之间的微酸性土。一年生培养土用马粪、腐叶土、河砂按照5:4:1的比例混合；三年生苗用腐叶土、泥炭、河砂按4:5:1的比例混合。培养土配制好后应进行消毒。

(2) 水分　水分是大花君子兰生长发育的重要条件。大花君子兰用水以雨水、雪水、无污染的河水、塘水为好，井水、自来水对水质、水温处理后，方可使用。大花君子兰根肉质，能贮藏水分，具有一定的耐旱性。空气相对湿度为70%～80%，土壤含水量为20%～30%为宜。因而应“见干见湿，不干不浇，干则浇透，透而不漏”。春、秋二季是君子兰的旺盛生长期，需水量大，浇水时间以上午8～10时为宜，视盆土干湿情况可2～3d浇1次。夏季气温高，大花君子兰处于半休眠状态，生长缓慢，浇水时间以早、晚为宜，除向盆土浇水外，还应向周围地面洒水，以保持空气湿度。冬季当温度降至10℃以下，便进入休眠期，吸水能力减弱，可减少浇水，浇水适宜在晴天的中午进行。

(3) 温度　最适生长温度为15～25℃，低于10℃，生长缓慢，0℃以下植株会冻死。温度高于30℃，则会出现叶片徒长的不正常现象。因而春秋二季旺盛生长季节，白天保持温度在15～20℃，夜间在10～12℃，越冬温度在5℃以上，在抽箭期间，温度应保持18℃左右，否则易夹箭。夏季要做好三方面工作：一是防止烂根，因温度高，光照强，生长弱，肥水管理不当易烂根，应遮阴降温，少施肥，盆土中应加入半量河砂，防止烂根。二是防止叶片徒长，降温，降低空气湿度，减肥是防止徒长的措施，同时，将大花君子兰放在通风阴凉处，控制浇水也有作用。三是夏季不换盆不分芽。如此可安全度夏。

(4) 光照　大花君子兰稍耐阴，不宜强光直射，夏季要放在荫凉处，秋、冬、春季需充分光照。同时为使大花君子兰“侧视一条线，正视如面扇”，叶面整齐美观，须注意光照方向。使光照方向与叶方向平行，同时每隔7~10d旋转花盆180°，就可保持叶形美观。如叶子七扭八歪，可采取光照整形和机械整形。机械整形可用竹篾条、厚纸板辅助整形。

(5) 肥料　大花君子兰喜肥，但不耐肥，要施腐熟的有机肥或肥水，要做到“薄肥勤施”。盆栽君子兰基肥可用豆饼、麻渣和动物蹄角，3月份结合换盆施足基肥；在室外生长期间也应多施追肥，化肥一般作追肥使用，用磷酸二氢钾或尿素作根外追肥效果好，使用浓度为0.1%~0.5%，生长季节每15d左右一次。

大花君子兰四季观叶，三季看果，一季赏花，叶花果皆美，“不与百花争炎夏，隆冬时节始开花”，颇有“君子”风度，是布置会场、厅堂、美化家庭环境的名贵花卉。

(五) 四季海棠（图3-31）

秋海棠科，秋海棠属，别名瓜子海棠、玻璃海棠、蚬肉秋海棠。

1. 识别要点

多年生常绿草本，茎直立，稍肉质，高25~40cm，有发达的须根；叶卵圆形至广卵圆形，基部斜生，绿色或紫红色；雌雄同株异花，聚伞花序腋生，花色有红、粉红和白等色，单瓣或重瓣，品种甚多。

2. 生态习性

四季海棠性喜阳光，稍耐阴，怕寒冷，喜温暖，喜稍阴湿的环境和湿润的土壤，但怕热及水涝，夏天注意遮阴，通风排水。

3. 繁殖方法

(1) 播种法　华东地区一般在春季4~5月及秋季8~9月最适宜。应将种子均匀撒播在盆内的细泥上（不需要覆土）。再将播种盆用盆底吸水法吸足水，然后盖上一块玻璃放在半阴处，10d后就能发芽。春播的苗，当年秋季就能开花。

(2) 扦插法　一年四季均可进行，但成苗后分枝较少，除重瓣品种外，一般不采用此法繁殖。

4. 栽培要点

养好四季海棠水肥管理是关键。浇水工作的要求是“二多二少”，即春、秋季节是生长开花期，水分要适当多一些；盆土稍微湿润一些；在夏季和冬季是四季秋海棠的半休眠或休眠期，水分可以少些，盆土稍干些，特别是冬季更要少浇水，盆土要始终保持稍干状态。浇水的时间在不同的季节也要注意，冬季浇水在中午前后阳光下进行，夏季浇水要在早晨或傍晚进行为好，这样气温和盆土的温差较小，对植株的生长有利。浇水的原则为“不干不浇，干则浇透”。

四季海棠在生长期每隔10~15d施1次腐熟发酵过的20%豆饼水，鸡、鸽粪水或人粪尿液肥即可。施肥时，要掌握“薄肥多施”的原则。如果肥液过浓或施以未完全发酵的生肥，会造成肥害，轻者叶片发焦，重则植株枯死。施肥后要用喷壶在植株上喷水，以防止肥液粘在叶片上而引起黄叶。生长缓慢的夏季和冬季，少施或停止施肥，可避免因茎叶发嫩和

减弱抗热及抗寒能力而发生腐烂病症。

四季海棠养护的另一特性就是摘心。它同茉莉花、月季等花卉一样，当花谢后，一定要及时修剪残花、摘心，才能促使其多分枝、多开花。如果忽略摘心修剪工作，植株容易长得瘦长，株形不美观，开花也较少。

清明后，盆栽的可移到室外荫棚下养护。华东地区4～10月都要在全日遮阴的条件下养护，但在早晨和傍晚最好稍见阳光；若发现叶片卷缩并出现焦斑，这是受日光灼伤后的症状。到了霜降之后，就要移入室内防冻保暖，否则遭受霜冻，就会冻死；室内摆设应放在向阳处。若室温持续在15℃以上，施以追肥，仍能继续开花。

园林应用上是良好的盆栽室内花卉，开花极茂，体形较小，适于美化室内，也可用作花坛用花。

（六）仙客来（图3-32）

报春花科，仙客来属，别名兔子花、萝卜海棠、一品冠。

1. 识别要点

多年生草本，具球形或扁球形块茎，肉质，外被木栓质，“球”底生出许多纤细根。叶着生在块茎顶端的中心部，心状卵圆形，叶缘具牙状齿，叶表面深绿色，多数有灰白色或浅绿色斑块，背面紫红色。叶柄红褐色，肉质，细长。花单生，由块茎顶端抽出，花瓣蕾期先端下垂，开花时向上翻卷扭曲，状如兔耳。萼片5裂，花瓣5枚，基部联合成筒状，花色有白、粉红、红、紫红、橙红、洋红等色。花期为12月至翌年5月，但以2～3月开花最盛。蒴果球形，果熟期为4～6月，成熟后五瓣开裂，种子黄褐色。

2. 生态习性

仙客来原产南欧及地中海一带，为世界著名花卉，各地都有栽培。仙客来喜温暖，不耐寒，生长适温为15～20℃。10℃以下，生长弱，花色暗淡易凋谢；气温达到30℃以上，植株进入休眠状态。在我国夏季炎热地区仙客来处于休眠或半休眠状态，气温超过35℃，植株易受害而导致腐烂死亡。喜阳光充足和湿润的环境，主要生长季节是秋、冬和春季。喜排水良好，富含腐殖质的酸性沙质土壤，pH值为5.0～6.5，但在石灰质土壤上也能正常生长。中性日照植物，花芽分化主要受温度的影响，其适温为15～18℃。

3. 繁殖方法

通常采用播种、分割块茎、组织培养等方法进行繁殖。播种育苗，一般在9～10月进行，从播种到开花约需12～15个月。仙客来种子较大，发芽迟缓不齐，易受病毒感染。因此，在播种前要对种子进行浸种处理，方法是：将种子用0.1%升汞浸泡1～2min后，用水冲洗干净，然后用10%的磷酸钠溶液浸泡10～20min，冲洗干净，最后浸泡在30～40℃的温水中处理48h，冲净后即可播种。播种用土可用壤土、腐叶土、河砂等量配制，或草炭土和蛭石等量配制，点播，覆土0.5～1.0cm，用盆浸法浇透水，上盖玻璃，温度保持在18～20℃之间，30～40d发芽，发芽后置于向阳通风处。

结实不良的仙客来品种，可采用分割块茎法繁殖，在8月下旬块茎即将萌动时，将其自顶部纵切分成几块，每块带一个芽眼。切口应涂抹草木灰。稍微晾晒后即可分栽于花盆内，不久可展叶开花。

4. 栽培要点

栽培时土壤宜疏松，可用腐叶土（泥炭土）、壤土、粗沙加入适量骨粉、豆饼等配制。

培养土最好经消毒。

仙客来的栽培管理大致可分为5个阶段：

（1）苗期　播种的仙客来，播种苗长出1片真叶时，要进行分苗，盆土以腐叶土、壤土、河砂按5∶3∶2配制，栽培深度应使小块茎顶部与土面相平，栽后浇透水，置于温度13℃左右的环境中，适当遮阳。缓苗后逐渐给以光照，加强通风，适当浇水，勿使盆土干燥，同时适量进行施肥，以氮肥为主，施肥时切忌肥水沾污叶片，否则易引起叶片腐烂，施肥后要及时洒水清洁叶面。

当小苗长至5片真叶时进行上盆定植，盆土用腐叶土、壤土、河砂按5∶3∶2配制而成，可加入厩肥或骨粉作基肥。上盆时球茎应露出土面1/3左右，以免妨碍花茎、幼芽长出，并注意勿伤根系。覆土压实后浇透水。

（2）夏季保苗阶段　第1年的小球6～8月生长停滞，处于半休眠状态。因夏季气温高，可把盆花移到室外荫凉、通风的地方，注意防雨。若仍留在室内，也要进行遮阴，并摆放在通风的地方。这个时期要适当浇水，停止施肥。北方因空气干燥，可适当喷水。

（3）第一年开花阶段　入秋后换盆，并逐步增加浇水量、施薄肥。10月应移入室内，放在阳光充足处，并适当增施磷肥、钾肥，以利开花。11月花蕾出现后，应停止施肥，给予充足的光照，保持盆土湿润。一般11月开花，翌年4月中下旬结果。留种母株春季应放在通风、光照充足处，水分、湿度不宜过大，可将花盆架高，以免果实着地、腐烂。

（4）夏季球根休眠阶段　5月后，叶片逐渐发黄，应逐渐停止浇水，两年以上的老球，夏季抵抗力弱，入夏即落叶休眠，应放在通风、遮阴、凉爽处，少浇水，停止施肥，使球根安全越夏。

（5）第二年开花阶段　入秋后再换盆，在温室内养护至12月又可开花。4、5年以上的老球花虽多，但质量差且不好养护，一般均应淘汰。

仙客来属于中日照植物，影响花芽分化的主要环境因子是温度，其适温为15～18℃，小苗期温度可以高些，控制在20～25℃之间，因此可以通过调节播种期及利用控制环境因子或使用化学药剂，打破或延迟休眠期来控制花期。

仙客来花形奇特，株形优美，花色艳丽，花期长，花期又正值春节前后，可盆栽，用以节日布置或作家庭点缀装饰，也可做切花。

（七）大岩桐（图3-33）

苦苣苔科，大岩桐属，别名落雪泥。

1. 识别要点

多年生草本。地下部分具有块茎，初为圆形，后为扁圆形，中部下凹。地上茎极短，全株密被白色绒毛，株高15～25cm。叶对生，卵圆形或长椭圆形，肥厚而大，有锯齿，叶背稍带红色。花顶生或腋生，花冠钟状，5～6个浅裂，有粉红、红、紫蓝、白、复色等色，花期为4～11月，夏季盛花。蒴果，花后1个月种子成熟，种子极细，褐色。

2. 生态习性

大岩桐原产于巴西，世界各地温室栽培。喜温暖、潮湿，忌阳光直射，生长适温为18～32℃。在生长期，要求高温、湿润及半阴的环境。有一定的抗炎热能力，但夏季宜保持凉爽，23℃左右有利开花，冬季休眠期保持干燥，温度控制在8～10℃之间。不喜大水，避免雨水侵入。喜疏松、肥沃的微酸性土壤，冬季落叶休眠，块茎在5℃左右的温度中，可以安

全过冬。

3. 繁殖方法

(1) 扦插法　可用芽插和叶插。块茎栽植后常发生数枚新芽，当芽长4cm左右时，选留1、2个芽生长开花，其余的可取之扦插，保持21～25℃温度及较高的空气湿度和半阴的条件，半个月可生根。叶插在温室中全年都可进行，但以5～6月及8～9月扦插最好。选生长充实的叶片，带叶柄切下，斜插入干净的基质中，基质可用河砂、蛭石或珍珠岩等。10d后开始生根。为了提高叶片的利用率增加繁殖系数，可把叶片沿主脉和侧脉切割成许多小块，逐一插入基质中，这样一片叶可分插为50株左右，大大提高繁殖率。

(2) 分球法　选生长2～3年的植株，在新芽生出时进行。用利刀将块茎分割成数块，每块都带芽眼，切口涂抹草木灰后栽植。初栽时不可施肥，也不可浇水过多，以免切口腐烂。

(3) 播种　温室中周年均可进行，以10～12月播种最佳。从播种到开花约需5～8个月。播前用温水将种子浸泡24h，以促其提早发芽。在18.5℃的温度条件下约10d出苗，出苗后让其逐渐见阳光，当幼苗长出2枚真叶时及时分苗。待幼苗长出5、6枚真叶时，移植到7cm口径盆中。最后定植于14～16cm口径的盆中。定植时给予充足基肥，每次移植后1周开始追施稀薄液肥，每周1次即可。

4. 栽培要点

(1) 温度　大岩桐生长适温：1～10月为18～32℃，10月至翌年1月为10～12℃。冬季休眠期盆土宜保持稍干燥，若温度低于8℃，空气湿度又大，会引起块茎腐烂。

(2) 湿度　大岩桐喜湿润环境，生长期要维持较高的空气湿度，浇水应根据花盆干湿程度每天浇1、2次水。

(3) 光照　大岩桐喜半阴环境，故生长期要注意避免强烈的日光照射。

(4) 施肥　大岩桐喜肥，从叶片伸展后到开花前每隔10～15d应施稀薄的饼肥水一次。当花芽形成时，需增施一次骨粉或过磷酸钙。花期要注意避免雨淋。开花后若培养土肥沃加上管理得当，不久又会抽出第二批花蕾。从5月到9月可开花不断。

大岩桐叶面上生有许多绒毛，因此，注意肥水不可施在叶面上，以免引起叶片腐烂。

大岩桐不耐寒，在冬季植株的叶片会逐渐枯死而进入休眠期。此时，可把地下的块茎挖出贮藏于阴凉干燥的沙中越冬，温度不低于8℃，待到翌年春暖时再用新土栽植。

生长过程中要注意防治腐烂病和疫病，腐烂病主要以预防为主，栽植前用甲醛对土壤进行消毒，浇水时避免把水浇到植株上。疫病防治，浇水避免顶浇，盆土不能过湿，发病初期喷施72.2%普力克水剂600倍液。

大岩桐植物小巧玲珑，花大色艳，花期夏季，堪称夏季室内佳品。

拓展任务2　盆栽观花类木本花卉

(一) 八仙花（图3-34）

牻牛儿苗科，天竺葵属，别名入腊红、石腊红、洋绣球。

1. 识别要点

多年生的亚灌木花卉，全株有特殊气味。基部茎稍木质，茎肥厚略带肉质多汁，整个植株密生绒毛。单叶对生或近对生，叶心脏形，边缘为钝锯齿，或浅裂，叶绿色。伞形花序，腋生或顶生，花序柄较长，花蕾下垂。花色有红、白、橙黄等色，还有双色。外面瓣大，内面瓣小。全年开花，盛花期为4~5月。

2. 生态习性

八仙花原产于南非。性喜冷凉气候，能耐0℃低温，忌炎热，夏季为半休眠状态。喜阳光充足的环境。要求土壤肥沃、疏松、排水良好，怕积水。冬季需保持室温为10℃左右。

3. 繁殖方法

以扦插繁殖为主，除夏季外其余时间均可以进行，插穗最好选用带有顶梢的枝条，切口宜稍干燥后再插，插好后应置于半阴处，并使室温保持在13~18℃之间，大约两周左右便可生根。播种温度为13℃，7~10d发芽，半年到一年可开花。

4. 栽培要点

扦插苗生根后及早炼苗，炼苗7~10d后转入盆栽。上盆时施足基肥，生长期施2、3次追肥。在栽培时应适当进行摘心，以促使多产生侧枝，以利于开花。整个生长期浇水不能过多。花后一般进行短截修剪，目的是使植株生长短壮，圆满而美观，剪后一周内不浇水，不施肥，以使剪口干缩避免水湿而腐烂。此外，八仙花喜阳光，放置地要阳光通透，注意调整盆间距，及时剥除变黄老叶及少量遮光的大叶。一般盆栽经3~4年后老株就需进行更新。在栽培过程中利用矮壮素和赤霉素处理，可使植株低矮，株形圆整，提早开花。

八仙花株丛紧密，花极繁密，花团锦簇，花期长，是重要的盆栽观赏植物。有些种类常在春、夏季作花坛布置。

（二）倒挂金钟（图3-35）

柳叶菜科，倒挂金钟属，别名短筒倒挂金钟、吊钟海棠、灯笼海棠、吊钟花。

1. 识别要点

常绿丛生亚灌木或灌木花卉，株高约1m。枝条稍下垂，带紫红色。叶对生或轮生，卵状披针形，叶缘具疏齿牙，有缘毛，叶面鲜绿色具紫红色条纹。花单生叶腋，花梗细长下垂，长约5cm，红色，被毛，萼筒绯红色，较短，约为萼裂片长度的1/3，花瓣也比萼裂片短，呈倒卵形稍反卷，莲青色。

2. 生态习性

倒挂金钟原产于南美。性喜凉爽湿润环境，不耐炎热高温，温度超过30℃时对生长极为不利，常呈半休眠状态。生长期适宜温度为15~25℃，冬季最低温度应保持10℃以上。喜冬季阳光充足，夏季凉爽、半阴的环境。要求肥沃的沙质壤土。倒挂金钟为长日照植物，延长日照可促进花芽分化和开花。

3. 繁殖方法

以扦插为主。以1~2月及10月扦插为宜。剪取5~8cm生长充实的顶梢作插穗，应随剪随插，适宜的扦插温度为15~20℃，约20d生根，生根后及时分苗上盆，否则根易腐烂。也可播种，但采种不易。

4. 栽培要点

小苗上盆恢复生长后摘心，待分枝长到3、4节后再次摘心，每株保留5~7个分枝。每次摘心2~3周后即可开花，因此常用摘心来控制花期。

栽培管理的关键是安全度夏问题，倒挂金钟性喜凉爽气候，最怕夏季高温，气温超过30℃时，生长处于停滞状态，会出现落叶和烂根现象，因此，一定要安全度夏。将花盆移置

避雨、通风的荫棚下，每天向叶面喷水，或向花盆周围地面洒水，增湿降温。同时停止施肥，节制浇水，使其逐渐进入休眠。

倒挂金钟最怕雨淋，开花的成株遇雨，很快会落叶、落花。平时浇水要掌握见干见湿的原则，盆土过干易落叶落花，盆土过湿会烂根黄叶，冬季越冬，要严格控水。倒挂金钟趋光性强，生长期内要经常转盆，以免植株长偏。10月下旬入温室，室温保持在10～15℃之间，不能低于0～5℃，否则极易冻死。每年春季开始生长前要修剪枝条，以后定期修剪，易于着花。

倒挂金钟花形奇特，花色浓艳，华贵而富丽，开花时朵朵下垂的花朵，宛如一个个悬垂倒挂的彩色灯笼或金钟，是难得的一种室内花卉，很受大众喜爱。

（三）杜鹃花（图3-36）

杜鹃花科，杜鹃花属，别名映山红、照山红、野山红。

1. 识别要点

枝多而纤细；单叶，互生；春季叶纸质，夏季叶革质，卵形或椭圆形，先端钝尖，基部楔形，全缘，叶面暗绿。疏生白色糙毛，叶背淡绿，密被棕色糙毛；叶柄短；花两性，2～6朵簇生于枝顶，花冠漏斗状，蔷薇色、鲜红色或深红色；萼片小，有毛；花期为4～5月。

2. 生态习性

杜鹃花原产于中国，性喜凉爽气候，忌高温炎热；喜半阴，忌烈日暴晒，在烈日下嫩叶易灼伤枯死；最适生长温度为15～25℃，若温度超过30℃或低于5℃则生长不良。喜湿润气候，忌干燥多风；要求富含腐殖质、疏松、湿润及pH值为5.5～6.5的酸性土。忌低洼积水。

3. 繁殖方法

（1）播种法　生产上很少采用种子繁殖，只有在以下几种情况下使用：一是培育砧木用；二是杂交育种获得新品种时用；三是遇到优良的野生种需要引种时用。保持温度为15～20℃，约20d即可出苗。

（2）扦插繁殖　杜鹃花扦插适宜季节为春、秋两季，选用当年生绿枝或结合修剪硬枝扦插，春季更易生根。插穗应生长健壮，无病虫害，半木质化或木质化当年新梢，长5～10cm，摘去下部叶片，留4、5片上部叶片。选用蛭石、细砂或松针叶为基质，深度为插穗长的1/3～1/2。在半阴环境，喷雾保湿培养1个月可生根。

（3）嫁接繁殖　一般采用嫩枝顶端劈接，时间为5～6月。砧木多用毛白杜鹃或其变种，如毛叶青莲、玉蝴蝶、紫蝴蝶等。选二年生独干植株作砧木。接穗要求品质纯，径粗与砧木相近或略小，枝条健壮，无病虫害，长度在3～4cm之间，留上部2、3片叶，将基部削成长0.5～1.0cm平滑楔形。将砧木当年新梢3～4cm处剪断，摘除叶片，纵切1cm左右，插入接穗，对准形成层。绑扎紧密后，套塑料袋保湿，2个月后去袋。

（4）压条繁殖　一般用高压法，在春末夏初进行。3个月生根，成活率较高。

4. 栽培要点

杜鹃花是典型酸性土花卉，对土壤酸碱度要求严格。适宜的土壤pH值为5～6，pH值超过8，则叶片黄化，生长不良而逐渐死亡。培养土可选用落叶松针叶，或林下腐叶土、泥炭土、黑山泥等栽培，再加入人工配制肥料和调酸药剂效果最好。上盆在春季出室和秋季入室时进行，上盆后要留“沿口”。浇透水，扶正苗，放阴处缓苗1周。每隔3～4年换盆一

次，杜鹃花须根细弱，要注意保护，换盆时只去掉部分枯根，切不可弄散土坨。

杜鹃花对水分特别敏感，栽培管理上应注意浇水问题。生长季节浇水不及时，根端失水萎缩，随之叶片下垂或卷曲，嫩叶从尖端起变成焦黄色，最后全株枯黄。浇水太勤太多则易烂根，轻者叶片变黄，早落，生长停止，严重时会引起死亡。浇水要根据植株大小、盆土干湿和天气情况而定，水质要清洁卫生、酸性。夏日白天要向叶面喷水，午间向地面喷水降温，浇水不能过多，以增加空气湿度为准。

施肥也是栽培杜鹃花的重要环节。基肥用长效肥料如蹄甲片、骨粉、饼肥等有机肥料，在上盆或换盆时埋入盆土中下层。追肥应用速效肥，应薄肥勤施，开花前每10d追施一次磷肥，连续进行2、3次；露色至开花应停止施肥；开花以后，应立即补施氮肥；7～8月停滞生长不宜施肥；秋凉季节一般7～10d追施一次磷肥，直至冬季使花蕾充实。可定期浇施“矾肥水”。

杜鹃花在春、秋、冬三季要充足光照，夏季强光高温时，要遮阳，保持透光率为40%～60%左右。在秋、冬季应适当增加光照，只在中午遮阳，以利于形成花芽。

杜鹃花具有很强的萌芽力，栽培中应注意修剪，以保持株形完美。常用的方法有摘心、剥蕾、抹芽、疏枝、短截等，上盆后苗高15cm时进行摘心，促进侧枝形成和生长，并及时抹除多余枝条，内膛的弱枝、枯老枝、过多的花蕾要随时剪除。杜鹃修剪量每次不能过大，以疏剪为主。

在园林中宜丛植于林下、溪旁、池畔等地，也可用于布置庭院或与园林建筑相配置，是布置会场、厅堂的理想盆花。

（四）一品红（图3-37）

大戟科，大戟属，别名象牙红、圣诞树、猩猩木、老来娇。

1. 识别要点

茎光滑，淡黄绿色，含乳汁。单叶，互生，卵状椭圆形乃至披针形，全缘或具波状齿，有时具浅裂；顶生杯状花序，下具12～15枚披针形苞片，开花时红色，是主要观赏部位。花小，无花被，鹅黄色。着生于总苞内，花期恰逢圣诞节前后，所以又称为圣诞树。

2. 生态习性

一品红原产于墨西哥及中美洲，我国南北均有栽培，在我国云南、广东、广西等地可露地栽培，北方多为盆栽观赏。喜温暖、湿润气候及阳光充足，光照不足可造成徒长、落叶。忌干旱，怕积水，对水分要求严格，土壤湿度过大会引起根部发病，进而导致落叶；土壤湿度不足，植株生长不良，并会导致落叶。耐寒性弱，冬季温度不得低于15℃。为典型的短日照花卉，在日照10h左右，温度高于18℃的条件下开花。要求肥沃湿润而排水良好的微酸性土壤。

3. 繁殖方法

多用扦插繁殖，嫩枝及硬枝扦插均可，但以嫩枝扦插生根快，成活率高。扦插时期以5～6月最好，越晚插则植株越矮小，花叶也渐小，老化也早。扦插时选取健壮枝条，剪成10～15cm作插穗，切口立即蘸以草木灰，以防白色乳液堵塞导管而影响成活。稍干后再插于基质中，扦插基质用细砂土或蛭石，扦插深度为4～5cm，温度保持20℃左右，保持空气湿润。20d左右即可生根，2～3个月后新梢长到10～12cm时即可分栽上盆，当年冬天开花。

4. 栽培要点

扦插成活后，应及时上盆。盆土以泥炭为主，加上蛭石或陶粒或沙混合而成，基质一定要严格消毒，并将pH值调到5.5~6.5。一品红对水分十分敏感，怕涝，一定要在盆底加上一层碎瓦片。

一品红怕旱又怕涝，浇水时要注意。生长初期气温不高，植株不大，浇水要少些；夏季气温高。枝叶生长旺盛，需水量多，浇水一定要充分，并向植株四周洒水，以增加空气湿度。但栽培中要适当控制水分，以免水分多引起徒长，破坏株形。一品红整个生长期都要给予充足的肥水，每周追施1次液体肥料，8月份以后直至开花，每隔7~10d施一次氮磷结合的叶肥，接近开花时，增施磷肥，使苞片更大，更艳。

一品红必须放在阳光充足处，光照不足，容易徒长。盆间不能太拥挤，以利通风，避免徒长，盆位置定下后，切勿移动否则会造成黄叶。

一品红不耐寒，北方地区每年10月上旬要移入温室内栽培，冬季室温保持20℃，夜间温度不低于15℃。吐蕾开花期若低于15℃，则花、叶发育不良。进入开花期要注意通风，保持温暖和充足的光照，开花后减少浇水，进行修剪，促使其休眠。

对于普通的一品红品种为使其矮化，常采取以下措施：①修剪，通过修剪截顶控制高度，促进分枝。第一次在6月下旬新梢长到20cm时，保留1、2节重剪，第二次在立秋前后再保留1、2节，并剥芽一次，保留5~7个高度一致的枝条。②生长抑制剂，每15d用5000mg/L多效唑，2500mg/L矮壮素灌根。③作弯造型，新梢每生长15~20cm就要作弯1次。作弯通常在午后枝条水分较少时进行。先捏扭一下枝条，使之稍稍变软后再弯。作弯时要注意枝条分布均匀，保持同样的高度和作弯方向。最后一次整枝应在开花前20d左右，使枝条在开花前长出15cm左右。若作弯过早，枝条生长过长，容易摇摆，株态不美；过晚则枝条抽生太短，观赏价值不高。

一品红为短日照花卉，利用短日照处理可使提前开花。一般给8~9h光照，经45~60d左右便可开花。

大部分地区作盆花观赏或用于室外花坛布置，是“十一”国庆节常用花坛花卉，也可用作切花。

(五) 山茶花 (图3-38)

山茶科，山茶属，别名茶花、山茶、耐冬。

1. 识别要点

山茶为常绿灌木或小乔木，枝条黄褐色，小枝呈绿色或绿紫色至紫褐色。叶片革质，互生，卵形至倒卵形，先端渐尖或急尖，基部楔形至近半圆形，边缘有锯齿，叶片正面为深绿色，多数有光泽，背面较淡，叶片光滑无毛，叶柄粗短，有柔毛或无毛。花两性，常单生或2、3朵着生于枝梢顶端或叶腋间。花梗极短或不明显，苞片9~13片，覆瓦状排列，被茸毛。花单瓣或重瓣，花色有红、白、粉、玫瑰红及杂有斑纹等不同花色，花期为2~4月。

2. 生态习性

山茶花原产于中国东部、西南部，为温带树种，现全国各地广泛栽培。山茶性喜温暖湿润的环境条件，生长适温为18~25℃。忌烈日，喜半阴。要求蔽荫度为50%左右，若遭烈日直射，嫩叶易灼伤，造成生长衰弱。在短日照条件下，枝茎处于休眠状态，花芽分化需每天日照13.5~16h，过少则不形成花芽，然而，花蕾的开放则要求短日照条件，即使温度适宜，长日照也会使花蕾大量脱落。山茶喜空气湿度大，忌干燥，要求土壤水分充足和良好的排水条件。喜深厚肥沃、微酸性的砂壤土。pH 值以 5.0～6.5 为宜。

3. 繁殖方法

（1）扦插　扦插在春末夏初和夏末秋初进行。选树冠外部生长充实、叶芽饱满、无病虫害的当年生半木质化的枝条作插穗，长 5～10cm，先端留 2～4 片叶，剪取时基部带踵易生根。扦插基质用素砂、珍珠岩、松针、蛭石等较好。插入基质中 3cm 左右，浅插生根快，过深生根慢。插后要及时用细孔喷壶喷透水，插床上应遮阳，叶面每天要喷 3、4 次水，1 个月后逐步见光。

（2）嫁接　优良品种发根较困难，因此多采用嫁接法繁殖，时间在 4～9 月间，春末效果好，嫁接采用靠接和切接法，砧木多用单瓣品种或油茶苗，也可高接换头或 1 株多头。

对于一些优良品种也可采用高空压条法繁殖，在 4～6 月间进行，选母株上健壮外围枝，由顶端往下约 30cm 处，环剥 1～2cm 宽，再用 1000mg/L 吲哚乙酸溶液涂在环剥伤口处，然后用湿润的基质包住伤口，用塑料条绑扎牢固，再包塑料袋。在 20～30℃条件下，2 个月可生根，切离母株成苗。

4. 栽培要点

（1）露地栽培　常在我国长江以南温暖地区露地栽植。栽植地应选择半阴，通风良好，土壤肥沃、疏松、富含腐殖质，排水良好的场地。以秋季栽植为宜，栽植时，应尽可能带土球移植。栽植时把地上部残枝、过密枝修剪掉，成活后及时浇水，中耕除草，防治病虫害。

（2）盆栽技术　山茶花盆栽用盆最好选用透气、透水性强的泥瓦盆，南方多使用山泥作培养土。没有山泥的地方可选用腐叶土 4 份，堆肥土 3 份和沙土 3 份配制成培养土，小苗 1～2 年换盆 1 次，5 年生以上大苗 2～3 年换盆 1 次。换盆宜在开花后进行，在盆底垫蹄片或油渣少许。每年出室后应放在荫蔽处，防止强光直射，秋末多见光，以利植株形成花蕾。

山茶浇水最好用雨水或雪水，如用自来水需放在缸内存放 2～3d 方可使用。山茶根细弱，浇水过多易烂根，过少则落叶落蕾，日常多向叶面喷水，土壤保持半湿。

山茶施肥以有机肥为主，辅以化肥。在花谢后及时施氮肥 1、2 次，每 10d 施 1 次，以促发新枝生长。5 月份后，施氮、磷结合的肥料 1、2 次，每 15d 施 1 次，以促进花芽分化。夏季生长基本停止，不施肥或少施肥。秋季追施磷肥、钾肥。施肥以稀薄液肥与矾肥水相间施用，使土壤保持酸性，并能使肥效提高。

山茶忌烈日，喜半阴，因而炎热夏季，应给予遮阴、喷水、通风等，若温度超过 35℃，则易出现日灼，叶片枯萎，翻卷，生长不良。

在温度 5～10℃时就应移入室内。当花蕾长到黄豆粒大小时进行疏蕾，每枝头留一个蕾，其余摘去，花谢后及时摘除残花，以免消耗养分。注意整形修剪。

山茶花广泛应用于公园、庭院、街头、广场、绿地，也可盆栽，美化居室、客厅、阳台。

（六）桂花（图 3-39）

木犀科、木犀属，别名木犀、岩佳、九里香、金粟。

1. 识别要点

桂花为常绿阔叶乔木，高可达 15m，树冠可覆盖 400m^2，桂花实生苗有明显的主根，根系发达深长。幼根浅黄褐色，老根黄褐色。嫁接苗的根系因砧木而异；插条埋入土中各处易生不定根，但无明显主根。桂花分枝性强且分枝点低，特别在幼年尤为明显，常呈灌木状。

密植或修剪后，则可成明显主干。树皮粗糙，灰褐色或灰白色，有时显出皮孔。叶面光滑、革质，近轴面暗亮绿色，远轴面色较淡；椭圆形、长椭圆形、卵形、倒卵形、披针形、倒披针形、长被针形至卵状披针形。

2. 生态习性

桂花是喜光树种，但在幼苗期要求有一定的庇荫。成年后要求有充分光照，只有在全日照条件下，方可枝叶茂盛，树形优美，着花繁密。它适宜生在温暖的亚热带地区，不很耐寒，但较其他常绿阔叶树种还是比较耐寒的。如在徐州、郑州和西安等地，冬季极端最低温度接近10～20℃，但只要小气候良好，地栽桂花仍可存活、开花。再向北去，远离黄河北岸，则只能发展盆栽桂花。

3. 繁殖方法

（1）压条繁殖法　一是高空压条。在9～10月间，将毛竹筒1节破为2块（或用塑料袋），内装满湿土，套于优良桂花品种的健壮枝条上，另用支架扶持，经常加水，保持筒（袋）内土湿润，1个多月后，即生出新根。次年春天，取下移栽于地，即成一株健壮的桂花树，3年就可开花。二是堆土压条。一般在10月小阳春或早春，新芽萌发前，弯枝着地，用土壅之，使之生根。次年从母株上切下进行移植，3年后就可开花，且分枝低，树冠成球，枝叶密，结花面大。

（2）砧木嫁接法　选取树龄在20年左右的一年生健壮侧枝，剪取二芽苞，嫁接在女贞砧木上，用塑料薄膜剪条包扎，春季即可发芽。4年后即可开花，但主干不直，不适宜作行道绿化树种。

（3）枝条扦插法　插床用30%的熟土、70%的细河砂。插枝前1个月用敌百虫800～1000倍液喷洒插床，消灭线虫。插前10～15d，再用石灰水消毒。临插前3d，用清水冲洗插床，待干燥后，整平床面，即完成准备工作。扦插季节选择在树液即将流动的2月。选择品种优良、植株健壮、树龄20～25年的一年生健壮侧枝，切成长约20cm的插穗。插穗上端留2、3片剪去一半的叶片，其余叶片摘除。插穗入土一端剪成马蹄形，并用10mg/kg萘乙酸处理基部10h。扦插株行距为5cm×10cm，稍斜插入，入土深度为插穗长的2/3。插后压实床土，行间盖草，淋透水一次，并搭荫架。待发出的新枝长6cm以上时，即可移入苗床培育。在插床时期，注意保湿、遮阳，防止积水。每亩苗床可扦插8万株，适宜大面积繁殖。护理得好，成活率可达90%以上，一般移植后4～5年可开花。

（4）播种育苗法　每年5月，采摘桂花树上成熟的核果，去外壳，稍阴干后，用湿沙贮藏。到翌年初春撒播于预先整好的苗床，待3月天气转暖，即可发芽生根。一般一年苗高15cm左右，护理得好，2～3年就可长高1m，即可出圃定植。

4. 栽培要点

（1）栽植　应选在春季或秋季，尤以阴天或雨天栽植最好。选在通风、排水良好且温暖的地方，光照充足或半阴环境均可。移栽要打好土团，以确保成活率。栽植土要求偏酸性，忌碱土。盆栽桂花盆土的配比是腐叶土2份、园土3份、沙土3份、腐熟的饼肥2份，将其混合均匀，然后上盆或换盆，可于春季萌芽前进行。

（2）光照与温度　在黄河流域以南地区可露地栽培越冬。盆栽应冬季搬入室内，置于阳光充足处，使其充分接受直射阳光，室温保持5℃以上，但不可超过10℃。翌年4月萌芽后移至室外，先放在背风向阳处养护，待稳定生长后再逐渐移至通风向阳或半阴的环境，然后进行正常管理。生长期光照不足，影响花芽分化。

（3）浇水与施肥　地栽前，树穴内应先掺入草木灰及有机肥料，栽后浇1次透水。新枝发出前保持土壤湿润，切勿浇肥水。一般春季施1次氮肥，夏季施1次磷肥、钾肥，使花繁叶茂，入冬前施1次越冬有机肥，以腐熟的饼肥、厩肥为主。忌浓肥，尤其忌人粪尿。盆栽桂花在北方冬季应入低温温室，在室内注意通风透光，少浇水。4月出房后，可适当增加水量，生长旺季可浇适量的淡肥水，花开季节肥水可略浓些。

（4）整形修剪　因树而定，根据树姿将大框架定好，将其他萌蘖条、过密枝、徒长枝、交叉枝、病弱枝去除，使通风透光。对树势上强下弱者，可将上部枝条短截1/3，使整体树势强健。

园林中应用普遍，常作园景树，有孤植、对植，也有成丛成林栽种。

（七）米兰（图3-40）

楝科，米仔兰属，别名米仔兰、树兰、鱼子兰、碎米兰。

1. 识别要点

高可达4～5m，多分枝。奇数羽状复叶，互生，小叶3～5枚，具短柄，倒卵形，深绿色具光泽，全缘。圆锥花序腋生，花小而繁密，黄色，花瓣5枚，花萼5裂，极香。花期从夏至秋。

2. 生态习性

原产我国南部各省区及亚洲东南部。性喜温暖、湿润、阳光充足的环境，不耐寒，生长适温为20～35℃，12℃以下停止生长。除华南、西南外，均需在温室盆栽。怕干旱，土质要求肥沃、疏松、微酸性。

3. 繁殖方法

（1）高枝压条法　多在春季4～5月，选一、二年生枝条环剥后，用湿润的基质包住伤口，用塑料条绑扎牢固。一个月后压条部分叶片泛黄色，表示伤口开始愈合，再过一周就能生根。生根后即可断离母株上盆。

（2）扦插法　生根比较困难，在6～8月采当年生绿枝为插条，长约10cm，插前使用50mg/L的萘乙酸或吲哚乙酸溶液浸泡15min，提高成活率。插后在较高的空气湿度和一定的温度下45d后可生根。

4. 栽培要点

米兰喜酸性，因此必须配置酸性基质。常用泥炭7份、河砂3份，每盆拌入1%硫酸亚铁和0.8%硫黄，生育期每隔3～5d浇稀矾肥水。盆栽米兰每1～2年需翻盆1次，新上盆的花苗不必施肥，生长旺盛的盆株可每月施饼肥水3、4次。

米兰极喜阳光，室内若没有强光，入室后3d叶子就会变黄脱落。花谚说“米兰越晒花越香”，但夏季需防烈日曝晒。盆栽米兰秋季于霜前入中温温室养护越冬，温室保持在12～15℃之间，低于5℃易受冻害，要注意通风，停止施肥，节制浇水，至翌年春季气温稳定在12℃以上再出室。要经常保持盆土湿润，但过湿易烂根。夏季可经常向叶面喷水或向空间喷雾增加空气湿度。为促使盆栽植株生长得更丰满，可对中央部位枝条进行修剪摘心，促进侧枝的萌芽、新梢开花。

米兰茎壮枝密，翠叶茂生，四季常青，花香馥郁，沁人心脾，为优良的香花植物，常盆栽以供观赏，在暖地的庭园中可露地栽植。

拓展任务3 盆栽观叶类花卉

(一) 吊兰(图3-41)

百合科,吊兰属,别名桂兰、葡萄兰、钓兰、树蕉瓜、浙鹤兰、兰草、倒吊兰、土洋参、八叶兰、丛毛吊兰。

1. 识别要点

多年生草本。根茎短而肥厚,呈纺锤状。叶自根际丛生,多数叶细长而尖,绿色或有黄色条纹,长10~30cm,宽1~2cm,向两端稍变狭。花葶比叶长,有时长达50cm,常变为匍匐枝,近顶部有叶束或生幼小植株;花小,白色,常2~4朵簇生,排成疏散的总状花序或圆锥花序,花梗关节位于中部至上部;花被叶状,裂片6枚;雄蕊6个;稍短于花被片,花药开裂后常卷曲;子房无柄,3室,花柱线形。蒴果三角状扁球形,每室具种子3~5颗。花期为5月,果期为8月。

2. 生态习性

喜温暖湿润的环境,畏寒,好疏松肥沃的砂质壤土,宜在半阴处生长。

3. 繁殖方法

(1) 分株法 一般在春季3~4月翻盆换土时进行。将整株从盆中倒出后,用小花铲从土球中部自然分丛的部位顺势切开,用于轻轻分开,分植上盆即可。

(2) 分蘖法 一般不受季节限制,如有温室,冬季也可进行。吊兰每年8~9月从叶间抽出细长柔软而下垂的枝条,在枝条的顶端或节上会萌发新芽,长出小苗及气生根,将小苗剪下,分栽在盆中即可成一盆新植株。

4. 栽培要点

吊兰在华东地区多作盆栽。培养土可用4份腐叶土和6份园土混合后使用。春、秋季节可以放在有阳光的窗台、阳台上或室外疏荫的树下。5~9月天气炎热,如果太阳直射,会使叶色泛黄、叶发焦,而长时间的将其放在光线弱的室内,又会使叶片徒长。因此,吊兰长期放在通风的窗口或阳台上较为合适。吊兰对水肥的要求要适宜。夏天天气炎热,温度高,水分蒸发快,盆土易干,一般每天早、晚各浇1次透水;冬季在室内过冬,盆土宜偏干些,只要在2℃以上的室内就可安全过冬。春、秋生长季节每20d左右施1次15%~25%的腐熟有机肥,对于金心吊兰、金边吊兰,冬季每月也可施1次薄液肥。平时要注意及时清除沿盆枯叶、修剪花茎和保持枝叶姿态匀称。

(二) 绿萝(图3-42)

天南星科,绿萝属,别名绿萝、黄金葛、飞来凤。

1. 识别要点

多年生常绿蔓性草本。茎叶肉质,攀援附生于它物上。茎上具有节,节上有气根。叶广椭圆形,蜡质,浓绿,有光泽,亮绿色,镶嵌着金黄色不规则的斑点或条纹。幼叶较小,成熟叶逐渐变大,越往上生长的茎叶逐节变大,向下悬垂的茎叶则逐节变小。肉穗花序生于顶端的叶腋间。

2. 生态习性

喜高温多湿和半阴的环境,散光照射,彩斑明艳。强光曝晒,叶尾易枯焦。生长适温为20~28℃。

3. 繁殖方法

主要用扦插法繁殖。剪取15cm长的茎，只留上部1片叶子，直接插入一般培养土中，入土深度为全长的1/3，每盆2、3株，保持土壤和空气湿度，遮阳，在25℃条件下，3周即可生根发芽，长成新株。大量繁殖，可用插床扦插，极易成活，待长出一片小叶后分栽上盆。另外，剪取较长枝条，插在水瓶中，适时更换新水，便可保持枝条鲜绿，数月不凋，取出时，枝条下部已经生根，盆栽便成新株。也可用压条繁殖。

4. 栽培要点

对土质要求不严，但以肥沃、疏松的腐殖土为好。光照为50%～70%，经常洒水保持湿润，生长期每月追肥1、2次，氮、磷、钾均衡施放。成品植株在生长期喷洒1、2次叶面肥，叶色较为亮丽。越冬保温12℃以上。盆栽多年植株老化，需更新栽植。栽培形式多样，如桩柱栽培、吊挂栽培、假山附石栽培、插瓶均可。可全年放在明亮通风的室内。如光线较暗，应在摆放一段时间后移至室外无直射阳光处，并给予足够的水、肥，使其得以恢复后再移入室内。冬季可放在室内直射阳光下，控水，只要保持温度在10℃以上，就可正常生长。

绿萝喜阴，叶色四季青翠，有的品种有花纹，是极好的室内观叶植物。中大型植株可用来布置客厅、会议室、办公室等地，华南地区可在室外蔽阴处地栽，附植于大树、墙壁棚架、篱垣旁，让其攀附向上伸展。

（三）万年青（图3-43）

百合科，万年青属，别名乌木毒。

1. 识别要点

多年生常绿草本。地下根茎短粗，叶丛四季常青，叶基生，带状或倒披针形长15～50cm，宽2.5～7.0cm，顶端急尖，下部稍窄，纸质，基部扩展，抱茎。穗状花序侧生，花序长3～5cm，宽1.2～2.0cm。多花密生，花被球状钟形，白绿色。浆果圆球形，直径约8mm，成熟时橘红色，果实秋冬不凋。花期为6～7月份。果期为8～10月份。

2. 生态习性

野生种原产我国，日本也有分布。我国各地常见栽培。野生于海拔750～1700m的林下潮湿处或草地上。性喜温暖湿润及半阴环境。夏宜半阴，常置荫棚下或林下栽培，冬天可多见日光，但也不宜强光直晒。不耐积水，用土以微酸性排水良好的沙质壤土和腐殖质壤土为宜。稍耐寒，在华东地区可以露地越冬，华北地区于温室或冷室盆栽，冬季室温不得低于5℃。

3. 繁殖方法

播种或分株繁殖，以分株为主。分株宜春秋两季进行。通常在春秋两季天气不太热时将生长3年以上的盆倒出，去掉旧培养土，将母株分切成2至数丛分别盆栽。也可切取老的根状茎，单独栽植，促其萌发成为新株。开花后经人工授粉，容易得到种子。首先应去掉抑制种子发芽的果肉，于3～4月份盆播，覆土深度应是种子直径的3倍左右，经常保持盆土湿润。在温度20～30℃时，4～5周可以出苗。苗高1cm后分苗，栽培3年后开花。花叶品种只能用分株法繁殖。

4. 栽培要点

盆栽可用腐叶土或泥炭土加1/4左右的河砂和少量基肥作培养土。盆栽时底部1/3左右应填颗粒状的碎砖块，以利盆土排水。生长时期每2～3周施1次稀薄的液体肥。万年青比

较耐寒，可以在0~5℃的房间内越冬。适宜的生长温度为13~18℃。冬季休眠期的温度以10℃为宜。在长江流域可露天过冬，叶子虽有冻害，但翌春仍重新发新叶。花叶品种抗寒能力稍差。在明亮的房间内可长年欣赏，在较暗的室内观赏2~3周更换1次。温室栽培，春、夏、秋三季应遮去70%以上的阳光；冬季遮光50%。花叶品种更怕阳光直射，光稍强便会产生日灼病。光线太弱不易开花结果。注意经常保持盆土湿润和较高的空气湿度并适当通风，以利生长。通风不好易发生介壳虫，可用人工刷或喷洒100~200倍的20号石油乳剂或用40%氧化乐果乳油1000倍液喷杀。

万年青叶丛四季青翠，红果秋冬经久不落，比较耐阴，常作盆栽陈设室内，十分庄重大方，为优美的观叶观果盆栽花卉。万年青是我国和日本的传统观叶植物，可用以布置中式大客厅或书房，在我国南方是良好的林下、路边地被植物。

（四）龟背竹（图3-44）

天南星科，龟背竹属，别名蓬莱蕉、电线兰。

1. 识别要点

常绿藤本。茎绿色，粗壮，生有深褐色气生根，长而下垂。叶厚革质，幼时心脏形，无孔，长大后广卵形、具不规则羽状深裂，叶脉间有椭圆形穿孔，极像龟背，具长柄。佛焰苞花序，花期为8~9月，淡黄色。变种有斑叶龟背竹，叶片带有黄白色不规则斑纹，极美丽。

2. 生态习性

龟背竹原产于南美热带雨林中，以墨西哥最多，常附生于高大榕树上。喜温暖潮湿环境，切忌强光曝晒和干燥。土壤以腐叶土最好。夏季需经常喷水。冬季温度保持5℃以上。植株生长迅速，栽培空间要宽敞，否则会影响茎叶伸展。

3. 繁殖方法

常用压条和扦插繁殖。压条，在5~8月进行。经过3个月左右可切离母株，成为新的植株。扦插，在4~5月进行。从基节先端剪取插条，每段带2、3个基节，去除气生根，带叶或去叶插于沙床中，保持一定的温度及湿度，待生根后移入盆钵。还可以在春、秋季将龟背竹的侧枝整枝劈下，带部分气生根，直接栽植于木桶或水缸中，成活率高，成形迅速。

4. 栽培要点

盆栽时，需立支柱于盆中，让它攀附。土壤以腐叶土最好，也可以用水苔种植。温室越冬要求温度在5℃以上。夏季移至室外，宜半阴，避免阳光直射。在夏季生长期间，需每天浇水2次，叶面常喷水，保持较高的空气湿度。生长期间，每隔半个月施1次稀薄饼肥水。室内栽培，如通风不好，易遭蚧壳虫危害，要及时防治。

龟背竹宜植于花坛、花境中。

（五）白鹤芋（图3-45）

天南星科，苞叶芋（白鹤芋）属，别名白掌、苞叶芋、异柄白鹤芋、银苞芋、一帆风顺。

1. 识别要点

多年生常绿草本植物。株高30~40cm。叶基生，革质，长椭圆形或阔披针形，有长尖，叶色浓绿。叶长20~30cm，宽10cm左右，叶柄长30cm左右，叶脉明显。因卷曲成匙状的花苞白如雪莲，形同合掌，故又称为白掌。

2. 生态习性

喜温暖湿润和半阴环境，切忌阳光直射，怕寒冷。忌黏重土壤，宜富含腐殖质的砂质壤土。

3. 繁殖方法

白鹤芋可用分株和播种繁殖。生长健壮的植株两年左右可以分株一次，一般于春季结合换盆时或秋后进行。在新芽生出前将整个植株从盆中倒出，去掉旧培养土，在株丛基部将根茎分割成数丛（每丛含有3个以上的芽），用新培养土重新上盆种植。开花后的白鹤芋经人工授粉可以得到种子，可随采随播，用于繁殖。但由于白鹤芋株丛分蘖速度很快，故繁殖多用分株法。大量生产常采用组织培养法繁殖，增殖迅速，株丛整齐。

（1）分株繁殖　由于白鹤芋易产生萌蘖，故多用此法繁殖。生长健壮的植株2年左右可以分株一次。早春新芽生出之前整株从盆中倒出，去掉宿土，在株丛基部将根茎切开。每一小丛最好能有3个以上的茎和芽，应尽量多带些根群，以利新株较快的抽生新叶和株形丰满。

（2）播种繁殖　此法繁殖也不难。在温室中经人工授粉，可以得到种子。种子成熟后，随采收随播，播种温度应在25℃左右，温度低种子易腐烂。

4. 栽培要点

白鹤芋较耐阴，只要有60%左右的散射光即可满足其生长需要，因此可常年放在室内具有明亮散射光处培养。夏季可遮去60%～70%的阳光，忌强光直射，否则叶片就会变黄，严重时出现日灼病。北方冬季温室栽培可不遮光或少遮光。若长期光线太暗则不易开花。白鹤芋为喜高温种类，应在高温温室栽培。冬季夜间最低温度应在14～16℃之间，白天应在25℃左右。长期低温，易引起叶片脱落或焦黄状。

生长期间应经常保持盆土湿润，但要避免浇水过多，盆土长期潮湿，否则易引起烂根和植株枯黄。夏季和干旱季节应经常用细眼喷雾器往叶面上喷水，并向植株周围地面上洒水，以保持空气湿润，这样对其生长发育十分有益。气候干燥，空气湿度低，新生叶片会变小发黄，严重时枯黄脱落。冬季要控制浇水，以盆土微湿为宜。

生长旺季每1～2周施一次稀薄的复合肥或腐熟饼肥水，这样既利于植株生长健壮，又利于不断开花。北方冬季温度低，应停止施肥。

盆栽用土可用腐叶土或泥炭土加1/4左右河砂或珍珠岩均匀配成，另外加少量骨粉或饼沫作基肥。盆土要求疏松、排水和透气性良好。一般每年早春新芽大量萌发前要换盆1次，换盆时去掉部分宿土，修整根系，添加新的培养土并栽植在大一号的盆中，以利根系发育，利于生长茁壮。

白鹤芋是优良的观叶植物，在南方地区可地栽，其他地区多盆栽观赏。白鹤芋是抑制人体呼出的废气如氨气和丙酮的“专家”。同时它也可以过滤空气中的苯、三氯乙烯和甲醛。它的高蒸发速度可以防止鼻粘膜干燥，使患病的可能性大大降低。

（六）印度橡皮树（图3-46）

桑科，榕属，别名印度榕、橡皮树、印度榕树、橡胶树。

1. 识别要点

常绿乔木，树皮平滑，树冠卵形，全株光滑，有乳汁，茎上生气根。叶宽大具长柄，厚革质，叶面亮绿色，叶背淡黄绿色，长椭圆形或矩圆形，先端渐尖，全缘。幼芽红色，具苞片。夏日由枝梢叶腋开花。隐花果长椭圆形，无果梗，熟时黄色。

2. 生态习性

印度橡皮树原产于印度、马来西亚。我国较早引进栽培，各地盆栽极为广泛，南方城市常作景观树栽培。喜温暖湿润环境，喜充足光照，耐阴，耐旱，不耐寒，生长适温为22～32℃。

3. 繁殖方法

扦插或压条繁殖。扦插在3～10月进行，选植株上部和中部的健壮枝条作插穗，长20～30cm，留茎上叶片2枚，上部两叶须合拢起来，用细绳捆在一起。切口待流胶凝结或用硫黄粉吸干，再插入以沙质土为介质的插床上，蔽阴保湿约30d出根，即可移栽。压条法在夏季选择生长充实的壮枝，在枝条上环剥0.5～1cm宽，用青苔或糊状泥裹实，外包薄膜，保持湿度1个月后，连泥团一起剪下放到沙地中排植，先行催根10～15d，见新根伸出泥团，再行种植，另成新株。幼苗置半阴处养护。

4. 栽培要点

盆栽对土壤要求不严，但以肥沃疏松、排水性好的土壤最佳，春、夏、秋三季生长旺盛，每1～2个月需施肥1次。秋后要逐渐减少施肥和浇水，促使枝条生长充实。每年秋季修剪整枝1次，这对盆栽尤为重要，可促使来年多发新枝，达到枝叶饱满的观赏效果。注意截顶促枝，修剪造型越冬保温10℃以上。橡皮树抗旱性较强，北方寒冷地区则宜盆栽，其生育适温为22～32℃；温度低于10℃时，应移入室内越冬；若长期处于低温和盆土潮湿处易造成根部腐烂死亡。

橡皮树生性强健，叶大光亮，四季葱绿，为常见的观叶树种。幼树可盆栽装饰厅堂与书房。北方地区常用成株桶植，布置大型建筑物的门厅两侧与节日广场；南方地区则多露天种植于溪畔、路旁，浓荫蔽日，给路人以凉爽清风，遮阴纳凉效果非常好。

（七）富贵竹（图3-47）

百合科，龙血树属，别名仙达龙血树。

1. 识别要点

富贵竹属常绿小乔木，茎干直立，株态玲珑，茎干粗壮，高达2m以上，叶长披针形，叶片浓绿，生长强健，水栽易活。其品种有绿叶、绿叶白边（称为银边）、绿叶黄边（称为金边）、绿叶银心（称为银心）。绿叶富贵竹又称为万年竹，其叶片浓绿色，长势旺，栽培较为广泛。

2. 生态习性

富贵竹原产加那群岛及非洲和亚洲的热带地区，20世纪80年代初，引进我国广东湛江。它性喜高温高湿环境，对光照要求不严，喜光也能耐阴，可以长期置于室内无需日照，不用刻意养护，只要有足够的水分就能旺盛生长。

3. 繁殖方法

富贵竹长势、发根长芽力强，常采用扦插繁殖，只要气温适宜整年都可进行。一般剪取不带叶的茎段作插穗，长5～10cm，最好有3个节间，插于砂床中或半泥沙土中。在南方春、秋季一般25～30d可萌生根、芽，35d可上盘或移栽大田。水插也可生根，还可进行无土栽培。广东各地近几年用顶穗枝（即嫩茎）截成20～25cm直接插于砂壤土或半泥沙、冲积黏土大田，经精心护养栽种可当年春节采切作瓶用材。广州以南地区，在春秋季均直接插于大田，也可在10～12月用顶穗枝或节间顶苗、侧芽顶穗剪成15～20cm的插条，插入粗砂或半泥沙大田，埋入土壤2个节，每天浇水1次，保持土壤湿润，一般35~45d可生根。春季扦插最适宜在1月下旬（大寒后）至2月中下旬（雨水前后），可露地直接扦插于大田，一般30~35d可生根。也可在3月中旬至4月上旬（春分至清明）扦插，最好在3月下旬种植，因这段时期温度逐渐升高、湿度适宜，插后7~15d左右可生根，成活率100%，管理好的当年可上市。

4. 栽培要点

富贵竹耐肥力强，喜高氮、高磷、高钾。施肥以前轻、中重、后轻为原则。在大田种植，可选择深厚肥沃的砂壤土或半泥沙土为宜，也可选择冲积层黏土。首先犁土深翻两次，起畦种植，5~6月可施一次花生麸，亩施40~50kg，可沤腐淋施或打碎撒施，并施磷肥50kg。8~9月可视富贵竹长势酌情追肥，以复合肥为主，少施氮肥，防叶片徒长，应增施磷肥、钾肥及叶面肥。

富贵竹耐湿、耐涝力强，在生长期以湿润为宜，垄沟保持浅水层。高温干旱时，应灌水于垄沟，并洒水降温保湿，使植株生长旺盛。每施一次肥应洒薄水一次，促进肥料溶解以令根系快吸肥。遇大雨或暴雨时，应排去田间积水，不宜施肥，防止病害发生，注意台风袭击，加固荫棚，并用竹竿扶稳植株防倒伏。冬季吹干北风时，土壤应保持湿润，洒水或灌水垄沟。

富贵竹适于作小型盆栽，用于布置居室、书房、客厅等处，可置于案头、茶几和台面上，富贵典雅，玲珑别致，有很好的观赏性。

(八) 马拉巴栗（图3-48）

木棉科，瓜栗属，别名美国花生、大果木棉、发财树、美国土豆。

1. 识别要点

常绿小乔木。掌状复叶，小叶5~11片，小叶近无柄，长圆形至倒卵圆形，先端渐尖，基部楔形，一般中央小叶较外侧小叶大。花白色、粉红色，花筒内浅黄色，外面褐色或绿色，花期为5~11月份。

2. 生态习性

发财树喜温暖气候环境，为阳性树种，有一定的耐阴能力，在室内光线比较弱的地方可以连续欣赏2~4周，光线弱生长停止或新生长出的叶片纤细，时间太久会引起老叶脱落。低温对其有致命的危害，冬季应放在16~18℃以上的环境中，低于这个温度叶片变黄，进而脱落，10℃以下容易死亡。对土壤要求不严，具有弱酸性的一般土壤就能生长良好。

3. 繁殖方法

繁殖方法可用播种、嫁接、扦插繁殖。大批繁殖均采用播种法。目前我国多从国外进口种子，在海南岛和广东等地露地或塑料棚播种。种子播于沙质土壤，保持湿润，温度在15℃以上，经7~10d可发芽。当真叶长出3~5片，高度约30cm时上盆或定植，出苗后以30cm×100cm的株行距定植在田间，用高畦法种植，注意除草和施肥。在南方1~2年可以长成茎基部直径5cm以上的成苗，于10月份带根挖起，剪掉顶部的枝叶，盆栽，经3~4个月的培养可以在顶部生长出3~4个分枝和翠绿的新叶。花叶发财树需用嫁接法繁殖，砧木用普通的发财树，于8~9月份嫁接，每株接3芽，用嫩枝劈接法嫁接，嫁接后放置塑料棚中防雨，当年即可成苗。少量繁殖，也可以用大枝条扦插繁殖，上面用塑料膜保湿或春、夏季可用截顶枝条作插枝，插后约30d可发根。

4. 栽培要点

用泥炭土、腐叶土加1/4左右的河砂和少量的农家肥配成盆栽用土，栽种在直径为18～35cm的中、大型盆中。栽植不宜过深，以膨大的茎外露较美观。可单株栽植，也可3～5株栽于同一盆内，将其茎干编成辫状。中等的盆栽植株于每年春季换到大一号盆中，换盆时可以去掉部分旧土。生长季节每30～40d施1次薄液态肥。以含氮、磷、钾全肥为好，以利于加速生长和促使茎基部加粗。幼苗期应适当增加遮阴量。发财树在高温生长时期需充足的水分，干燥往往容易造成叶片脱落，但不易因干旱而致死。在冬季低温时，必须保持盆土适当的干燥，直到盆土大部分变干时再浇水。

发财树深受商家及市民的欢迎，加之株形优美，叶色亮绿，树干呈纺锤形，盆栽后适于在室内布置和美化使用。所以，近十几年来，发财树的种植和出售在我国南方发展较快。每逢节日，各宾馆、饭店、商家及市民多进行采购，以图吉祥如意。北方各城市也受其影响，盆栽于室内观赏。

（九）散尾葵（图3-49）

棕榈科，散尾葵属，别名小黄椰子。

1. 识别要点

常绿灌木。丛生状，茎高3～8m，大多不分枝，偶有分枝。茎干光滑黄绿色，嫩时被蜡粉，环状鞘痕明显。叶羽状全裂，叶稍曲拱，裂片条状披针形，先端柔软，黄绿色。叶柄、叶轴、叶鞘均淡黄绿色，叶鞘圆筒形，抱茎。花小成串黄色，肉穗花序圆锥状。花期为3～6月。浆果圆形，金黄色，成熟紫黑色，种子1～3粒，卵形至阔椭圆形，腹面平坦，背具纵向深槽。

2. 生态习性

散尾葵原产于马达加斯加，我国多为引种栽培，喜高温高湿和半阴环境，耐寒力较弱，对低温十分敏感，生长适温为25～35℃。

3. 繁殖方法

通常采用播种和分株方法繁殖。播种繁殖，每年8～11月可以从南方引进种子。种子发芽温度为25℃左右，播种前浸种，条播到苗床内，上加1cm厚的河砂覆盖，保温10℃以上越冬，翌年4～5月，苗高3～5cm，可移植于小盆或育苗袋栽植。分株繁殖可于每年春、夏季进行，结合换盆进行分株。选取分蘖较多的植株，去掉部分旧土，从基部连接处分割成多丛，每丛苗3～5株，分盆栽植，置于20℃以上温度条件下养护即可。

4. 栽培要点

盆栽培养土要求疏松肥沃，富含有机质的沙质壤土，可掺少量椰糠、发酵的木糠更好。每盆种植3～5株，丛植或品字形栽植，成形较快。由于散尾葵的蘖芽生长比较靠上，故盆栽时应较原来栽得稍深些，以利于新芽更好地扎根生长。置于半阴通风处养护，经常洒水保湿。生长期每1～2周追肥1次，促进生长。肥料以腐熟的饼肥最佳，也可用尿素和过磷酸钙。若有条件定期用磷酸二氢钾稀薄液喷洒叶片，可保持叶片翠绿，生长旺盛，增加观赏效果。注意修残叶，2～3年换盆1次。越冬保温10℃以上。

散尾葵植株枝叶茂密，四季常青，分蘖较多，呈丛状生长在一起，形态优美悦目。它较耐阴，中幼苗盆栽后是布置客厅、书房、卧室、会议室等的高档观叶植物；成苗在南方作庭园绿化使用，可丛植于成片草地之上、假山石旁或水塘边上，观赏效果极佳。盆栽陈设于室内半阴的角落。

（十）袖珍椰子（图 3-50）

棕榈科，竹节椰属，别名袖珍椰子葵、矮生椰子。

1. 识别要点

常绿小灌木，茎干直立，不分枝，细长，绿色，有环纹。株高 1 ~ 3m，羽状复叶，裂片宽披针形，深绿色，有光泽。冬季要控制浇水量。

2. 生态习性

喜温暖，湿润，半阴环境，在强日照下叶色枯黄，能耐轻霜冻，越冬最低温度在 5℃以上，要求排水良好、肥沃、湿润的土壤。

3. 繁殖方法

播种繁殖。5 ~ 8 月将新鲜种子播在沙质土壤中，播前先让种子充分吸水，即浸种 1 ~ 2d，这样出苗才会较整齐，在气温 24 ~ 32℃条件下，一般 90 ~ 100d 发芽。播种小苗高 10cm 时可移栽入营养钵内培育。如茎干过高，也可重新扦插种植，只需留有少量气生根，一般于春末或夏季栽植。

4. 栽培要点

袖珍椰子第二年的苗就有观赏价值，多以盆栽培育，也可数株植于同一花钵，在每年 5 ~ 9 月生长期，每 15d 施 1 次稀释的液体氮肥，放在散射光的阴地养护。夏季生长旺盛，需向盆中多浇水。冬季要控制浇水量，以防温度低，出现冻伤、烂根等现象，但土壤不可过分干燥，每隔 2 ~ 3 年于春季换盆一次，不可伤根太多，否则恢复生长慢。此外，在高温条件下，袖珍椰子易发生叶斑病，需及时喷撒波尔多液预防。

袖珍椰子有纤细的茎秆，优美的株形，叶色浓绿光亮，耐阴性强，主要适于室内盆栽观赏。幼树盆栽适合点缀书桌、办公桌，玲珑秀美。

拓展任务 4　盆栽观果类花卉

（一）金橘（图 3-51）

芸香科，柑橘属，别名金柑、罗浮。

1. 识别要点

常绿小灌木，多分枝、无枝刺。叶革质，长圆状披针形，表面深绿光亮，背面散生腺点，叶柄具狭翅。花 1 ~ 3 朵着生于叶腋，白色，芳香。果实长圆形或圆形，长圆形的称为金橘，味酸；圆形的称为金弹，味甜，熟时金黄色，有香气。

2. 生态习性

金橘原产于我国广东、浙江等省，喜阳光充足、温暖、湿润、通风良好的环境，在强光、高温、干燥等因素的作用下生长不良，宜生长于疏松、肥沃的酸性沙质壤土。金橘喜湿润，但不耐积水，最适生长温度为 15 ~ 25℃，冬季低于 0℃易受伤害，高于 10℃不能正常休眠。金橘每年 6 ~ 8 月开花，12 月果熟。

3. 繁殖方法

采用嫁接法繁殖。以一、二年生实生苗为砧木，以隔年的春梢或夏梢为接穗。每年春季 3 ~ 4 月用切接法进行枝接，芽接在 6 ~ 9 月进行。

4. 栽培要点

金橘盆栽宜选用疏松而肥沃的沙质壤土或腐叶土。每年在早春发芽前进行换盆、上盆，2～3年换一次盆。栽后浇透水，放在通风背阴处；经常向叶面喷水，防止植株体内水分蒸发。缓苗一周后，逐渐恢复正常。

生长期盆土应经常保持湿润，忌长时间的过干过湿，否则易引起落花落果。特别是6月上旬，金橘第一次开花时，很容易落花。在夏季雨水过多时，应防止盆内积水，及时扣水。冬季浇水，不干不浇，浇必浇透。

盆栽金橘只要做好4月重施催芽肥，6～7月花谢结幼果时期注意养分补充，8～9月再追施磷肥、钾肥，就能结出好果实。

金橘每年春、秋两季抽出枝条，在5～6月间，由当年生的春梢萌发结果枝，并在结果枝叶腋开花结果。6～7月开花最盛，果实12月成熟。所以每年在春季萌芽前进行一次重剪，剪去过密枝、重叠枝及病弱枝，健壮枝条只保留下部的3～4个芽，其余部分全部剪去，每盆留3～4枝。这样就可萌发出许多健壮、生长充实的春梢，当新梢长到15～20cm长时，及时摘心，限制枝叶徒长，有利于养分积累，促使枝条饱满。在6月份开花后，适当疏花。

秋季8月份当秋梢长出时要及时剪去，这样不仅能提高坐果率，而且果实大小均匀，成熟整齐。在北方一般不进行重剪，每年只修剪干枯枝、病虫枝、交叉枝，注意保持树冠圆满。

冬季移入室内向阳处，室温保持在0℃以上，不宜过高。控制浇水，清明节后移出室外。

金橘四季常青，枝叶茂密，冠姿秀雅，花朵皎洁雪白，娇小玲珑，芳香远溢，果实熟时金黄色，垂挂枝梢，味甜色丽。金橘可丛植于庭院，盆栽可陈列于室内观赏。

（二）代代（图3-52）

芸香科，柑橘属，别名代代花、回青橙。

1. 识别要点

常绿小乔木，是酸橙的变种。树干灰色，有纵纹，嫩枝扁平，浓绿色，具短刺。叶革质，互生椭圆形至卵状椭圆形，叶柄具宽翅。总状花序，白色，单朵或数朵簇生于叶腋，极芳香。花期为5～6月。果实扁圆形，冬季呈橙黄色，果实不脱落，次年春夏又变为青绿色，故有“回青橙”之美称。

2. 生态习性

代代原产于我国江南各省，以浙江最多。其喜温暖、湿润环境，喜光，喜肥，稍耐寒，冬季放入室内，0℃以上可安全越冬。对土壤要求不严，以富含有机质的微酸性沙质壤土最适。忌土壤过湿，尤忌积水。

3. 繁殖方法

以扦插和嫁接繁殖为主。在6月下旬至7月上旬，选取一、二年生健壮枝条，基质用60%壤土和40%沙混合。插后要遮阴、保湿，两个月可生根。嫁接可在4月下旬至5月上旬进行，可用任何柑橘类植物的实生苗作砧木，进行劈接。

4. 栽培要点

南方可进行露地栽培，华北及长江流域中下游各地多盆栽。盆土宜选用疏松、肥沃，排水良好、富含有机质的微酸性培养土。

平时浇水要适量，勿使盆土过干或过湿。夏天天气炎热，要适当遮阴，早晚各浇1次水，雨季淋雨后要及时排水，不使花盆积水。代代喜肥，生长季节每隔10d施1次腐熟的有机液肥，以矾肥水为佳。花芽分化期，增施一次速效磷肥，以利于孕育和结果。开花时停止施肥，以免花叶脱落。生长适温为20～30℃，越冬保持在0℃以上，不宜过高。盆栽代代2～3年需换盆1次，在早春萌芽前进行。可结合换盆，对植株进行1次较强的整形修剪，并施以基肥等管理，以促进新枝萌发，多开花结果。

代代春夏之交开花，花色洁白如琼，瓣质浑厚如玉，香浓扑鼻，花后结出橙黄色果实，挂满树枝。代代是庭院中珍贵的芳香观果树，也是室内优异的观花、观果盆栽花卉。南方可露地栽培，北方可盆栽观赏。

拓展任务5　盆栽肉质类花卉

（一）仙人掌（图3-53）

仙人掌科，仙人掌属，别名仙巴掌。

1. 识别要点

多年生常绿肉质植物。茎直立扁平多分枝，扁平枝密生刺窝，刺的颜色、长短、形状数量、排列方式因种而异。花色鲜艳，花期为4～6月。肉质浆果，成熟时为暗红色。

2. 生态习性

仙人掌大多原产于美洲，少数产于亚洲，现世界各地广为栽培。其喜温暖和阳光充足的环境，不耐寒，冬季需保持干燥，忌水涝，要求排水良好的沙质土壤。

3. 繁殖方法

常用扦插繁殖，一年四季均可进行，以春、夏季最好。选取母株上成熟的茎节，用利刀从茎基部割下，晾1～2d，伤口稍干后，插入湿润的砂中即可。也可用嫁接、播种法繁殖，但因扦插繁殖简易，所以嫁接和播种不常使用。

4. 栽培要点

常用扦插繁殖，一年四季均可进行，以春、夏季最好。选取母株上成熟的茎节，用利刀从茎基部割下，晾1～2d，伤口稍干后，插入湿润的砂中即可。也可用嫁接、播种法繁殖，但因扦插繁殖简易，所以嫁接和播种不常使用。常用于盆栽观赏。

（二）令箭荷花（图3-54）

仙人掌科，令箭荷花属，别名孔雀仙人掌、孔雀兰。

1. 识别要点

灌木状，形似昙花。主杆细圆，分枝扁平，叶片状，有时三棱，边缘具疏锯齿、齿间有短刺，中脉明显，并具气生根。花着生在茎先端两侧，花大而美，白天开放，花色有紫、粉、红、黄、白等色。花期为4月。

2. 生态习性

令箭荷花原产于墨西哥，为附生型仙人掌类，喜温暖、湿润气候及富含腐殖质的土壤，不耐寒。

3. 繁殖方法

扦插繁殖，温室内一年四季均可进行，以5～9月最好。取二年生叶状枝，剪下后阴干1～2d，待切口稍干后插于沙床，保持湿润，20～30d生根。

4. 栽培要点

生长期要求湿度较大，需勤浇水，增加喷雾。生长期每半月施一次稀薄液肥，现蕾期增施一次磷肥，促使花大色艳。夏季需遮阴，冬季需阳光充足。冬季保持室温10℃左右。盆栽观赏。

（三）金琥（图3-55）

仙人掌科，金琥属，别名象牙球。

1. 识别要点

茎球形、深绿色，多棱。刺窝甚大，刺多而密，金黄色扁平硬刺放射状，顶端新刺座上密生黄色棉毛。花着生于茎顶，长4～6cm，黄色。花期为6～10月。

2. 生态习性

金琥原产于墨西哥中部至美国西南部的沙漠或半沙漠地区。性强健，要求阳光充足，夏季应置于半阴处。不耐寒，冬天温度维持在8～10℃之间。喜含石灰质的沙砾土。

3. 繁殖方法

金琥易于播种繁殖，种子发芽容易，但种子不易取得。扦插、嫁接繁育也容易，但不易产生小球。可在生长季节将大球顶部生长点切除，促生仔球，待仔球长至1cm左右时，切下扦插或嫁接。嫁接常用量天尺作砧木，接于较长的砧木上，生长快些，嫁接一年的金琥直径可达5cm，2～3年可达10cm。这时可带5cm左右砧木切下扦插，既不伤球体，也更易生根。

4. 栽培要点

欲使金琥快速生长成大球，应注意肥水供给，在生长期每隔10d左右施1次含磷为主的肥料。金琥生长快，每年需换盆一次。栽培时需通风良好及阳光充足，夏季给予适当的遮阴。

金琥形、刺兼美，适合单株盆栽观赏，还可建成专类园。

（四）昙花（图3-56）

仙人掌科，昙花属，别名月下美人。

1. 识别要点

昙花为多年生灌木。无叶，主茎圆柱形，木质；分枝扁平呈叶状，肉质，长阔椭圆形，边缘具波状圆齿。刺座生于圆齿缺刻处，无刺。花着生于叶状枝的边缘，花大，重瓣，近白色。花期为7～8月，一般于夜间9时左右开放，每朵花仅开放几小时。

2. 生态习性

昙花原产于墨西哥及中、南美洲的热带森林中，为附生类型的仙人掌科植物。其喜温暖、湿润及半阴的环境，不耐曝晒，不耐霜冻，冬季能耐5℃以上的低温。喜排水透气良好、含丰富腐殖质的砂质壤土。

3. 繁殖方法

以扦插繁殖为主，在温室内一年四季都可进行，但以4～9月为最好。选用健壮肥厚的叶状枝，长20～30cm插入沙床，18～24℃下，3周后生根。播种繁殖常用于杂交育种。

4. 栽培要点

上盆栽植时应施足基肥，在生长期每半月施一次腐熟的饼肥水。现蕾期增施一次磷肥、钾肥。但过量的肥水，尤其是过量的氮肥，往往造成植株徒长，反而不开花或开花很少。阳光过强则使叶状枝萎缩、发黄。应保持良好的通风条件，还应注意防积水。昙花叶状枝柔软，盆栽时应设立支架，并注意造型，提高观赏价值。

昙花常作盆栽观赏，在华南也常栽于园地一隅。

（五）虎皮兰（图3-57）

龙舌兰科，虎尾兰属，别名千岁兰。

1. 识别要点

多年生草本花卉，叶片直立，质地肥厚，线状披针形，叶面上有白色和深绿相间的虎尾状横带斑纹，奇特有趣。栽培的还有其变种金边虎尾兰以及短叶虎尾兰等。

2. 生态习性

虎皮兰原产于北非及其附近地区，适应性特别强，喜温暖湿润，耐干旱，即喜光又耐阴，对土壤要求不严，排水性较好的砂质土壤最好。

3. 繁殖方法

虎皮兰用分株和扦插法繁殖。扦插在气温15℃以上时就可进行，做法是取叶5～10cm长，稍晾后插入沙中，扦插时切不可颠倒。注意保持一定的湿度，一个月后就能生根，但若对金边虎尾兰来说，用扦插法繁殖，金边容易消失，所以最好采用分株法。分株的做法是：在生长期将植株扣盆，从根茎处进行分割开进行另植即可。但分株不宜过勤，否则影响长势，一般要待满盆后才分。

4. 栽培要点

由于虎皮兰适应性强，管理也方便，盆栽的土壤，要选排水性能特好的，可用3份肥沃园土与1份煤渣混合，再加少量豆饼或鸡粪作基肥。光线以明亮散射光较好，夏季应稍背烈日。若放置在室内光线太暗处时间过长，叶子会发暗，缺乏生机。此外，如长期在室内的，不要突然直接移至阳光下，应先移放在光线较好处让其有个适应过程，否则叶片容易被灼伤。浇水要掌握宁干勿湿原则，春季根颈处萌发新株时，要适当多浇水，保持盆土湿润，雨季切忌让盆中积水。平时可用清水擦洗叶面灰尘，保持叶片清洁光亮。对肥料要求不高，生长季每隔半月施一次15%饼肥水即可。11月上旬入室，室温保持在0℃以上就能安全越冬，但在这一时期盆土不要过湿，并要让它多接受阳光。

虎皮兰叶片坚挺直立，叶面有灰白和深绿相间的虎尾状横带斑纹，姿态刚毅，奇特有趣；它品种较多，株形和叶色变化较大，精美别致；它对环境的适应能力强，是一种坚韧不拔的植物，栽培利用广泛，为常见的家内盆栽观叶植物。虎皮兰适于布置装饰书房、客厅、卧室等场所，可供较长时间欣赏。

（六）龙舌兰（图3-58）

龙舌兰科，龙舌兰属，别名龙舌掌、番麻。

1. 识别要点

多年生常绿大型草本，肉质，茎极短。叶丛生，肥厚，匙状披针形，灰绿色，带白粉，先端具硬刺尖，缘有钩刺。花葶粗壮，圆锥花序顶生。花淡黄绿色。蒴果椭圆形或球形。

2. 生态习性

龙舌兰原产于墨西哥，性强健，喜阳光，不耐阴，稍耐寒，在5℃以上的气温下可露地栽培，成年龙舌兰在－5℃的低温下叶片仅受轻度冻害，－13℃地上部受冻腐烂，地下茎不死，翌年能萌发展叶，正常生长。耐旱力强，喜排水良好，肥沃而湿润的沙壤土。原产地一

般要几十年后才开花，开花后母株枯死，在南京地区不开花。异花授粉才能结实。

3. 繁殖方法

常用分株繁殖。于春季3~4月将根际处萌生的萌蘖苗，带根挖掘另栽。如根蘖苗没有根系，可扦插沙土中发根后再种。也可以在春季换盆或移栽时，切取带有4~6个芽的根株盆栽。

4. 栽培要点

龙舌兰栽培管理较简便，除热带、亚热带地区外，其他地区盆栽，冬季要放入低温温室保护过冬。翌年清明后移至室外。彩叶变种，在夏季要适当遮阳。生长季节应保持盆土湿润，浇水时不可将水洒在叶片上，以防发生褐斑病。随着新叶的生长，要将下部枯黄的老叶及时修除。

盆栽常用腐叶土和粗沙的混合土。生长期每月施肥一次。夏季增加浇水量，以保持叶片绿柔嫩，对具白边或黄边的龙舌兰，遇烈日时，稍加遮阴。10月以后，龙舌兰生长速度缓慢，这时应控制浇水，使土壤保持干燥，并且停止施肥，加以适当的培土。如果是盆栽观赏，要及时去除旁生蘖芽，保持株态美观。

拓展任务6 蕨类植物

（一）鸟巢蕨（图3-59）

铁角蕨科，铁角蕨属，别名山苏花。

1. 识别要点

附生或生于岩石上，根状茎粗短，直立，木质，深褐色。叶簇生，灰绿色，叶片为阔披针形，长95~115cm，中部最宽处为9~15cm，全缘并有软骨质的边，叶纸质，两面均光滑。孢子囊群线形，生于小脉上侧边，囊群盖线形，淡棕色，厚膜质，全缘，宿存。

2. 生态习性

鸟巢蕨原产于亚洲热带地区。喜温暖湿润和半阴环境。不耐寒，怕干旱和强光曝晒。在高温多湿条件下，全年都可生长。生长适温，3~9月为22~27℃，9月至翌年3月为16~22℃，冬季温度不低于5℃。以泥炭土或腐叶土最好。

3. 繁殖方法

（1）分株　春季将密集簇生的营养叶切开或掰下旁生的子株，分别盆栽，并以少量腐叶土覆盖。如排水和通风性好，分株成活率高。

（2）孢子繁殖　播种基质用砖屑和泥炭各半配制，消毒压实，均匀撒入成熟孢子。播后盆口盖上玻璃保湿，7~10d萌发，10周后原叶体发育成熟，3个月形成幼苗。

4. 栽培要点

在夏季高温多湿条件下，新叶生长旺盛，需在叶面多喷水，保持较高湿度，这对孢子叶的萌发十分有利。幼叶切忌触摸。每月施肥1次。盛夏避开强光曝晒，放室外半阴处，并经常喷水洗刷叶面灰尘，保持叶色碧绿。每年春季在盆架中添加腐叶土和少许碎石灰，有益于旁生子株的生长发育。盆栽2~3年后从盆内托出，剪除残根和基部枯萎孢子叶，以保持叶姿优美的鸟窝状株形。

鸟巢蕨为大型观叶蕨类，盆栽悬挂于室内，极具热带风情；植于热带园林之树下，可增添几分野趣。

（二）波斯顿蕨（图3-60）

肾蕨科，肾蕨属，别名高肾蕨。

1. 识别要点

波斯顿蕨是肾蕨属的突变种。一回羽状复叶，其羽片较原种宽阔、弯垂，羽片长90～100cm，披针形，黄绿色。小叶平出，叶缘波状，叶尖扭曲。

2. 生态习性

喜阴湿，对温度要求不严格，抗寒性较强，忌阳光直射。栽培土要求疏松、通气性良好。

3. 繁殖方法

波斯顿蕨不产生孢子叶，只能用分株或走茎繁殖。分株周年均可进行，以春、秋季为好。分株后浇透水，置于阴处，能很快恢复生长。

4. 栽培要点

波斯顿蕨室外栽培可在普通培养土中掺入一半左右（体积比）的膨化塑料人造土，拌匀。室内盆栽可完全用质轻、清洁卫生的纯膨化塑料人造土。波斯顿蕨宜置于荫棚中栽培，荫棚上遮一层遮阴帘，再盖一层无色薄膜更好，既防雨淋，又可避阳光直射。生长期每天浇水一次，宜滴灌，以免叶片沾上水珠而枯黄、腐烂。炎夏还可在盆花周围喷水，以提高湿度。冬天应适当控制水分，保持湿润即可。生长期须追施氮肥。室外栽培，可每月施2次稀薄有机肥水，切忌污染叶片；室内栽培，可每隔2个月左右补充以氮素为主的营养液一次。为保证株形美观，促进空气流通，应结合整形剪除枯黄老叶。

波斯顿蕨叶色鲜绿，株形秀雅，盆栽作为室内摆设或作壁挂式、镶嵌式植物装饰材料别具特色。

拓展任务7　兰科花卉

（一）春兰（图3-61）

兰科，兰属，别名草兰或山兰。

1. 识别要点

有肉质根及球状的拟球茎，叶丛生而刚韧，长约20～25cm，狭长而尖，边缘粗糙。在春分前后，根际抽花茎，在花茎上有白色的膜质苞叶，顶端着生一花。

2. 生态习性

春兰多产于温带，是我国的特产，尤以江苏、福建、广东、四川、云南、江西、甘肃、台湾等地为多。兰花是我国的名花之一，有悠久的栽培历史，多进行盆栽，作为室内观赏用，开花时有特别幽雅的香气，全年均有花，故为室内布置的佳品，其根、叶、花均可入药。

3. 繁殖方法

春兰常以分株繁殖为主，在春、秋季进行。春季在植株休眠期至新芽未出土前为好。去除盆内宿土，用清水将肉质根洗净，晾干，修剪断根、枯叶，注意不损伤嫩芽和折断叶片。一般每盆栽植2、3筒叶。

4. 栽培要点

（1）选盆用土　栽培春兰宜在秋末进行。栽植前宜选用清水浸洗数小时的新瓦盆，如

用紫砂盆或塑料盆时需注意排水，盆的大小以花根能在盆内舒展为宜。培养土以兰花泥最为理想，或用腐叶土（即针叶土是最为理想的腐殖土）和沙壤土混匀使用，切忌用碱性土。

（2）上盆　先在盆底排水孔上垫好瓦片，再垫上碎石子、碎木块等物，约占盘的1/5，其上铺一层粗沙，然后放入培养土，最后将兰苗放入盆中，把根理直，让其自然舒展，填土至一半时，轻提兰苗，同时摇动花盆，使兰根与盆土紧密结合，继续填土至盆面和压紧，距离沿口约3cm，以便施肥与浇水。

（3）遮阴　上盆后浇透水放荫蔽处。早春与冬季放室内养护，其余时间放室外荫棚下（最好放在树底下），夏天早晨8点至下午6点遮光，春兰在夏季遮光荫蔽度宜在90%左右，春、秋季为70%～80%即可。

（4）浇水　春兰叶片有较厚的角质层和下陷的气孔，比较耐旱，因此需水分不多，以经常保持兰土“七分干、三分湿”为好。春季，2～3d浇水1次，花后宜保持盆土稍干一些，夏季气温高，可每天浇水1次，秋季则见干见湿，冬季少浇水。

春兰在花后宜保持盆土稍干一些，但也不能过湿，干旱和炎热季节，傍晚应向花盆周围地面喷雾，增加空气湿度。

（5）施肥　一般从4月起至立秋止，每隔15～20d施1次充分腐熟的稀薄饼肥水。当春兰叶子上有黑斑时，可以用稀薄食用醋液喷雾。

（二）蕙兰（图3-62）

兰科，蕙兰属，别名虎头兰、黄蝉兰。

1. 识别要点

蕙兰的假鳞茎不明显，根粗而长，叶5～9枚，长20～120cm，宽0.6～1.4cm。直立性强，基部常对褶，横切面呈“V”形，边缘有较粗的锯齿。花茎直立，高30～80cm，有花6～12朵；花浅黄绿色，有香味，稍逊于春兰。花直径5～6cm，花瓣稍小于萼片，唇瓣不明显，3裂，中裂片长椭圆形，上面有许多晶莹明亮的小乳突状毛，顶端反卷，边缘有短绒毛；唇瓣白色，有紫红色斑点。花期为3～5月份。

2. 生态习性

蕙兰有“喜日照畏阴暗”的重要习性。蕙兰原生地大多在海拔较高的山顶或山的上部，光照充足，古人云：“兰生阴，蕙生阳”。因此，家庭养蕙兰，要重视解决光照问题，为它设置一个类似的生态环境。把兰盆放在朝东南面向阳的位置上，使它常年享受到充足的阳光。除了夏季、初秋要用遮阳网遮去中午前后的烈日曝晒外，其余季节都可以让阳光普照，以利增强光合作用，加速养料制造，促进植株生长。

3. 繁殖方法

（1）分株繁殖　在植株开花后，新芽尚未长大之前，正处短暂的休眠期。分株前使基质适当干燥，让大花蕙兰根部略发白、略柔软，这样操作时不易折断根部。将母株分割成2、3筒一丛盆栽，操作时抓住假鳞茎，不要碰伤新芽，剪除黄叶和腐烂老根。

（2）播种繁殖　播种繁殖主要用于原生种大量繁殖和杂交育种。种子细小，在无菌条件下，极易发芽，发芽率在90%以上。

（3）组培繁殖　选取健壮母株基部发出的嫩芽为外植体。将芽段切成直径0.5mm的茎尖，接种在制备好的培养基上。用MS培养基加6-苄氨基腺嘌呤0.5mg/L，52d形成原球茎。

将原球茎从培养基中取出，切割成小块，接种在添加6-苄氨基腺嘌呤2 mg/L和萘乙酸0.2 mg/L的MS培养基中，使原球茎增殖。将原球茎继续在增殖培养基中培养，20d左右在原球茎顶端形成芽，在芽基部分化根。90d左右，分化出的植株长出具3、4片叶的完整小苗。

4. 栽培要点

大花蕙兰植株生长旺盛，根群粗而多，如果假球茎已接近拥挤整个盆面，就要换盆，以免根部纠结。大花蕙兰属于地生兰，喜欢富含有机质的植料，通常采用树皮、细木屑、木炭、水苔、椰衣、陶粒、火山石等材料中的一种或多种混合作植料。

它对温度的适应性较强，10~35℃皆可生长，所以在广东栽培，许多地方无需花很大的投资建增温、降温设备。但是，它喜欢昼夜温差大的环境，以日间20~30℃，夜间8~20℃最适宜生长。

空气湿度高和植料微湿的水分状态最适合它的生长要求。在管理上不能以时间来定浇水措施，而应以植株、植料、天气等因素来决定，植料干了才浇水，浇则浇透，使污浊空气和有害物质随水排去。

蕙兰吃肥较多，施肥应低浓度，常供应。可置缓效性肥料于植料中，同时每周施液体肥料1次；氮、磷、钾肥的比例为，小苗2:1:2，中苗1:1:1，大苗1:2:2。在花期前半年停施氮肥，促进植株从营养体生长转向开花。

（三）卡特兰（图3-63）

兰科，卡特兰属，别名阿开木，嘉德利亚兰。

1. 识别要点

此属常绿，假鳞茎呈棍棒状或圆柱状，具1~3片革质厚叶，是贮存水分和养分的组织。花单朵或数朵，着生于假鳞茎顶端，花大而美丽，色泽鲜艳而丰富。花萼与花瓣相似，唇瓣3裂，基部包围雄蕊下方，中裂片伸展而显著。假鳞茎呈纺锤形，株高25cm以上；一茎有叶2、3枚，叶片厚实呈长卵形。一般秋季开花一次，有的能开花2次，一年四季都有不同品种开花。花梗长20cm，有花5~10朵，花大，花径约10cm，有特殊的香气，每朵花能连续开放很长时间；除黑色、蓝色外，几乎各色俱全，姿色美艳，有“兰花之王”的称号。

2. 生态习性

卡特兰原产于南美洲热带丛林中，喜温暖、湿润、半阴的环境，生长适温为15~26℃，越冬温度夜间为8~10℃，白天要高出夜间5℃以上。在这种环境中，卡特兰的叶片和假球茎呈深绿色，富有光泽，花芽可顺利成长开花。若温度在5℃左右，则叶片呈现黄色，假球茎产生皱纹，花芽不能长大，花鞘变褐，生长严重受阻。若夜间温度高于20℃，往往会导致花期过短。春、夏、秋应遮去阳光的50%左右，空气湿度四季保持在80%以上。

3. 繁殖方法

分株繁殖，生长良好的植株3年左右分株1次，于春季新芽萌动时进行。将母株从盆中脱出，去掉培养料，用利刀将假鳞茎连接处切断，使新株有3个以上的假鳞茎，待伤口稍干后即可上盆栽植。

4. 栽培要点

（1）光照　无论是在温室还是在居室栽培，光照对卡特兰植株健壮和开花都是最为重

要的影响因素，阳光不足开花会推迟或开花率低。卡特兰需要较多的光照，除了正午，可让阳光直接照在植株上。兰株可置于东边和遮阴的南边窗台，在西边窗台也能够养。如果是温室栽培，应遮阴至全光照的50%～70%。如果光照充分，叶片应该呈中等绿色而且假鳞茎竖直。但有些品种不必太多日光，如在冬天开花的深朱色花类及迷你型小花类。

(2) 温度　白天21～30℃、夜间15～16℃生长最佳。小苗夜间最好在18～21℃。对于卡特兰，特别是成熟植株，最好有6～10℃的昼夜温差。卡特兰能忍受35℃的高温，如果同时湿度过大，应加强空气流通和遮阴。

(3) 浇水　50%～80%的相对湿度最适合卡特兰。温室栽培最好用加湿器进行加湿，居室栽培可以把花盆座在铺有沙砾的盘子上，盘里放少量水，不能让植株的根接触到水。平时特别是在高湿度或低温条件下，空气应保持流通，以预防真菌和细菌。浇水量的大小由诸多因素决定：盆的大小、材料、温度、光照等。成熟的卡特兰应在植料干了之后再浇水，小苗则需要植料保持相对连续的潮湿度。生长旺盛的植株比休眠的植株需要更多的水分。注意在寒流袭来时应停止浇水。

(4) 肥料　如果是盆栽，施用平衡比例的复合肥；如果是用蛇木板吊挂栽培，则施用高氮比例的复合肥。在植株的旺盛生长期，至少每两周施1次肥；如果不在那个时期，每月施1次肥。浓度通常用推荐浓度的1/2或1/4，用水稀释。建议每个月用干净水彻底冲淋1次植株，防止肥料中的盐分在植株上的堆积。

(5) 换盆　当植株的根茎已长到盆的边缘外或者盆内栽培基质已开始塌陷、排水不通畅，这时应及时换盆。通常是在栽培2年后出现这种情况。换盆最好在春天花期过后，新根还未长出时进行。

卡特兰花形、花色千姿百态，绚丽夺目，常出现在喜庆、宴会上、用于插花观赏。

(四) 蝴蝶兰（图3-64）

兰科，蝴蝶兰属，别名蝶兰。

1. 识别要点

花茎短而肥厚，且被大片的椭圆形叶片所遮盖，有时无法看出来。叶色因品种不同而分为绿色、绿面红背和斑叶红背等。根系的根尖也有绿白根和赤红根两种。花朵有的硕大美丽，有的娇小玲珑；花色有纯白、粉红、紫红、黄色间红斑纹、白色红缘等。

2. 生态习性

蝴蝶兰原生长在热带，那里终年高温，阳光、雨水充足，因而对温度、湿度、光照的要求很高。温暖、潮湿的环境是蝴蝶兰生长的必要条件。

3. 繁殖方法

蝴蝶兰开花后的花梗在一定高度剪断后，最上面的节芽会萌发。具体操作方法：一是将开花后花梗上的残花连花梗剪去，注意保留未萌发的芽节（大约有三四节）。二是把最上面一二节芽上的苞片小心除去，露出节芽，注意不可伤及子芽，若能将除去苞片后的伤口也涂抹羔上，效果更好。三是将处理好的兰花置于适宜的地方（能见光又不直晒）。温度需保持在25～30℃、湿度在75%以上，2～3个月就可长出新的花苗来。四是当新苗长到一定大小时，在其基部用薄膜包少量水苔裹住，当小苗长出二三根粗根时，即可剪下单独种植。

4. 栽培要点

蝴蝶兰虽属于气生兰类，但一般所用植料都比用于卡特兰的稍细些。中小苗可全用水苔或较细的蛇木屑或两者混合。成株后可用水苔、蛇木屑、泥炭土、碎瓦混合调配。另外，盆底的垫底物要多，至少1/2盆量。料质松，排水要通畅。植料表面长青苔或腐烂的应立即换盆换新料。在夏末秋初换料最宜，因为春季花正开，夏季太热，秋植可有4~5个月成长，冬出花梗春开花。

(1) 光照　蝴蝶兰所需光照比卡特兰要弱，不可强光直射。春秋遮光50%~60%，夏季遮光70%~80%，冬季遮光40%~50%。

(2) 温度　最适生长温度10~30℃，成株10~35℃均可忍受，小苗、中苗宜在15~35℃之间。蝴蝶兰较怕冷，气温低于10℃会被冻伤，故在寒流袭来时应注意保温。但花芽的分化要在18℃以下（春化作用），分化后再提高温度以促进开花。

(3) 水分　蝴蝶兰原生种一般生长在密林中，雾气多，湿度高，而且蝴蝶兰没有粗大的假球茎储存水分和养分，所以如果空气湿度不够，叶面易失水（叶面有皱纹而且软弱无力）。最适宜湿度为70%。阳台栽培应用加湿器增湿，浇水多在白天上午。

(4) 肥料　施少量缓效肥在盆内植料中。平时每隔10~15d喷洒2000倍左右的水溶性速效肥，未开花的幼株多施氮肥，成株提高磷肥、钾肥。

知识归纳

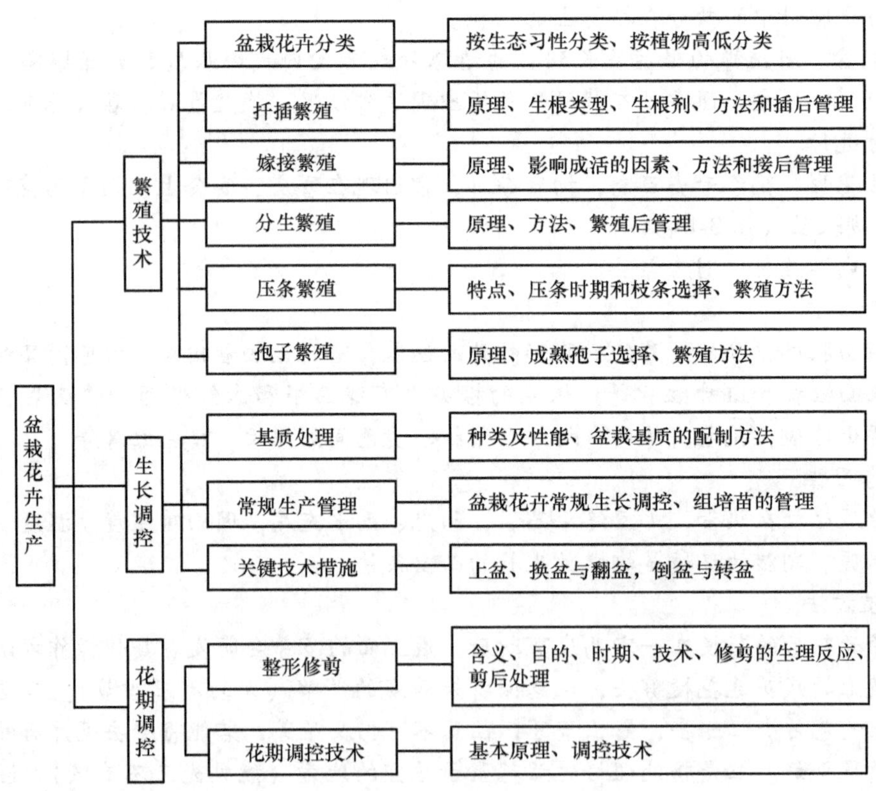

复习思考题

1. 花卉整形修剪的目的是什么？

2. 盆栽花卉和花灌木的修剪时期如何确定?
3. 花卉的整形与修剪技术要点有哪些?
4. 扦插繁殖和嫁接繁殖的技术要点有哪些?
5. 盆花换盆、倒盆的技术要点是什么?
6. 如何正确进行组培苗管理?
7. 盆栽花卉营养繁殖方式有几种? 分别列举每种繁殖方式适合的花卉种类。

切花花卉生产

基本任务1　切花苗培育技术

> 知识目标

- 了解切花生产的品种类型和观赏特点。
- 掌握切花生产环境的调控原理。

> 能力目标

- 学会切花苗的培育技术。
- 掌握切花生产环境调控的技术要点。

子任务1　品种选择

鲜切花是指切取有观赏价值的新鲜的用于花卉装饰的茎、叶、花、果等植物材料。经保护地或露地生产栽培，运用现代化生产栽培技术，达到单位面积产量高，生长周期短，实现规模生产并能周年生产供应鲜花的生产栽培方式称为切花生产。

一、常见切花种类

在切花生产和应用实践中，依据其观赏部位大致可分为四类。

（一）切花类

以花为主体，即平常所指的鲜切花，生产、销售量最大，这类切花是切花栽培与运用的主导产品，观赏运用的对象包括花朵、花序、苞片或花枝。以花朵大或数量多、花色艳丽、花姿优美为主要特征，有的还有诱人的香气，是花艺装饰的主要花材。

主要的切花有月季、菊花、香石竹、百合、唐菖蒲、鹤望兰、红掌、非洲菊、霞草、补血草等。

（二）切叶类

以剪切叶色鲜艳、叶形美丽或奇特的叶片为主。花艺装饰中多用作配材，作为背景或填充材料，起烘托主体、突出焦点的作用。

主要的切叶类切花有肾蕨、变叶木、龟背竹、绿萝、富贵竹、文竹、天门冬等。

(三)切枝类

以剪截未带叶、花、果的美丽枝条，常作为插花和花卉装饰的主枝或衬托。中国传统插花多用姿态优美的切枝作为主枝，欣赏其造型和线条美。

主要的切枝类切花有松、柏、梅花、榆叶梅等。

(四)切果类

以果实作为观赏对象的一类切花。这类切花多数硕果累累，色彩鲜艳或果形奇特，观赏期长。花艺装饰中，摘下形色美的果实，摆放在作品中，常有很强的观赏效果，可单独作为主体或作为配材运用。

主要的切果类切花有佛手、冬珊瑚、五色椒、火棘、乳茄、观赏南瓜等。

二、观赏运用与生产特点

不是任何花卉品种都适应于现代切花生产。从观赏角度讲，为了在切花运用中便于造型和达到良好的观赏效果，要求切花植物具有粗壮挺拔的花枝、果枝或叶柄，且具有较长的观赏期，同时要求花色鲜艳、花形整齐。从生产角度讲，要求切花植物抗病性强、冬季低温弱光条件下也能够很好成花，易于实现多次采切和周年生产。

不同种类的切花，在进行现代切花生产时还有一些具体的要求。如切花月季除上述标准外，还要选成花枝数多、花蕾长尖高芯形、有香味和茎秆少刺的品种；香石竹要求选择不易裂蕾的品种；百合要求选择叶烧不严重、对弱光敏感度低的品种；菊花要求选择花期长、花形整齐、花朵适中、切花吸水性好的品种。

目前，能满足现代切花集约化生产要求，真正形成规模生产，并大量投放市场的品种却为数不多，主要有月季、菊花、香石竹、唐菖蒲、百合、郁金香、非洲菊、小菖兰、热带兰花等少数种类。

切花是花卉市场上产销量最大的一类产品，也是与市场消费联系紧密的一个大宗园艺产品，它与盆花等其他类型花卉产品相比，现代切花生产具有以下几个鲜明的特点：

1）切花的消费量大，市场广阔。

2）生产周期短，易于进行集约化经营、机械化生产实现周年供应，对栽培设施条件要求高。

3）易于包装、贮运，且携带病虫害少，便于跨地区、跨国贸易。

4）单位面积产量高、经济效益好。如月季每年产量为100～150枝/m^2，菊花每年产量为60～80枝/m^2，切花的经济效益是其他栽培方式的3～4倍。

5）具有高投入、高风险的特点。生产设施投入资金较多，技术含量高，并需要有完善的流通、储藏、运输条件与之密切配合，才能获得较好的经济效益，导致了切花生产有着较高的市场风险。

三、各种因素与切花品质的关系

切花品质的含义包括观赏寿命、花姿、花朵大小、小花发育状况、鲜度、颜色、茎和花梗的支撑力、叶色和质地等。一般来说，切花品质取决于采前，但如果采收时或采后处理不当，也会损伤原有品质，因而降低或丧失观赏价值。要提高切花花卉的品质，必须从提高切花的栽培管理水平入手，科学合理地养护，才能提高切花的商品率，适应国内外市场的需求，使鲜切花产业实现优质、高产、高效的目标，发挥其应有的市场竞争力。

（一）切花内含物与品质的关系

切花的含水量一般为70%～80%，其余部分为干物质，如碳水化合物、有机酸、挥发性物质、色素、矿质元素和维生素、植物激素等。这些化学成分的性质、含量及变化与切花品质、采后生理变化和储藏保鲜有着十分密切的关系。

（二）栽培管理水平与品质的关系

栽培水平直接影响切花生产发育和品质形成，以及采后品质的变化。

1. 肥水管理的影响

合理施肥和灌溉对于优质切花生产尤为重要。在切花的栽培过程中，切忌施氮肥过量，否则，将会影响切花的品质和寿命。试验表明，菊花在花蕾着色之前，要停止使用氮肥，同时适量增施钾肥，有利于增强花枝的耐折性，提高切花的品质。在切花生长期间，要保持土壤的相对干燥，水分过多，不利于根系发育和采后品质的保持。如果在低温时期，水分过多或磷肥过量，会导致香石竹花萼破裂；如果在花芽分化期，肥料过多，易导致香石竹花头弯曲，影响切花品质；施用钙镁磷肥，能使金鱼草花大色艳；菊花生长期间，施用硝态氮肥要比氨态氮肥更有利于提高切花的品质。

2. 环境条件的影响

环境条件直接影响到切花的生长和品质，其中最重要的是光和温度的影响。光通过切花的光合作用，使切花体内碳水化合物增加，促使色素形成，切花花色鲜艳，观赏寿命延长。温度也较明显地影响切花的品质和寿命，如在高温高湿条件下栽培的菊花和香石竹，切花的观赏寿命缩短。切花月季在采前10d，温度从20℃升到27℃，切花的观赏寿命比对照明显缩短。因此，在生长期内，适当增加光照，保持适当低温，有利于提高切花的品质和观赏寿命。

3. 病虫害的影响

病虫害直接影响到切花的生长，降低切花品质，许多切花品种如百合、菊花等易受病毒病的危害，使得花卉植株生长受阻，叶、花变色或畸形，枝条节间缩短，花蕾萎缩，难以开放。另外，切花植株一旦受到病虫害危害，如不及时防治，优质切花的产花率极低，严重影响切花品质。因此，在栽培管理过程中，加强切花的病虫害防治，掌握发生规律，抓住防治关键时期，对提高切花的品质尤为重要。

4. 激素的影响

应用激素能有效地增加花枝的长度和硬度。如用4mg/LGA在菊花栽植后3d和3周后各喷1次，能使优质花朵的比率增加1倍以上。在菊花现蕾后3～8周内喷洒2.5%的B9 1～2次，切花寿命可延长5d左右。百合花在开花前1～2周用500～1000mg/LGA处理，切花寿命比对照延长2～3d。

5. 矿质元素的影响

适量施用矿质元素，提高切花品质。切花中含有多种矿质元素，主要为N、P、K、Ca、Mg等，它们是切花组织细胞组成、功能和代谢的重要物质，矿质的含量对切花的品质有直接或间接影响。缺钙的花卉植株，其切花枝条较软，缺钾的月季切花花头容易下垂。

（三）品种与品质的关系

不同种类切花的观赏性是有差异的，目前世界上最为流行的切花种类，主要有月季、菊花、香石竹等。

四、切花苗的繁殖

花卉植物种类繁多，其繁殖方法也各有不同，通常可分为有性繁殖和无性繁殖两大类。一般根据实际情况采取相应的繁殖方式。

1）有性繁殖：参见草花育苗有关内容。

2）无性繁殖：扦插繁殖、嫁接育苗、分生繁殖、压条繁殖、孢子繁殖等（见盆花育苗）。

子任务2　设施环境调控与土壤改良

现代鲜切花生产绝大多数是在保护地条件下进行，只有少量鲜切花生产为露地栽培，且时间短、季节性很强。这是因为保护地生产采用的一些设施，为鲜切花生长提供一个良好的生态环境，有利于鲜切花的生长发育，有利于实现鲜切花周年生产和优质高产栽培，在一定程度上能够较好的控制各种栽培环境因子，如土壤、温度、水分、光照、空气和营养元素等。

一、棚室消毒

棚室由于常年连作，加之温度高，湿度大，适宜病原生物的繁殖，如果不进行彻底消毒，病害有逐年加重的趋势。因此，在保护地切花种植之前，为减少病虫害的发生，有必要对棚室空间、土壤及棚室内设施进行消毒。

（一）棚室土壤消毒

许多病原微生物、虫卵和杂草种子等宿存于土壤中，为了减少它们带来的危害，切花生产的土壤要彻底消毒，特别是温室切花生产的土壤消毒就更为重要。

常用的土壤消毒方法有：

1. 蒸汽消毒

将培养土堆积起来，通上蒸汽管道，外部用塑料薄膜覆盖，送进高温蒸汽，可彻底消灭土壤中病原虫体和杂草种子等，这种方法安全有效。消毒中需要注意时间不能太长，以土壤表面冒出蒸汽为准，停止供应蒸汽后利用余热继续消毒。

2. 化学药剂消毒

多采用市场销售的福尔马林（40%甲醛），配成1:50或1:100倍药液洒在土壤表面，并与表土拌匀，表土用药液为$25kg/m^3$，洒后用塑料膜覆盖，经过3～6d后解除覆盖，敞开棚室通风10～15d后即可种植。也可用氯化苦（三氯硝基甲烷）进行土壤消毒，营养土用药量为$150mL/m^3$，用塑料薄膜等覆盖密封3d，处理后经较长时间的风干后方可使用。此外，生产上还采用50%多菌灵、50%托布津、75%敌克松的1000倍液，浇洒土壤，进行消毒。操作时首先将室内土壤翻松，再用喷雾器对土壤均匀喷洒药液，并用塑料薄膜覆盖2d，然后撤去塑料薄膜，通风2周后使用。

（二）棚室空间消毒

1. 阳光消毒

夏季高温季节，利用闲茬时期，撤掉温室覆盖物，彻底清洁田园、铲除枯枝败叶、病株残体，将整栋温室的骨架、墙体及土壤裸露于光照下，利用阳光紫外线进行杀菌消毒。

2. 高温闷棚消毒

在夏季高温季节，可用高温闷棚法，将大棚全部封闭，利用阳光和棚内高温进行室内消毒，密封暴晒15～20d，5～10㎝深处土壤温度可达40～60℃，最高土温能达50～70℃。

3. 熏蒸消毒

密闭棚室数日后选择晴天进行，每667m^2用硫黄粉1kg加2kg锯末混合，倒入少量酒精，拌匀后分放在温室各处，将所用农具等一并放入温室。暗火点燃后密闭温室熏蒸12h。或者直接使用45%百菌清烟雾剂，每667m^2用药1kg熏蒸温室。熏蒸后密闭温室7～10d消毒灭菌，切花苗定植前1～2d打开通风口通风。

（三）辅助设施消毒

对营养钵等育苗器具、生产工具等，可用1%～2%福尔马林水溶液均匀喷洒或洗刷后熏蒸消毒，或用浓度为30mg/L的敌克松消毒。

二、环境因素的控制

（一）温度调节

1. 设施的加温措施

为实现切花的周年生产和周年供应，在冬季的保护地切花生产中，均需利用人工加温设备来提高温度，保证切花植物完成正常的花芽分化和开花。常用的加温形式主要有：

（1）热风加温　利用热风机将燃料燃烧后产生的热风，用带孔的塑料送风管道送入设施内，对保护地内的空气直接加温，热风的温度一般为60～80℃。国外大棚热风加温应用广泛，如日本75%的加温温室是热风加温。

热风加温的特点是加温迅速升温快、控温容易、加温面积大，且设备较简单、移动方便，是目前花卉商品化生产上推广应用最快的加温设备。此法的燃料目前多为煤油或重油，使用成本较高。但由于受燃油机功率、风扇功率等的影响，加温的范围和均匀性均不如热水加温。

热风加温主要用于中小型连栋温室或连栋塑料大棚中，也可用作临时性加温。

（2）热水加温　利用常压锅炉产生的热水，通过管道输送到设施内，再经过散热器将热量扩散到室内。这种加温方式具有热稳定性好，使用安全可靠，供热容量大，温度便于控制且分布均匀的优点。但是其升温慢、投资高、加温成本也较高。

热水加温是大型玻璃温室和连栋塑料大棚作为长时间加温的主要方式。

（3）烟道加温　烟道加温分为地上式和地下式两种。它是在炉体内燃烧柴或煤，将燃烧后的高温气体通过烟道的管壁进行散热，进而加温棚室内的空气或者土壤，最终经烟道将烟排出设施外。这种加热方式具有燃料成本低、设备简单、安装容易等优点，多见于简易温室及小型土温室。其缺点是操作费工，增温慢，温度不易调节且温度不匀，空气易干燥，目前切花生产中采用较少。

（4）蒸汽加温　这种加温方式是利用高压锅炉产生的高温蒸汽，通过管道送入温室内的散热器中，经过散热器将热量扩散到室内。高温蒸汽发热量大，热量分布均匀，能迅速提高棚温，且温度易调节，常用于大面积的棚室加温。其缺点是设备费用较高。

（5）电热线加温　这种加温方式主要是针对土壤增温。它是将专用的电热线铺设在土

壤中来提高地温，利用控温器进行较精确的地温控温。电热线加温具有加温快、温度易于控制、撤装容易等优点，但也存在着用电量大，加温成本高的缺点。目前，电热线加温主要用于育苗和小型设施的临时性加温。

除以上加温方式之外，还可将发电厂、炼油厂、化工厂等工矿企业排放的热水和蒸汽引入棚室，加以有效利用。有地热资源的地方，也可利用地热给棚室加温。

2. 设施的保温措施

（1）增强设施自身的保温能力　设施的保温结构要合理，场地安排、方位与布局等也要符合保温要求。北侧最好有挡风的建筑、树林、风障等，以免冬春冷风侵袭设施。采用保温性能好的塑料薄膜、双层充气薄膜、中空复合板材、泡沫颗粒等隔热材料进行覆盖。夜间可覆盖草苫或者保温被。

（2）减少缝隙，提高棚室的气密性　这种措施也能增强保温效果，薄膜之间的缝隙要小，尽可能减少棚室内外空气的对流；及时修补薄膜破孔以及墙体裂缝；通风口、门窗等要关闭严密。

（3）保持较高地温，增加土壤的贮热能力　保持地温的主要方法有：覆盖地膜；合理浇水。低温期尽量减少浇水的次数，浇水量要小，且不能浇冷水；开挖防寒沟，内填干草，上用塑料薄膜封盖，减少设施内土壤热量的横向传导失热。

（4）设置风障　多风且风向较为恒定的地区设置风障的保温效果较为明显。一般多在设施的北部和西北部设置风障，以降低风速，提高设施的保温能力。

（5）进行多层覆盖　为了提高棚室的保温能力，常采用固定或活动的多层覆盖措施，如大棚内套中小棚。同时夜间可在小棚上加盖草苫或保温幕帘。

3. 设施的降温措施

从春末至初秋，时逢我国高温强光时期，棚室切花生产需要进行降温。

（1）通风降温　通风分为自然通风和强制通风两种。利用开启门窗、掀开薄膜进行的通风称为自然通风；利用换气扇等机械进行的通风称为强制通风。通风具有降低室温、排放水汽、补充 CO_2 等多重作用，是设施生产中对环境因子进行有效调控的一个重要技术措施。

通风时应注意以下几点：①要严格掌握好通风口的开放顺序。在设施内温度的分布具有上部气温高下部气温低的特点，当外界气温低于15℃时，只开启上部通风口，严禁开启下部通风口，以免冷风侵袭幼苗；随着温度的升高，当只开启上部通风口不能满足降温要求时，再打开中部通风口协助通风；当外界气温升高到15℃以上方可开启下部通风口。②要根据设施内的温度来调节通风量的大小。冬季低温期，一般当设施内中部的温度升到30℃以上时才开始通风；高温期，在温度升到25℃以上就要通风。③通风量要逐步增加，严防突然进行大通风，导致通风前后温湿度变化剧烈，引起植株萎蔫。适宜的通风量大小是通风前后，设施内的温度下降幅度不超过5℃。中午随着温度的不断升高，逐步加大通风量，棚室内最高温度一般要求不超过32℃。下午当温度下降到25℃以下时开始关闭通风口，当温度下降到20℃时，就应将通风口完全关闭。④当外界风速较小、自然通风效果不佳时，可采取强制通风措施进行降温。

通风措施只有在棚室内外温差较大时，才能取得较好的降温效果。当棚室内外温差较小时降温效果较差，应同时采用其他措施进行降温。

（2）喷雾降温　喷雾降温是利用微喷头将水雾化（使水形成直径 <0.05mm 的迷雾），

喷洒到设施内，当迷雾与热空气充分接触时吸热蒸发而使空气温度下降，进而达到棚室内降温的目的。

当室外气温达36℃以上时，仅用换气降温，室内只能降温1~2℃；若加上喷雾降温装置，可降温7~9℃。设施内喷雾降温见效快，降温效果明显，但容易造成设施内湿度过高，应加强通风排湿。对原产热带雨林地区的切花植物（如洋兰、红掌等）效果良好，但对一般的宿根类切花则要避免长期使用，以防高温高湿造成植株腐烂和病虫害侵染。

（3）遮阴降温　在夏季高温强光时期，遮挡部分光照可降低室温，主要手段是利用覆盖遮阳网、开启温室内外的帘幕系统达到降温目的。当遮光度为20%~30%时，可相应降温4~6℃，降温效果明显，是目前常用的最经济有效的设施降温方法。现代化连栋温室除利用室内骨架结构搭建内遮阳帘幕系统外，还在室外设立钢架，搭建单独的室外遮阳系统。

（4）湿帘降温　湿帘是设施中常见的配套降温设施，它由进风口的流水帘和对面排风口的风机组成。水循环装置不断用水将流水帘淋湿，空气进入流水帘的缝隙中被水冷后进入室内，又被设置在对面的风机将热空气排出，进而实现降温的目的。

湿帘降温适合于夏季空气干燥的北方地区使用，降温效果明显。而在夏季空气湿度高的地方，降温效果不明显。

（5）机械制冷　利用制冷机械降温，通常只在小面积设施中生产高价值的切花时才偶尔使用。

（二）光照调节

1. 补充光照的措施

在棚室内进行的补光措施有两种，一是为调节光周期现象进行的长日照处理，二是为增加光照强度而进行的补光强处理。

长日照处理是为调节切花开花生理而进行的延长光照时间的补光，这种补光栽培也称为电光栽培，在菊花、满天星等鲜切花栽培中广泛应用。

补光强处理主要是在连续的阴雨降雪天气，棚室内光照强度低，通过补光措施来提高光照强度以满足切花光合作用要求，提高切花生长量。但这种补光强处理费用过高，在实际生产中受到限制。

人工补光的光源有白炽灯、日光灯、高压水银灯、高压钠灯等。要根据使用目的来选择合理的补光设备。长日照处理是以调节光周期为目的，对光照度要求比较低，多用小功率的白炽灯、荧光灯；补光强处理是以补充自然光照强度不足为目的，一般多使用大功率高压气体放电灯、荧光灯。

2. 遮光措施

遮光措施是利用黑色地膜、遮阳网以及棚室内的帘幕系统等进行覆盖，为植物创造一个近似于完全黑暗的环境，达到缩短光照时间的目的。通过遮光处理可以促进短日照植物提早开花、结果，对于切花来说可以调节开花时期，在一品红、菊花的生产上经常采用。

在遮光时一般要注意：①防止高温危害，因为缩短光照处理多在夏、秋季光照时数较长的季节进行，覆盖后容易引起通风差、高温、高湿，影响植株的正常生长。②覆盖过程中要注意防止其他光源的进入，导致黑暗效应的逆转。③应掌握好覆盖时间，防止覆盖时间过长而影响植株的光合作用，营养生长不良，开花反而延迟。

3. 遮阴措施

遮阴是在夏季强光高温期，通过开启棚室的帘幕系统、覆盖遮阳网或者利用荫棚，达到减弱光强降低温度，进而实现切花夏季栽培的目的。常用的遮阳网，有黑、银灰等多种颜色可选择，遮光率一般为35%～70%，夏季使用可以降低温度4～8℃。遮阴措施具有轻便、易操作的特点，可根据实际需要覆盖1～3层。

除夏季需要遮阴之外，春秋中午光照过强时往往也需要进行遮阴栽培。

4. 增加光照的措施

冬春低温季节通过增加光照可以提高棚室温度，降低人工加热的费用。而增光往往需要采取一些综合性的措施才能很好的实现。

总体而言，各地要根据本地具体气候特点，合理选择设施类型和建设场所，科学设置大棚群或温室群，以此来增加设施的自然采光量，增强设施的保温性能；选用透光系数高的覆盖物如无滴膜等来增加透光性；经常保持覆盖物表面清洁和膜面平整，减少光的反射；在地表铺设反光膜，在北墙张挂反光幕，增加散射光；加强田间管理，及时进行整枝、摘除老叶和病叶等措施，提高植株间的通风、透光性；在保证设施内温度的前提下，保温覆盖物尽可能的早揭晚盖，延长光照时间。

（三）水分调节

水分管理是切花生产中一项重要内容，工作量大，要求高，较大程度上影响着切花的产量、品质和经济效益。设施内水分的调节涉及两个方面，一是土壤水分管理，二是空气湿度管理。土壤水分管理依靠各种灌溉设备实现；空气湿度管理则往往依靠综合管理措施得以实现。

1. 土壤水分调节

棚室内调节土壤水分的方法较多，主要有以下几种：

（1）微喷灌　微喷灌多在面积较大的棚温室内采用。该系统由加压泵、过滤器、压力调节器、管道、高压微喷头等部分组成，以0.15～0.25MPa的压力进行迷雾喷灌。要求水质清洁以免造成喷嘴阻塞，喷水不匀。喷嘴的喷雾范围宽度通常为1.2～1.8m，安装密度为0.8～1.0m。一般在切花生产用的连栋温棚内都设有悬挂式微喷灌系统。此系统既可满足灌溉要求，还能实现夏季喷雾降温、提高空气湿度等其他功能。

（2）滴灌　该系统由过滤器、加压泵、管道、滴头等组成，水以稳定的流量缓慢滴入根系附近土壤，能根据花卉需要做到适时适量供水，且能保持土壤疏松不板结。但其投资较高，对水质要求高。滴灌在花卉生产已广泛采用。

目前保护地切花生产中主要采用滴灌带灌溉，即在黑色PVC软管上相隔20～30cm埋设内嵌式滴头，水从滴头流出。由于出水量比较大，所以抗阻塞性能好。可根据需要在切花种植畦面上铺设一条或多条滴灌带，结合畦面铺设的黑色膜实现膜下滴灌，以免灌溉后引起棚室空气湿度过高。

微喷灌和滴灌已在设施生产中普遍运用，它能根据作物的需求适时适量地进行灌溉，提高了灌溉质量和效率，保证了作物正常生长的水分要求。由于采取的是局部灌溉的形式，不会引起土壤温度的明显下降，同时能增加土壤的贮热能力，也有利于设施内夜间温度的提高。对冬季低温期切花的保护地生产有很好的促进作用。

除此而外，切花生产还可采取渗灌、软管浇水、洒水等方法进行灌溉。不论在设施内采用何种灌溉形式都应该遵循适时适量的原则。适时灌溉即选择适宜的灌水时间，晴暖天气设施内的温度高，通风量大，浇水后地面水分蒸发快，对设施内空气湿度影响较小，因此，一般多选择晴天上午进行灌溉。低温阴雨天气，气温和地温都较低，地面水分蒸发慢，灌溉后地温提高也慢，不宜进行灌溉。适量灌溉首先应根据切花种类、生育阶段和生长状况来进行，不要因灌溉而导致地面漫流，更不要大水漫灌；其次应根据不同的栽培方式、设施内不同地方土壤水分情况，合理灌水。一般设施中部、种植床中部等温度高容易干燥的地方适当多浇，相反则少浇或不浇。

2. 空气湿度调控

空气湿度调控是通过合理的措施来保持设施内一定的湿度，在湿度较高时，采用通风排湿等方法降低湿度；在湿度较低时，通过喷雾等方法提高湿度，维持作物的正常生长。由于棚室的密闭性，往往导致设施内部会出现相对湿度过高的问题，使得降低相对湿度成为设施内空气水分管理的重点。降低湿度的具体方法如下：

（1）通风排湿　通风排湿是棚室管理中最常用、最经济有效的方法，应注意掌握通风时间、通风大小等，并与通风降温综合起来考虑。

设施的通风排湿效果最佳时间是中午，此时设施内温度升高，大量水分蒸发到空气中，设施内外的空气湿度差异最大，湿气容易排出。其他时间温度较低，水分蒸发量少，排湿效果也下降。在保证温度要求的前提下，尽量延长通风时间。特别注意加强以下5个时期的排湿：浇水后的2~3d内、叶面追肥和喷药后的1~2d、阴雨（雪）天、日落前后的数小时内（相对湿度大，降湿效果明显）和早春。

（2）减少地面水分蒸发　减少地面水分蒸发的主要措施是覆盖地膜，采用膜下灌溉技术。对于未采用地膜覆盖的保护地，在浇水后的几天里加强通风排湿管理。育苗床在浇水后可向畦面撒干土压湿。

（3）合理使用农药和叶面追肥　减少叶面追肥、喷洒农药的次数，以控制室内湿度上升。

除了以上方法外，还可采用无滴膜覆盖、除湿机等方法来降低湿度。

增加设施内空气湿度的措施很多，主要有灌水、喷雾加湿等。灌水直接提高了土壤的湿度，从而加大了土壤的蒸发量，能有效地提高空气的湿度。也可开启微喷灌系统，直接将水喷洒到植物和土壤的表面，可使设施内湿度迅速提高，并可起到降温和加湿的双重作用。

（四）气体调节

设施是一个相对封闭的环境，它与外界的气体交流相应较少，因此设施内部气体条件也是调控的主要目标。

1. 设施内的有益气体

（1）氧气　切花正常生长需要氧气的参与，尤其在夜间，光合作用因为缺少光照而不再进行，但呼吸作用仍在进行，需要充足的氧气。切花地上部分生长所需氧气来自于空气，而根系所需氧气来自于土壤，切花栽培中常因灌水太多或土壤板结造成土壤中缺氧，引起根部危害。

（2）二氧化碳　棚室内部由于是个封闭环境，与外界环境气体交换量小，白天植物进行旺盛光合作用而通风不良时，棚室内常出现CO_2匮乏现象，会严重地抑制切花的生长发育。通过通风换气或者施用CO_2气体肥，可以很好地解决设施内CO_2供应不足的问题。

常用的 CO_2 气体施肥方法有：

1）将液体 CO_2 钢瓶连接上减压阀在设施内释放 CO_2，容易控制且肥源较多，成本相应较高。

2）利用 CO_2 发生器燃烧液化石油气或天然气产生 CO_2，通过管道和风机送到棚室内，供作物吸收利用。

3）施用 CO_2 颗粒肥。这种肥料将碳酸钙与其他营养元素相组合，经机械加工成颗粒状。使用时，埋于作物行间或施于地膜下。667m^2 的用量为 40～50kg，释放持续时间约为两个月。

4）CO_2 化学反应器法是采用碳酸盐和强酸产生化学反应生成 CO_2 气体肥料，方法简便而经济，我国目前应用此方法最多，已在生产中有较大面积的应用。

5）土壤中增施有机肥，通过微生物分解产生 CO_2。

一般在晴天设施内温度达到 15℃ 以上时，在日出后半小时左右开始 CO_2 气体肥施用，全天持续施放 2h 以上，至通风前 1h 停止。一般切花在 CO_2 浓度为 600～1500mg/kg 的情况下，其光合速率最快。阴天光照不足、温度偏低时以及雨雪天气应停止施用。

2. 设施内的有害气体

（1）氨气　设施内氨气主要是含氮肥料分解的产物，大量施用未经腐熟的人粪尿、畜禽粪、饼肥等有机肥，以及施用碳铵、氨水等都会产生氨气。当氨气浓度在 40mL/m^3 就会对切花植物产生轻度危害。

（2）氯气　新购塑料制品在阳光暴晒和高温作用下都会挥发出氯气，危害作物生长。植株受害时，叶脉间出现白色、浅黄褐色的不规则斑块，最后发展至全株。

（3）二氧化硫　二氧化硫主要来自于工厂燃烧后的废气，在设施内采用热风加热系统燃烧劣质燃料也会产生。

（4）二氧化氮　二氧化氮主要是在肥料分解过程中产生，逸出土壤散布到室内空气中，通过气孔侵入细胞，分解叶绿素造成危害。

有害气体产生后，在白天高温高湿条件下危害较重。通过加强通风管理，选择适合的肥料类型，并采用穴施盖土等施肥方法，能有效防止有害气体的危害。

三、土壤改良方法

在设施切花栽培中，由于设施内部相对封闭的特点，使设施内的土壤缺少严寒、雨淋、曝晒等自然因素的影响。加之长时间栽培单一植物种类、施肥多、浇水少等一系列因素的影响，使得土壤的理化性状发生变化，土壤病原微生物大量积累，即使在正常管理的情况下，切花产量也会降低，品质变劣，生育状况变差，无法再继续生产，出现连作障碍。

1. 切花连作障碍防治

切花种植中，要避免连作障碍的产生，往往需要采取一些综合性措施，才能取得明显成效。常用的措施有：

（1）合理施肥　根据不同切花对肥料的需求特点，以及不同生育时期需肥的规律，采取科学的施肥方法，提供作物所需的各种肥料，实行完全施肥，不偏施氮肥。

（2）增施有机肥　有机肥能供给切花生长发育所需的各种元素，同时能够改善土壤结构，提高土壤的保水保肥能力。针对不同的有机肥，在施肥时可采用分层施用的方法，迟效的、肥力低的施在最底层，肥效快的、肥力高的施在中层，随着作物根系的不断扩展，逐渐吸收各层肥料，避免肥料过分集中而伤害根系。

（3）合理轮作　在有条件的情况下，要实行严格的轮作制度。利用不同种类切花对土壤中不同养分的吸收，平衡土壤中各种元素的比例，避免作物根系分泌物的自毒作用，还能有效地控制各种病害的发生。

（4）灌水洗盐　土壤中的含盐量偏高时，可利用土地休闲时间引水灌田降盐，也可间隔3~4年在夏季揭开覆盖物，利用自然降雨洗盐。

除以上措施外，还可在切花生产中采用地膜覆盖抑制水分的蒸发；进行中耕松土，促进根系生长，提高根的吸收能力；以及对根系活动层进行客土、换土等措施进行调控。

2. 土壤酸碱性调控

不同种类切花对土壤的pH值要求不同，可采用撒施石灰粉、硫酸亚铁和硫黄粉来调整土壤的酸碱性。碱性土壤改良，可撒施硫黄粉250g/m^2或者硫酸亚铁1.5kg/m^2，使用后可降低pH值0.5~1.0，黏重土壤可适当增加用量。

酸性土改良一般采用施石灰或石灰石粉的方法。一般每667m^2使用石灰的量在30~120kg之间。当土壤已经酸化或必须施用生理酸性肥时，可在肥料中掺入生石灰来调节。当土壤酸化严重并想迅速增加pH值时，可施加熟石灰，但用量为生石灰的1/3~1/2，且不可对正在种植切花的土壤施用。

3. 土壤质地改良

沙土保水保肥能力低，黏土通气、透水性差，土壤质地改良工程量大，一般仅仅针对不适宜于切花种植的粗沙土和重黏土才进行质地改良。改良的深度范围为土壤耕作层。改良的措施为沙土掺黏、黏土掺沙。沙土掺黏的比例范围较宽，而黏土掺沙要求沙的掺入量比需要改良的黏土量大，否则效果不好。其次，通过多年大量使用有机肥也可使土壤质地逐步改变至壤土范围内。还可利用土壤改良剂进行改土。土壤改良常与土壤耕作结合起来进行。

子任务3　定植技术

一、土地选择

切花播种或定植以前，选择光照充足、土地肥沃平整、水源方便和排水良好的土地进行整地。整地的质量与花卉生长发育有重要关系，不但可以改进土壤物理性质，使水分、空气流通良好，使种子发芽顺利，根系易于伸展，而且土壤松软有利于土壤水分的保持，促进土壤风化和有益微生物的活动，有利于可溶性养分含量的增加。通过整地可以将土壤病菌、害虫等翻于表层，暴露于空气中，经日光与严寒等灭杀，有预防病虫害发生的效果。一般情况下露地切花生产在秋天耕地，经过冬季休闲到次年春季再进行整地作畦。

二、整地深度

整地深度一般为30~40cm。根据花卉种类及土壤情况而定。一、二年生花卉生长期短根系较浅宜浅，为20~30cm，宿根和球根花卉可适当深些，为40~50cm。整地应先翻起土壤，打碎土块，清除石块、瓦片、残留作物及杂草等，以利种子发芽及根系生长。土地使用多年后，常导致病虫害频繁发生，此时应利用机械进行深翻，将新土翻上，表土翻下，并结

合土壤耕作大量施入有机肥，调整土壤质地，补充土壤养分。新开垦的土地也应进行深耕，先种一、二季农作物或绿肥，如甘薯、大豆等，并施予适量的腐熟有机肥，对酸性土还要施入石灰、草木灰等，调节土壤酸碱度，然后再栽植切花。

三、作畦

切花栽培一般都采用畦栽方式，依地区和地势的不同而异，常用高畦与低畦两种方式。高畦多用于多雨及低湿地区，以及春季栽培。高畦畦面高出地表，有利于接受早春阳光照射，可提高土温，且便于排水，同时扩大了与空气的接触面积，提高了土壤中的氧气含量，对于地下部分需氧量较多的球根类切花有良好促进作用。通常高畦畦高20～30cm，畦宽0.8～1.2m，沟宽40～50cm左右。低畦用于北方干旱地区，以及需水量较多的切花。低畦畦面低于地表，两侧留有畦埂，以蓄留雨水及便于灌溉。畦面一般宽度为100～120cm左右。

四、定植

（一）定植时间

保护地切花的定植时间确定是以切花采收日期为界限，根据植株的生长周期加上一定的机动天数向前推算，得到的时间就是定植时间。露地切花定植则主要根据切花植物的生长发育要求的气候条件来确定，尤其是温度条件。

切花是商品性非常强的园艺产品，要想获得高的经济效益，一定要结合市场需求来综合考虑。首先，尽量将采收期安排在市场需求量比较大的时期；其次，定植时间的确定还要兼顾生产条件、技术水平和生产设施。设施完备、技术成熟、生产条件好则可适当提前定植，反之则推后；最后还要考虑用工、定植时的天气情况以及其他不可预见因素的干扰，适当增加4～5d的机动时间。

常见切花植物中，百合的生长周期一般为95～120d，切花菊的生长周期一般为90～110d，唐菖蒲的生长周期一般为75～100d，香石竹的生长周期一般为80～95d。

（二）分期栽植

露地草本切花的播种期通常分为春、秋两季。在春天播种，当年夏秋季节开花结实的一年生草本花卉，称为春播花卉，有百日草、孔雀草等；在秋天播种，第二年春夏开花结实的二年生草本花卉，称为秋播花卉，有金盏菊、紫罗兰等。有些春播一年生草花，生育期较短，开花期在一定程度上由播种期而定，往往早播早开花，迟播迟开花，例如百日草于春季播种，夏季开花，初夏播种则推迟到秋季开花，分期播栽则能依播栽次序，接连不断地开花。

对部分切花而言，在保护地切花栽培过程中，如能充分利用棚室内水热条件较好的优势，可通过分期（播种）栽植实现花期调控。

有些秋播的二年生草本花卉，利用低温环境促使其通过春化阶段，则可改秋播为春播，实现当年播种当年开花。对此类型的草本花卉，可利用人工低温分批处理，然后在春季分期栽种，达到连续产花，例如将霞草（满天星）生根插条在1～2℃气温条件下贮藏30～40d，经处理的插条从定植到开花只需70d左右。

对于一些球根类切花也可采用分期栽植来催延花期。例如唐菖蒲的球根自3月下旬开始定植，到7月底为止，每隔10d定植一批，能使其切花供应时期从6月一直延续到10月。

（三）定植密度

确定定植密度的总体原则，是要给花卉的生长发育提供一定的土壤营养面积，进而获得较高的群体产量和良好的品质。

通常切花栽培适宜于密植。株行距大小应根据切花种类、株形大小以及土壤条件等来决定。一般一、二年生花卉和球根花卉株行距宜小，多年生宿根花卉和木本花卉株行距宜大；肥沃土壤株行距宜大，贫瘠土壤株行距宜小。如月季为9～12株/m^2，百合为30～40株/m^2，香石竹为36～42株/m^2等。

（四）定植方法

切花定植方法分为明水定植和暗水定植两种。

1. 明水定植法

先在畦面开沟，按株距将种苗逐一栽入定植沟中，然后覆土轻压，再逐畦放明水灌溉。优点是定植速度快，省工，根际水量充足。缺点是易降低地温，表土易板结，定植水量不宜过大。一般用于夏、秋季高温季节切花定植，且选择阴天、无风的下午或傍晚定植为宜。

2. 暗水定植法

先在畦面按行距开沟，随即在定植沟中灌水，在水快渗完时将种苗按株距栽入定植沟内，待水全部渗下后覆土封沟。这种定植方法用水量少，地温下降幅度小，种苗根系与土壤结合的程度好，覆土后表土不板结，土壤透气性好，有利于缓苗。但较费工，对土地平整度要求高，常用于冬春低温季节切花定植。暗水定植选择在晴朗、无风的中午定植为宜。为使定植后快速缓苗，也可以在定植前1～2d先进行土壤灌溉，让土壤吸足水分，经阳光照射土温上升后，再进行栽植。

（五）定植步骤

1. 起苗

从苗床或圃地把种苗挖掘出来称为起苗。起苗应在土壤湿润状态下进行，如土壤干燥，应在起苗前1d充分灌水。种苗一般有5、6片真叶时即可起苗定植，苗过大不易恢复正常生长，个别不耐移栽的花卉，应于苗更小时进行。裸根起苗通常用于小苗及一些容易成活的大苗，起苗时要尽量多保存一些完好的根系，若不能立即栽植，应将裸根蘸上泥浆，以延长须根的寿命。带土起苗多用于大苗，起苗时应保持完整的土坨，勿令破碎，土坨的大小应以保留大部分须根系为准，并经得起运输。如苗床培养土偏砂，会导致土坨松散，应取旧报纸等材料包裹后运输。种苗或种球最好随取随栽，低温期注意保暖防冻，高温期注意遮阳补水，避免种苗或种球长时间暴露在外而受冻或失水萎蔫。

2. 栽植

栽植方法分为沟植法与穴植法。沟植法是依一定的行距开沟栽植，穴植法是依一定的株行距掘穴栽植。裸根栽植时应将根系舒展于定植穴中，然后覆土并稍微压实；带土坨的苗栽植时，应在土坨四周填土并压实，但不可重压以免土坨被压碎，影响成活。

春季定植宜浅不宜过深，以充分利用早春表土温度较高的特点，利于快速缓苗。若栽种过深，土温较低，易造成缓苗时间拖长的情况。覆土一般至起苗时的深度为宜，尤其注意覆土时不要埋住生长点。对营养钵育成的切花苗，覆土与营养土坨平齐即可，对嫁接苗覆土的高度应在嫁接口1～3cm以下，以免接穗长出不定根，形成假嫁接苗。

3. 覆盖薄膜

球根类切花可在种球定植后覆盖薄膜，在幼苗出土期必须经常检查幼苗出土情况，发现幼苗开始出土应及时划膜放苗，并用湿土将划膜口封好。其他种类切花采用大苗定植的，则先在畦面覆盖薄膜，然后按株行距在膜上打孔，再将种苗栽入畦中，也可直接采用厂家生产的开孔薄膜。大面积切花栽培可利用覆膜机械进行此项工作，以提高效率。覆盖薄膜首先须注意畦面一定要平整，不可有大的土块，以免气、热、水等因子分布不均，导致切花生长不一致；其次，划膜口要用细土镇压填实，以免晴天膜下高温气体从孔口逸出灼伤花苗。

（六）定植后的管理

定植前与定植后相比，种苗的生活环境变化比较大（例如土壤温度的变化、土壤溶液浓度的变化、空气湿度和光照度的变化等），种苗适应这些变化要有一个过程，加之根系可能受到不同程度的损伤，种苗吸收水分能力和蒸腾失水的平衡被打破，容易失水萎蔫甚至干枯死亡。此外，春季定植期的低地温、多风，夏、秋季定植期的高温、干旱等，对定植后缓苗都不利。定植后的管理就是减轻这些危害，促进缓苗，缩短缓苗期，使植株尽快恢复生长。

对于种苗，定植后的第一次浇水以刚浇透为宜；对于种球，定植后的第一次浇水要浇透，浇水少易造成种球失水，不利于发新根。低温季节定植后要注意防寒保温，可采用小拱棚覆盖；高温季节则要注意遮阴保湿，可采用遮阳网等对幼嫩种苗进行保护。当植株开始发出新叶时，表明种苗已过了缓苗期，根系开始恢复生长，为弥补定植后水分的不足，要浇一次大水，并进行一次浅中耕，以促进根的发生和下扎，防止徒长，为以后快速生长打下良好的基础。同时要注意检查缺苗情况，发现缺苗、死苗现象时，要及时补栽。

基本任务2 生长调控

> **知识目标**

- 了解各种生长调控技术对切花生产的意义。
- 掌握切花生长调控的几种技术类型。

> **能力目标**

- 能够正确运用相应生长调控技术适时对切花进行生产管理。
- 掌握切花生产各阶段生长调控的技术要点。

子任务1 常规管理

一、水分管理

水分管理是一项经常性的细致工作，也在很大程度上决定了切花栽培的成败。

（一）水质要求

水质以清澈的活水为上，如河水、湖水、雨水、池水，避免用死水或含矿物质较多的硬水等。若使用自来水，应注意当地的自来水水质，如酸碱度、含盐量等，可采取存水的方法，让氟、氯离子及其他重金属离子等有害物质充分挥发、沉淀后再使用。

（二）浇水原则

1. 根据不同切花植物的特性浇水

掌握不同切花的需水特性，针对性地浇水，才能取得好的效果。如“干兰湿菊”，说明兰花这种耐阴植物需较高的空气湿度，但土壤湿度不宜太大；而菊花则喜光，不耐干旱，要求土壤湿润，但又不能过于潮湿积水。一般说来，纸质叶、叶面积大的植株蒸腾强度较大，需水量较多；而那些针叶、革质叶、蜡质叶等叶表面不易失水的花卉种类则需水较少。

2. 根据不同生育期浇水

同一种切花植物在各个不同的生长发育阶段对水分的需求量是不同的。通常而言，幼苗期的根系较浅，虽然代谢旺盛，但不能浇水过多，只能少量多次；植株恢复正常营养生长后，生长最快，应增大浇水量；进入开花期后，因根系深，生长逐步减缓，应控制水分以利提早开花和提高切花品质。

（三）浇水量

根据不同季节、土壤质地以及是否使用设施来确定浇水量。

露地切花生产遵循“春、秋两季少浇，夏多浇，冬不浇”的原则，也就是说在低温期，切花生长缓慢或者处于休眠状态，蒸腾量小，需水量也小，此时应减少水分供应。春、秋适温时期，切花生长旺盛，蒸腾量较大，需水量也较大，应加大水分供应。夏季高温期，土壤温度高，容易干旱，加之高温强光下植物蒸腾量非常大，因此应该多浇水，弥补土壤的水分亏缺。

在棚室生产条件下，即使是在冬季，棚室内气温和土温也较高，切花依然进行着旺盛的生长。因此，保护地切花冬季也需要适当地浇水，但浇水量宜少不宜多，以免引起土壤温度下降和棚室内空气湿度过大。以温室栽培切花菊为例，一般冬季水分的消耗仅为夏季的1/3，为春、秋季的1/2。

不同的土壤质地，浇水量也不一样。黏性土保水性强，少浇为宜；而砂性土保水性差，应增加浇水次数。就每次来说，以彻底浇透为原则，干透浇足，不能半干半湿或过干过湿。保持土壤经常性的干湿交替，有利于植物根系的良好发育。

（四）浇水时间

原则就是使水温与土壤温度相近，如水温、土温的温差较大，会影响植株的根系活动，甚至伤根。高温期最好在上午浇水，切忌在炎热季节的中午和下午浇水，以免导致破坏切花蒸腾失水和根系吸水之间的平衡。低温期一般选择晴天的中午浇水，同时水量要小，以免引起土壤温度过度下降。

（五）灌溉方式

1. 漫灌

漫灌为传统农业的灌溉方式，是将灌溉水直接放入田中将整块农田浸湿。这种灌溉方式水资源浪费大，多用于夏季露地切花栽培。

2. 喷灌

在面积较大的棚室内常采用全园式喷灌，用$5kg/cm^2$以上的压力进行迷雾喷灌，综合效

果较好。

3. 滴灌

经过滤、压力、管道系统，水以稳定的流量，经滴灌带缓慢滴入花卉根系活动区。滴灌具有省水、省力、可依花卉需要适时供水等优点，国内外花卉设施栽培中广泛采用。但其投资较高，而且对水质要求很高。

4. 膜下滴灌

膜下滴灌是将地膜覆盖和滴灌结合起来的一种灌溉技术，即在畦面铺设滴灌带后覆盖一层地膜。将加压的水经过过滤设施滤清后，和水溶性肥料充分融合，形成肥水溶液，定时、定量浸润切花根系活动区，供根系吸收。这种方式非常节水，而且在棚室生产中不会引起空气湿度的剧烈上升。

切花生产上最好采用滴灌或膜下滴灌方式浇水。这两种方式较节约水资源，浇水较均匀，不宜造成土壤板结，减少了因大量灌水导致的土温下降对根系造成的伤害。

二、施肥管理

（一）施肥量

要确定准确的施肥量，需经田间试验，结合土壤营养分析和植物营养分析，根据养分吸收量和肥料利用率来测算。因切花种类、品种、土质以及肥料种类不同，目前很难确定统一的施肥量标准。

就切花植物的生育阶段而言，一般幼苗期吸收量较少，茎叶大量生长至开花前吸收量呈直线上升，一直到开花后才逐渐减少。因此，施肥量和肥料种类要与切花各个生育阶段的需肥量和需肥特点相适应。在营养生长期应多施氮肥、磷肥，而在孕蕾期、开花期则应多施磷肥、钾肥，以促进成蕾和延长花期。

除此而外，还应结合植株的大小和生长势等具体情况而定。一般植株高大、生长势旺、生长迅速的切花可多施，植株矮小、生长势差、生长缓慢的切花宜少施。喜肥切花如香石竹、菊花等宜多施，耐贫瘠切花如肾蕨、补血草等宜少施。种植密度大宜多施，密度小宜少施。缓效有机肥可以适当多施，速效有机肥和化肥应适度使用。

通常生长旺盛季节每隔 7 ~ 10d 追施 1 次肥，要掌握“薄肥勤施”的原则，切忌施浓肥。

（二）施肥方法

1. 基肥

基肥多在整地时，结合土壤耕作，翻入土内，并与土壤充分混合，有时在基肥中混入少量化肥，以提高或弥补基肥养分含量的不足。

基肥用量大，一般占全生育期用肥总量的 70%。充足的基肥既能提供切花生育所需的营养，又使土壤变得松软，促进土壤团粒体结构的形成，也有利于根系对养分的吸收。基肥多以有机肥为主，通常每 $100m^2$ 施 $1m^2$ 完全腐熟的厩肥、堆肥或饼肥等。另外，无机肥料最好可与有机肥料配合施用，通常每 $100m^2$ 施 10kg 左右氮磷钾复合肥或磷酸二铵。

2. 追肥

追肥主要以使用速效性化学肥料为主，根据切花生育不同阶段的需肥特点，选择不同的肥料类型和配合比例。追肥施肥的方式分为根际追肥和根外追肥两种。

（1）根际追肥　根际追肥是将肥料施入植物根系周围的土壤中，方法有全圃撒施、条施或穴施。也可将追肥与灌溉结合起来进行。露地切花追肥可随灌水冲入切花地，保护地切花追肥可以借助滴灌系统施用。

切花植株封垄后，不能采用撒施的方式追肥，以免肥料落在叶片上，产生灼伤。施肥后为提高肥料利用率，减少棚室内肥料分解产生的有害气体，要注意用土壤覆盖。

（2）根外追肥　根外追肥又称为叶面追肥，是将低浓度的水溶性肥料溶液喷洒在植物叶片上的一种施肥方法。其主要在补充切花急需的某种营养元素或微量元素时施用最适宜，优点是吸收快，肥料利用率高。根外追肥不能完全代替根际追肥。

根外追施无机肥的适宜浓度一般为0.1%～0.5%，浓度过高时易灼烧叶片。常用的有尿素、磷酸二氢钾、过磷酸钙、硫酸钾、硼砂、钼酸铵、硫酸锌、稀土等；而碳铵、氨水、氯化铵、钙镁磷肥等不宜做根外追肥。

根外追肥一般在晴天无风的傍晚进行。要做到均匀喷施，叶的正反两面都要喷到，尤其要注意喷洒切花生长旺盛的上部叶片和叶的背面。根外追肥的次数一般不应少于2次，对于在作物体内移动性小或不移动的养分（铁、硼、钙、磷等），应注意适当增加次数。

（三）合理施肥

合理施肥要因地制宜，根据花卉种类、生育阶段、生长势和季节，选用适宜的肥料类型，适时、适地、适量地投入。施肥时应注意以下几点：

1. 有机肥与无机肥相结合

有机肥肥效慢，但是营养元素丰富属于完全性肥料，还可以改善土壤。无机肥一般肥效快，但营养元素单一、养分不完全，长时间使用会使土壤酸化，导致连作障碍。因此这两种性质的肥料，应该结合起来使用，取长补短，既注重当前效益，同时兼顾长远效益。

有机肥施用量因肥源不同，种类间差异大，施用时应灵活掌握。无机肥品种多，应注意配方施肥提高肥效。

2. 施足基肥，合理追肥

切花整个生育期中所需各种肥料主要依靠基肥提供，有机肥多做基肥使用。一般基肥应占全生育期总肥分的70%以上。追肥要根据切花生长情况与需求，以速效性无机肥为主。由于追肥一般很难深施，故应严格控制每次施肥量，宁可增加追肥次数以满足切花对养分的要求，也不可一次施用过多，造成土壤溶液的浓度升高。

3. 科学配比，平衡施肥

施肥应根据土壤条件、切花营养需求和季节气候变化等因素，调整各种养分的配比和用量，保证切花所需营养的比例平衡供给。

4. 注意各养分间的化学反应和拮抗作用

磷肥中的磷酸根离子很容易与钙离子反应，生成难溶的磷酸钙，造成植物无法吸收，出现缺磷。磷肥不宜与石灰混用，也不宜与硝酸钙等肥料混用。钾离子和钙离子相互拮抗，钾离子过多会影响切花对钙的吸收，相反钙离子过多也会影响切花对钾离子的吸收。

5. 禁止和限制使用的肥料

城市生活垃圾、污泥、工业废渣以及未经无害化处理的有机肥料，不符合相应标准的无机肥料等应禁止使用，以免毒害土壤和植物。忌氯植物禁止施用含氯肥料。

三、松土与除草

（一）松土

松土一般通过中耕来实现，并和人工除草工作一同进行。中耕能疏松表土，减少水分的蒸发，提高土温，促使土壤内的空气流通以及土壤中有益微生物的繁殖和活动，从而促进土壤中养分的分解，为根系的生长和养分的吸收创造良好的条件。中耕还有利于防除杂草，尤其在切花栽植初期，枝叶尚未封垄时，大部分土表暴露于阳光下，除了土面极易干燥外，还容易滋生杂草，此时中耕起到了保墒、松土与除草的多重效果。

中耕深度依花卉根系的深浅及生长时期而定。幼苗期间，中耕应浅，随着苗的生长而逐渐加深；远离植株的地方中耕应深，离植株近的地方应浅。随着幼苗逐渐长大，根系在地表下大量分布，地面上枝叶封垄，此时中耕应停止，否则容易锄断根系，造成生长受阻。中耕深度一般为3～5cm。

（二）除草

除草是除去田间杂草，不使其与花卉争夺水分、养分和阳光，杂草往往还是病虫害的寄主，容易滋生病虫害。除草的方法有人工除草、覆盖除草和化学除草三种。

1. 人工除草

人工除草一般结合中耕同时进行，在花苗栽植初期，特别是在植株郁闭畦面之前将杂草除尽。除草应在杂草发生的初期进行，在杂草结实之前必须清除干净，以免落下草籽，多年生宿根杂草必须连同地上部分全部拔除。

2. 覆盖除草

利用地面覆盖可防止杂草发生，兼收中耕保墒，保持土壤疏松的效果，后期覆盖材料腐烂分解后还可培肥地力。常用的覆盖材料有农作物秸秆、腐殖土、泥炭土以及其他特制的覆盖材料。杂草在厚度为4～5cm的农作物秸秆、腐殖土及泥炭土下因无法进行光合作用而死亡。也可用地膜覆盖防除杂草，尤以黑色膜效果最佳。

3. 化学除草

（1）除草剂种类

1）选择性除草剂。此类除草剂在一定剂量范围内使用，可以有选择地杀灭某些有害植物，而对切花是安全的，在切花地里正确使用，可以达到只杀灭杂草而不伤害切花的目的。该类除草剂有盖草能、氟乐灵、扑草净、果尔等。

2）灭生性除草剂。此类除草剂对所有植物不加区别均有灭杀作用，仅限于作为休闲田、空闲地的灭草，主要在播种前、播种后出苗前、苗圃主副道上使用。该类除草剂有无氯酚钠、百草枯、草甘膦等。

3）触杀性除草剂。药剂与杂草接触时，只杀死与药剂接触的部分，起到局部杀伤作用，此类除草剂在植物体内不能传导。只能杀死杂草的地上部分，对杂草的地下部分或有地下茎的多年生深根性杂草，则效果较差。该类除草剂有除草醚、百草枯等。

4）内吸性除草剂。此类除草剂的有效成分可被杂草的根、茎、叶吸收，并迅速传导到全株，从而杀灭杂草。该类除草剂有草甘膦、扑草净、西玛津等。

（2）除草剂的使用方法

1）土壤处理。将除草剂喷施于土表，施药后一般不翻动土层，以免影响药效，但对于易挥发、光解和移动性差的除草剂，在土壤干旱时施药后应立即翻耙土表（3～5cm 深）。氟乐灵、拉索、地乐胺等是常用的土壤处理剂。

2）茎叶处理。选用选择性强的除草剂，喷施于杂草茎叶上。

3）涂抹施药。在杂草高于切花植株时，把内吸性除草剂涂抹在杂草上，涂抹时用药浓度要加大。此法只适于杂草较少的切花地灭草。

4）覆膜除草。在播种后喷施除草剂稀释液，然后覆盖地膜。此种方法用药量一般较常规用药量减少1/4～1/3，提高了化学除草的安全性。

（3）除草剂的安全使用　在使用化学除草剂时一定要注意用药安全。首先要根据花卉种类选用适合的除草剂种类，其次要根据花卉的生长情况和除草剂的性能选择恰当的施用时期，并严格按照使用说明书的要求，掌握正确的使用方法、药剂浓度及药量。

1）正确选用除草剂的种类。应根据除草剂的类型选择使用，因为除草剂一般都具有选择性。如2，4-D丁酯可防除双子叶杂草；茅草枯可防除单子叶杂草；西玛津、阿特拉津能防除一年生杂草；百草枯、敌草隆可防除一般杂草及灌木等；草甘膦能有效防除一、二年生禾本科杂草。选择性除草剂不能用于与被除杂草同科的花卉。

2）选择最佳施药时间。化学除草应该把握“除早、除小”的原则。杂草的株龄越大，抗药性也就越强，就要相应增加药量，这样既会增加成本，也更容易产生药害。杂草出苗率达到90%左右时，组织幼嫩、抗药性弱，易被杀死。进行茎叶处理时，以在杂草2～6叶期喷施为好。残效期长的除草剂，应在切花定植前提前施用。

3）严格掌握用药量。严格按照规定的用量、方法和程序配制使用，不得随意加大或减少药量，且喷洒要均匀，不漏施，不重施。有机质含量高、黏壤花田，对除草剂的吸附量大，土壤微生物数量多，活动旺盛，药剂容易被降解，可适当加大用药量；而砂壤对药剂的吸附量小，容易发生药害，用药量可适当减少。除草剂的药效和对切花的药害，是以砂土、壤土、黏重土的次序递减的，故在正常用量范围内，砂性土壤的用药量可少些，黏重土壤的用药量可大些。

4）注意施药时的温度。温度直接影响除草剂的药效。所有除草剂都应在晴天气温较高时使用，才能充分发挥药效。在日平均气温10℃以上时，用推荐用药量的下限便能取得较好的防除效果。

5）保证适宜湿度。不论是苗前土壤施药还是在生长期进行叶面施药，都应选择土壤湿度大的时候进行。土壤潮湿、杂草生长旺盛，利于杂草对除草药剂的吸收，药效发挥快，除草效果好。因此土壤处理剂施药后要保持土壤湿润以提高药效。

6）提高施药技术。施用除草剂一定要施药均匀，不能重喷、漏喷。注意规避药害，要避开作物敏感期用药，如果相邻地块是除草剂的敏感植物，则要采取隔离措施，切记有风时不能喷药，以免危害相邻的敏感作物。喷过药的喷雾器要用漂白粉冲洗几遍后再使用。不宜在高温、高湿或大风天气喷施，而应选择气温在20～30℃的晴朗无风或微风天气喷施。

子任务2　整形修剪

整形修剪是切花生产过程中技术性很强的措施，它包括摘心、除芽、剥芽与剥蕾、修枝、剥叶、疏剪等工作。修剪能够增加分枝数，从而提高产花量；可以调节营养生长和生殖生长，作为控制花期的技术措施；还可以除去徒长枝、老弱枝和病虫枝，减少养分消耗，协

调各部分器官的生理机能，促进切花的生长发育。

一、摘心

将草本切花枝梢顶芽摘除，称为摘心。其目的在于解除顶端优势，抑制枝条徒长，使枝条充实；促进分枝生长，增加枝条数目，从而增加着花的部位和数量；同时，摘心可在一定程度上延迟花期，如香石竹每摘一次心，花期延长 30d 左右，每分枝可增加 3、4 个开花枝。

二、除芽

除芽也称为抹芽，是将切花的侧芽、腋芽和脚芽抹掉。其目的是为了集中养分，防止因分枝过多，着花量过大而造成的营养分散，可使主茎粗壮挺直，花朵饱满艳丽。抹芽要及时，抹芽太晚，伤口大，影响切花品质；抹芽过早，不便于操作。操作时尽量不要伤及附近的成熟叶片，茎叶生长旺盛期要经常进行此项工作。

三、剥芽与剥蕾（除蕾）

剥芽就是将侧芽剥除，剥蕾就是将花蕾剥除。除蕾工作要在便于操作时进行，过早不好操作，过迟伤口大，影响外观。其目的是使营养集中供应保留下来的花蕾，以保证花朵的质量。在香石竹和菊花栽培中，这项工作量相当大，致使有的国家采用化学方法去代替人工。香石竹侧芽很多，常影响主芽生长，造成通风透光不良，妨碍开花，必须经常进行剥芽。菊花在花蕾形成后，侧枝经常生出许多小蕾，也要及时除掉。有时为了调整全株花朵同时开放，也要剥去生长势强的主蕾而留下侧蕾。除蕾操作时动作要轻柔准确，切勿碰伤主蕾。

四、修枝

剪除已经成熟硬化的枝梢，称为修枝。其目的是改进通风透光条件并减少养分消耗，或者促使萌发侧枝，增加开花枝数和朵数。修枝的对象主要是枯枝、病虫害枝、徒长枝、花后残枝。

五、剥叶

剥叶是指将多余的黄叶、病虫危害的叶片摘除。其目的是节省养分，改善植株的通风透光条件，消除病虫危害，从而提高切花产量和品质。

六、疏剪

疏剪是指从枝条的基部疏除，能防止株丛过密，有利于通风透光。一般常将枯枝、病虫枝、纤细枝、平行枝、徒长枝、密生枝等剪除掉。修剪要选择适宜的时间，晴天中午前后进行，以利伤口愈合。

子任务3　张　　网

对花蕾硕大沉重，花枝细高、支撑力差的切花，生长到一定阶段时需要设支柱或支撑网来扶持，以防花枝倒伏，从而使花枝挺拔直立，提高切花品质。需要花网扶持的切花有唐菖蒲、香石竹、满天星、菊花等，由于花朵太重或茎干柔软或细长质脆，易弯曲、倒伏及被风吹折，因此需要设立支柱或支架进行支撑绑缚。支撑的材料有细竹、竹签、硬塑料棒等，绑扎材料可用棕线、尼龙绳等。

一、支撑绑缚方法

1）每枝设立一个支柱，将枝条缚于支柱上。为避免支柱磨损花枝，可将枝条与支柱分开绑扎。

2）用3、4根支柱，分插在植株周围，然后用绑扎材料在植株外围将每根支柱连扎成一圈，使植株居于中央。

3）张网。花网是用尼龙线或金属丝按网格大小编织而成，水平张在切花畦上。可按植株大小选择相应规格，以使花枝顺利通过。

在畦的两头安装支柱，畦的两边设立纵向竹竿，然后用绑扎材料组成纵横网络，网孔约10～15cm，使植株枝条在自然生长中伸出网孔，待网上枝长至25～30cm时，再增加一层，需要者再加第三层。如果用预制的尼龙网来代替，则更为省工。

二、花网设置方式

花网设置有多层网和单层网两种方式，可根据切花高度灵活运用。

1. 多层网

搭建时先将花网的两边穿入金属线，两端绷紧，中间用木棍支撑。当花枝高度达到25cm时张第一层网，以后每隔30cm张一层网，共设3～4层。

2. 单层网

只设一层花网，当网上植株高度达到25cm左右时将花网提高一次。拉网时应注意，网上部分长度应保持在15cm左右，网上部分过长，植株容易弯曲；相反网上部分过短，由于植株未完全木质化，也容易弯曲。提网最好在晴天的下午进行，因为这时叶子比较柔软，提网时不易受损伤。提网时把花网向外侧绷紧，同时向上提起。提网工作一定要及时，以免花枝弯曲。

基本任务3　切花的采收、保鲜、加工与运输

➢ 知识目标

- 了解不同切花的采收标准和采收时间。
- 掌握切花的采后处理流程。

➢ 能力目标

- 学会对不同切花品种采用正确的采收方法和保鲜技术。
- 能够根据客户和生产的要求正确选择采收时间。

一、切花采收时间

采收时间要尽量避开高温和高强度光照，一般以清晨和傍晚为宜，有利切花保鲜。通常选择在上午露水刚刚完全蒸发时进行。但在夏季，也可选择在傍晚19、20时进行，因为经过一天的光合作用，切花茎中积累了较多质量较高的碳水化合物。若菊花采后直接放在含糖的保鲜液中，则可以在一天的大部分时间内进行采收。

二、切花保鲜方法

（一）鲜切花预冷

采用冷库预冷。直接把鲜切花放入冷库中，不进行包装。预冷结合保鲜液处理同时进行，使其温度降至2℃。完成预冷后，鲜切花应在冷库中包装起来，以防鲜切花温度回升。

（二）保鲜剂处理

经采摘后的鲜切花要立即放入水中或直接放入保鲜剂中处理，常见的鲜切花保鲜剂处理方法：鲜切花基部在25mg/L或1000mg/L的硝酸银溶液中速浸10min，然后再用2%～5%的糖溶液中处理3～4h，温度为19～21℃，又转至冷室中再处理12～16h为好。处理时光照强度为1000klx，相对湿度为40%～70%。目的是为鲜切花补充外来糖源，提高其瓶插寿命。

三、切花加工与运输

切花采收后先清除所带的杂物，丢掉损伤、腐烂、病虫感染和畸形花。然后根据分级标准进行分级、包装。按不同等级让花头和基部整齐，10枝一扎，每层5扎，计50枝，每箱装100枝或200枝。各层切花反向叠放箱中，花朵朝外，离箱边5cm；装箱时，中间须以绳索捆绑固定；封箱须用胶带或绳索捆绑；纸箱两侧须打孔，孔口距离箱口8cm。包装箱上应清楚地标明种类、品种、等级和数量等。

采用保冷包装。为使预冷后的鲜切花在运输中保持低温，在装箱时，沿箱内四周衬一层泡沫板，同时在花材中间放冰袋。

鲜切花经过以上处理后运输到各销售地，运输过程中包装箱应水平放置，运输时温度最好能保持在2～4℃，且最好不超过8℃；空气相对湿度保持在85%～95%。一般采用干运的方式，即切花的茎基不给予任何给水措施。

拓展任务1　切花类花卉

（一）切花月季（图4-1）

蔷薇科，蔷薇属。

1. 识别要点

切花月季株形直立灌木状，幼时枝呈紫红色，壮年枝一般为青绿色，老枝灰褐色。叶互生，奇数羽状复叶，小叶3～5枚，卵形或长圆形，缘有锯齿，叶面平滑光亮。花朵顶生，花形、花色、蕾形、花瓣数均因品种而异；有重瓣、半重瓣和单瓣之分，花的颜色有纯色和复色之分，有些品种花瓣上还具有不同的斑点，条纹或彩晕。果实球形，初为青绿色，成熟后变为棕红色或红色，内含种子（实为果实）10余粒。

2. 生态习性

喜阳光充足，空气流通，相对湿度70%～75%的环境。喜疏松肥沃、pH值为6～7、湿润而排水良好、富含腐殖质的土壤。多数品种生长适温白天为26℃，夜间为15℃，若高于30℃则进入半休眠状态；或低于5℃，则进入休眠状态。较耐寒，休眠期能耐－15℃低温。耐干旱忌积水，空气污染会妨碍切花生长发育。

3. 繁殖方法

切花月季苗木的繁殖主要用嫁接和扦插两种方式。嫁接苗生长势好，切花质量和产量高；扦插苗前期生长慢、产量低，而后期生长稳、产量高，多用于无土栽培。

（1）嫁接育苗　蔷薇属中，很多与月季花亲缘相近的植物，都能作砧木与月季组合成嫁接植株。各国、各地在月季嫁接中都有自己的理想砧木。切花月季一般采用芽接的方式。芽接方式有多种，如“单开门”、“双开门”、“丁字形”、“倒丁字形”等。首先在砧木上按一定斜角切成12～15mm长盾形切口。在接穗枝条上，以同样方法及大小，切下带有腋芽的盾形芽片。芽的位置应在盾形的中部略靠下侧。然后，将盾形芽片镶嵌到砧木的切口上，用塑料条缚紧。所切盾形芽片的厚度，要根据砧木及接穗枝干的粗细程度而相连。芽片略带木质部，操作时先切砧木后取芽片。成活后待接芽长出10 cm左右，再解除绑缚物，初生枝条产生的花蕾，应及时除去，以培养健壮植株。

（2）扦插育苗　切花月季扦插一年四季均可进行。从生长健壮无病的植株上选取插穗，插穗长10～15cm（最好具有3个节）。上端于节上0.5～1.0cm处截断，下端于节下0.5～1.0cm处斜削成马蹄形，插入备好的插床中。气温在20～25℃，地温略高于气温的情况下有利于生根。如利用“全光照喷雾插床”进行扦插，可大大提高成活率。一般认为切花月季扦插苗有生长慢、开花晚、根系弱、寿命短的倾向。

4. 栽培要点

（1）定植前的准备　切花月季栽培要选择阳光充足，地势高燥，有排水条件的肥沃场地栽培。土壤要深翻40～50cm，施入腐熟的有机肥。定植前，应进行土壤消毒，采用蒸汽消毒和药物消毒均可。但需注意，药物消毒必须于定植前1个月进行，然后将消毒过的土壤进行多次耕翻，使土壤中残留的药物充分散失，以免影响植物根系。

（2）定植　温室切花月季定植时间最好在5～6月份，经过3～4个月的培育，至9～10月份开始产花。栽植密度因品种、苗情和环境而异，105cm宽的畦（或床）一般栽植4行，行距27cm。大花型品种株距45cm，一般品种株距为35cm。每$100m^2$栽植700～900株。种植密度可作适当的调整，稀植切花品质好，但产量稍低；过密则易出现“盲花”，切花品质稍差。

栽植时，将苗木立于定植沟内，使根系向四周散开，覆土后压实，浇透水。栽植深度将嫁接口埋于地下2～3cm为宜。

（3）定植后的管理

1）立支架。因切花月季植株较高大，而且栽植较密，为了防止倒伏和便于管理，定植后应拉绳、立架。一般沿畦的两边，顺畦方向拉两条铁丝，两端固定于畦头的铁架上，高度80cm左右。也可于每畦边缘的两行，每株立一根竹竿，下端插入土中，上端固定在铁丝上，竹竿高度与月季株高相等。

2）修剪。月季不同的芽形是修剪的依据基础之一。为使定植后的幼苗茁壮生长，快速成形，应将花蕾及时除去，以保证养分全部供给营养生长，力争基部抽生旺盛充实的枝条，

培养成开花母枝。开花母枝的直径应达到0.6～0.8cm。

日常修剪工作如下：及时除去开花枝上的全部侧芽和侧蕾，保证养分集中供应给主花蕾；及时除去砧木上的蘖芽；及时摘除细弱枝上的花蕾；随时剪除病枝和病叶；根据不同枝条的具体情况，采取不同的修剪措施，由弱枝上生出的枝条仍为弱枝，应彻底剪除；由壮枝上生出的弱枝齐基剪除，由壮枝生出的壮枝，自第一片具有5片小叶的复叶处剪除。

温室栽培的切花月季，夏季进入半休眠状态，将全部枝条在60～80cm处重剪。露地种植的，此项修剪于初冬进行。若无明显的休眠期，则可采用分批重剪的办法，逐渐回缩更新。

开花枝条较长，节间也多，一般具有10～14枝叶片，剪取花枝时，在兼顾下次开花枝能够较合理生长的情况下（因剪口过低、下次的开花枝条生长缓慢），尽量将花枝长剪。比较合理的剪取部位，应自基部向上2～4枚叶片处。若开花枝较短，而开花母枝留得又较高，则可齐基或略带一段开花母枝剪取，迫使下次开花的枝条由开花母枝上发出。为保持株形匀称、均衡，剪切开花枝时，最好留外向芽，这样整个株形可保持开心形。

（二）唐菖蒲（图4-2）

鸢尾科，唐菖蒲属，别名菖兰、剑兰、十样锦。

唐菖蒲的野生种约有250个左右，绝大部分产于南非。约在1740年原产南非的4个野生种引入欧洲，开始了杂交育种工作。我国栽培唐菖蒲始于19世纪末。唐菖蒲花茎修长挺拔，花色鲜艳，花形多变，花期较长，小花由下而上陆续开放，是不可多得的切花好材料。唐菖蒲叶形挺拔如剑，故有“剑兰”之称。

唐菖蒲极易与其他花朵搭配，而且在大型花篮和花圈的制作中，用于外缘，具有其他品种无法代替的特殊效果。正因其具有如此特点，故有“切花之王”的美誉。

1. 识别要点

球茎扁圆形，球茎外面包有4～6层干鳞片，每一幼片下有一腋芽顶芽最大，并首先发育，可萌发1至数芽，叶剑形，2列，7～8片，长达60cm，宽2～4cm，穗状花序直立，单生，每穗着花8～24朵。花被6片，上方3枚，较大，花冠基部具有短筒，呈偏漏斗状。花瓣边缘有皱褶或波状等变化。花径7～17cm，花色有白、粉、黄、橙、红、蓝、紫等，还有洒金、斑纹等变化。

2. 生态习性

唐菖蒲为喜光性长日照植物。怕寒冷，不耐涝。夏季喜凉爽气候，不耐炎热。球茎在4℃萌动。20～25℃生长最好，新球与仔球发育均较佳。虽可忍受日平均气温27℃以上，但生长受阻，花色减退、花瓣易遭灼伤。温度低于10℃，则生长极慢。在长日照条件下能促进花芽分化，栽培地要求阳光充足，在冬季促成栽培或早春延期栽培中，对光照条件要求更严格。对土壤要求不严，但以排水良好的肥沃砂壤土为宜。生长期要求土壤潮湿。在黏重的土壤上，虽可开花，但新球发育不良，易引起烂根死亡。

3. 繁殖方法

以分球繁殖为主。通常在春植球的大田栽培中，新球可再次作生产种用，同时产生大量的子球，这些子球可培养成生产用种球。

（1）子球的繁殖　用子球繁殖培育为开花种球，其大小以0.1～0.5g重的子球为好，当年就可获得10～20g重的新球，此球直径为3～3.5cm，达到了国际上做切花生产用的种球

标准。唐菖蒲球茎产生子球的数量与品种的遗传性、栽培管理条件等因素有关。每个球茎少则2、3个，多则可达500个以上，一般品种为10~30个。

子球依大小分为3级，大者直径约为1cm；中者约为0.6cm，小者在0.6cm以下。每升子球量，大的约710个，小的约4200个。

子球种植前两天，须用药剂浸泡。100L水中加100g苯菌灵、180g菌丹，水温保持在53~55℃之间，浸泡30min。药液处理过的子球，用凉水冲洗10min，晾干，在2~4℃条件下暂存待用。

要选择阳光充足、排水良好、疏松肥沃的地块，进行土壤消毒，每亩施化肥180kg，或相当于这种有效肥料量的腐熟农家肥，均匀混合耕翻后平整土地，播种沟距60~70cm，沟深3cm，沟底要平。

沟内双行栽种，覆土深2~3cm，每米距离内种植130个子球。栽后保持土壤潮湿，以保持出芽整齐而迅速。每月追肥1次，使植株在5~6个月的生长期间处于最佳营养状态。

秋末，叶片将枯黄时，可收获小球茎。小球直径为1.3~2.5cm的为栽植材料。栽植材料再培养一个生长季节即可成为优质用种球。

（2）栽植材料的生产　栽植材料栽种前的处理与子球相似，但药液温度由55℃降至46℃，浸泡时间由30min减少至15min。直径小于2.5cm的球，每米距离可栽种50~80个（视球的大小调整）。土壤应保持潮湿与充足的营养，保证植株生长良好，收获种球前2~3周停止灌溉。栽植材料中长出的花茎应及时摘除，防止营养消耗，每亩可收获大于或等于2.5cm的种球2.8万个，收获后两天内进行球茎消毒。

（3）分切球的繁殖　发育充实的大球具有数个可以萌发的芽，可以将大球分割成2块或4块，每块均带有充实的芽及部分茎盘，切后立即栽植。栽植的适宜深度随球茎切块的变小，相应的浅些。用这种方法繁殖，开花率可达70%，而且对新球及子球的增殖影响不大，仅花期略晚。

（4）唐菖蒲种球的脱毒　为了提高种球的品质，必须定期用组织培养的方法，培育出脱毒复壮的新子球。以花瓣为外植体，MS为基本培养基，附加6-BA和NAA。接种45d后，大多数品种出现愈伤组织，并开始出现幼芽。将其转移到继代培养基上，发育出正常的幼芽将幼芽转移到生根培养基上，60d左右，开始结球，4~6个月后可收获到试管种球。

4. 栽培要点

以露地栽培为例。

目前我国栽培唐菖蒲以露地为主（仅有少量保护地栽培），因而圃地的选择十分重要。圃地最好选择临近铁路、公路和水路的地方，交通方便，以利鲜切花的运输。要求地势平坦，靠近水源，排灌便利。土壤以疏松的砂壤土和壤土为好，同时要注意尽量避开周围土地种植豆科作物，防止蚜虫扩大传染病毒的机会。要远离排放有害气体氟气的工厂，切忌连作，轮作间隔期不能少于3年。在土壤缺乏的情况下，需要连作时，必须进行土壤消毒。

（1）球茎的整理与消毒　栽植前应对种球进行分级，在分级时要消除患病种球和芽眼受机械损伤的种球，同时挑出品种混杂球。整理后的种球，在种植前要进行消毒。首先把球茎放在40℃温水中浸泡10~15min，然后添加如下药剂：0.4%的咪酰胺+1%的敌菌丹+0.2%的腐霉利，三种混合溶液浸泡30 min。

（2）栽种时间　唐菖蒲常规栽培的时间，要根据地域、品种、供花时间等因素，酌情

确定。东北地区，4月上中旬到6月上旬较为适宜，华北地区3月下旬到6月上旬，长江以南以2月下旬到7月中旬为宜。总之，北方幼苗要避开晚霜期，南方花期要避开高温季节。

(3) 栽植方式　分垄植和床植。沟深15cm，根据种球大小确定栽植距离，一般6~14cm植一球茎。覆土厚度因土壤类型和栽植时间不同而有所差异，如黏重土壤，覆土厚度要比砂壤土薄些，早春栽植，由于地温低，覆土要薄些，夏季，地温高，覆土可厚些，一般栽植深度5~15cm。

(4) 除草与松土　对唐菖蒲危害较大的杂草是禾本科杂草，其中主要是水稗草。除草必须本着除早、除小、除净的原则。方法分为人工除草和化学除草两种。

(5) 追肥　苗期要进行合理追肥，尤其是磷钾肥，不但可以提高花和球茎的质量，同时还可以增加植株的抗病能力。苗期追肥以化学肥料为主，适于唐菖蒲苗期追肥的化学肥料有：尿素、硫酸铵、硝酸铵、硫酸钾、氧化钾、磷酸铵、磷酸二氢钾等。追肥要根据不同生长阶段进行。二叶期为花芽分化期，此时应追施一次氮素肥料。在孕蕾期和开花后要追施以磷钾为主的肥料。

(6) 灌溉与防涝　唐菖蒲既怕涝，又怕旱，出苗前经常保持土壤湿润，对生根发芽有利。花芽形成期和孕蕾期，保持充足的水分，对提高花枝的质量十分重要。平时遇干旱少雨天气要及时浇水。但如圃地持续过湿，就容易发生根腐病。在雨季，要注意防涝，保持圃内排水沟渠畅通无阻，遇有积水及时疏通排出。

(7) 防止倒伏　唐菖蒲生长到7片叶后，将抽出花穗，随着花穗的膨大，植株上部重量也迅速增加，此时如遇大风天气，植株很容易倒伏，这将影响切花质量。因此要采取防倒伏措施：抽穗前进行一次普遍培土，对已发生倾斜的植株，要将其扶正培土；用细竹竿或木条绑缚；在床垄两侧每米楔一个木橛，然后将长竹竿顺垄床绑缚在木橛上；张设尼龙或塑料网，随着植株的生长，不断提高网的高度。

(三) 香石竹（图4-3）

石竹科，石竹属，别名麝香石竹、康乃馨。

康乃馨是著名的“母亲节之花”，代表慈祥、温馨、真挚、不求代价的母爱。欧洲一些人士认为它“富有永不褪色和永不变迁的爱”。

1. 识别要点

香石竹是多年生草本植物，但在切花生产中作一、二年生栽培茎直立，多分枝，株高70~100cm，基部半木质化。全株被有白粉，茎节膨大。叶对生，基部抱茎，线状披针形，全缘，上半部向下弯曲花单生或2、3朵呈聚伞状排列，有红、粉、黄、白、复色、单瓣、多花等品种。

2. 生态习性

香石竹喜冷凉气候，生长适温白天20℃，夜间10~15℃，对25℃以上高温适应性差。低温区可在加温温室内栽培，温暖地区可在无加温温室或塑料大棚内栽培。喜空气干燥，湿度大易生病害。喜光照充足，为中日照植物。适于疏松透水、富含腐殖质的壤土中生长，pH值以6~6.5为宜。

3. 繁殖方法

(1) 扦插育苗　生产时多用扦插繁殖。从株上四季均可采条。温室栽培以1~3月和9~11月为宜，露地栽培以4~6月和9~10月为宜。插条规格及标准为：长10~12cm，具

4、5对叶片，重约10g。最好采用母株茎中部2、3节生出的侧芽。中部以下的侧芽组织不够充实，发根后生长不良，中部以上的侧芽节间较长，不宜采用。采条方法为：一手握住母株，一手握住侧芽中部，使侧芽向下弯曲，与母株的对生叶成直角，下掰使其折断。插后如基质温度保持15℃，21d可生根。若基质温度保持21℃，15d可生根。以自动喷雾装置进行间歇喷雾，每4~6 min喷雾10s，原则是保持叶片不萎蔫为度。若于夏季扦插，应使用遮阳网遮去自然光照的50%。其他季节扦插，则不必遮光。基质pH值以7.0左右为宜。当根长2cm时，即可定植。

（2）组织培养繁殖 香石竹的组织培养法繁殖主要用于繁育新品种和脱病毒苗的生产，以香石竹茎尖（2~3cm）为外植体，清洗后用，饱和次氯酸钙上清液消毒12~15min，或用0.1%氯化汞溶液消毒2min，用无菌水漂洗3~5次。解剖镜下切取茎尖，接种到培养基上。培养基为MS+(0.1~0.2)mg/L NAA+(0.2~0.4)mg/L 6-BA。培养温度为18~22℃，光照为50001x左右。生根培养基为1/2MS，20d左右即可生根，根长1cm时即可移栽。移栽成活的脱毒苗，经病毒学鉴定后，无病毒者可作为原原种。移栽成活的脱病毒原原种，一定要植于严密防护的条件下。由原原种取条扦插后，便为原种（母株）。母株定植后大约15~20d，即可摘心，大约20d后，即可开始采集插条，采条时，操作人员用手折取插条。为保证插条质量，母株只能使用插条一年，一年后需要更换母株。

4. 栽培要点

（1）定植

1）土地选择。栽培地的表土层（30cm）应能很好排水通气，保护地栽培土若不符合要求应全部更换。定植地应有避免雨水、冰雹袭击和灼热阳光直射的棚、膜与遮阴防护。必须大量施用农家肥，使土壤疏松肥沃，达到一定的孔隙度。然后将土地整平、筑畦，以备定植。

2）肥料。香石竹经常是营养生长与生殖生长同时进行，从不同时期养分吸收量的变动来看，初期变化较少，以后逐渐增多。若用肥沃优质基质等作栽培土，可全部用无机液肥，温室内每亩施肥量：硝酸钾2.4kg、硝酸钙1.5kg、硝酸铵1.5kg。初春每隔7d、秋季每隔5d、冬季每隔10d施肥1次，无土栽培的香石竹，则每天需要灌溉3次营养液。

3）定植时间与方式。香石竹从定植到开花所需时间，因光强、温度与光周期长短而变化，最短100~110d，最长约150d。根据市场需求情况，可适当调节定植的时间一般3月扦插的幼苗，5月定植在大田，9月中下旬开花；5月扦插的幼苗，最迟6月定植，12月开花。

4）密度与苗用量。定植株行距10cm×10cm、25 cm×25 cm或30cm×30cm。每亩定植数为7000~12000株。定植密度为18株/m^2、24株/m^2和28株/m^2。分枝性强的品种应略稀，分枝数少的品种可适当密植。

在香石竹生产实践中，有多种不同的定植方式。多数种植床宽120cm，走道60cm，实际种植面积约65%。

5）栽植。香石竹栽植的深度是种植成败的关键。具体操作时土壤必须湿润，做到尽可能浅，但要保持幼苗直立，不要弄掉幼苗所带原土，较大的苗栽于床中，较小的苗栽于床边。

栽植后，在行间土表划浅沟，沟内浇入适量水，若定植后即刻往叶上淋水，往往使幼苗倒伏。而从根部浇水，易引起茎腐病。夏季种植后7~10d内不可浇透水，只在行间浇小水，植株周围表土保持干燥状态，直到植株明显长出新梢时再行正常浇水。若在冬季种植，这种浇水方式需持续30d以上。

（2）定植后的管理

1）张网。定植后，幼苗易倒伏，因而要尽早张网，使茎能正常直立生长，一般用尼龙绳编织的花网，网格大小与栽植苗的株行距相适应。第一层网距地面约15cm，随着植株的生长，花网要逐渐升高，并经常把茎拢到网格中。一般要设4、5层花网，层间距离约20cm，保持茎的伸直生长。

2）肥水管理。肥水管理的好坏，会大大影响栽培质量。香石竹从幼苗定植到切花收获的整个生育期，都要有充足肥料的供应，追肥要淡而勤施。苗期要注意栽培基质的干湿交替，缓苗后，要进行2、3次适度“蹲苗”，促使植株根系向土壤下层发展，形成强壮的根系。夏季浇水宜在清晨或夜间地温凉爽后进行。冬季保护地栽植，在适合的温度下，其养分需要量为夏季的2～3倍，作为参考的追肥量，100L水溶液中所用的化学肥料量为：硝酸钾400g、硝酸钙250g、硝酸铵80g、硫酸镁160g、磷酸80g、硼砂40g。施肥间隔为2～3周。科学的施肥应是以香石竹叶片的营养分析为基础，随时调整追肥中各种元素的比例。

（3）温度和光　科学控制日夜温度交换的模式。光强时，温度升高，可通过通风或降温达到适宜的温度。昼夜温差应保持在10℃以内，冬季寒冷和夏季高温是香石竹产量低、质量差的主要原因。为此，冬季保温与夏季降温是香石竹周年栽培中的关键措施。夏季中午温度不太高的地方，可考虑用蒸发降温系统，或用遮阳纱遮阴，避免阳光过于灼热，有条件的可结合喷雾，减少叶面失水，为香石竹提供良好的人工小气候。冬季通风是控制温、湿度的一个方面，但大量冷气突然进入保护地，会引起花芽花瓣的增加，造成畸形大头花或萼片开裂，香石竹适于生长在温度变化缓和的条件下，可以考虑透明塑料对流管和排气扇结合使用，极慢引入外面的冷空气，防止裂萼和畸形花。

香石竹对光的要求是已知植物中最高的一种，适于香石竹光合作用的最低光照强度约为21500lx。过度遮阴，若光强仅2000～4000lx则会生长极慢、茎秆软弱。

香石竹虽为中日照植物，但白天加长光照到16h，或晚上22点到凌晨2点用光照来间断黑夜，或全夜用低光强度光照，都会对香石竹产生较好效果。随着光照时间与强度的增加，光合作用加强，有利于加速营养生长，促进花芽分化，提早开花期，提高产花量。

（4）摘心　摘心是栽培香石竹的基本技术措施。通常在幼苗长到一定高度时，从基部向上第六节处摘心，时间在种植后1个月左右，主茎上的小芽清楚可见。通常在8月下旬第二次摘心。生产中采用以下4种摘心方式，不同摘心方法对花产量、质量及开花时间有不同的影响。

1）单摘心。仅摘去植株的茎顶尖，可使4、5个营养枝延长生长、开花，从种植到开花的时间最短。

2）半单摘心。即原主茎单摘心后，侧枝延长到足够长时，每株上有一半侧枝再摘心，这种方式使第一次收花数减少。但产花量稳定，避免采花的高峰与低潮。

3）双摘心。即主茎摘心后，当侧枝生长到足够长时，对全部侧枝再摘心。双摘心造成同一时间内形成较多数量的花枝，初次收花数量集中，易使下次花的花茎变弱。

4）单摘心加打梢。开始是正常的单摘心，当侧枝长到长于正常摘心时，进行打梢（即去除较长的枝梢）。这样在一年多的时间内能保持不断有花，此方式像双摘心一样能大大提高花的产量。

为了达到周年均衡供花，除了控制定植时期外，还须配合摘心处理，调节香石竹开花高峰。举实例如下：

1）1月上旬定植，选择“夏季型”品种，进行1次摘心，翌年4～5月为产花高峰，可供母亲节用花。由于品种具有耐高温性，在7～8月仍有优质花供应上市。

2）2月初定植，进行1次摘心。6月底始花，第一次采花高峰在7月，第二次采花高峰在元旦、春节，翌年5～6月第三批花采收，可延至7月初。

3）3月初定植，选用夏季型品种，如海利丝、罗马、洛查和坦加等，不进行摘心。6月中旬采花，一般1个月内采花结束，第二批花在国庆节采收，第三批花在翌年3～4月收获。

4）4～5月定植，一般进行1次“半摘心”，7月一级枝采花，8～9月二级分枝采花，如此循环，注意冬季管理，就能保持一定的产量，如进行2次摘心，则第一批花集中在10～11月上市，并可延续至元旦，到翌年4～5月又有一个产花高峰，此时花朵质量好，花期可以延缓到5月的第二个星期日，即母亲节前后。

5）6月上旬定植，主要满足春节供花。种植后进行2次摘心，以保证产花量。入冬后，注意加强温度管理，元旦期间，即可有大量鲜花上市，一直延续到春节。第二批又可在母亲节期间形成产花高峰。

（5）修剪　修剪是对植株第二年生产的更新，修剪时间应不晚于6月下旬。一年苗龄的植株在地表上25～30cm处剪除。剪除前1周停止灌溉，直待修剪过的植株出现新梢生长时，再进行灌溉。停止灌溉的时间为20～30d。生产中二年苗龄的植株很少修剪而要换茬。若须修剪则应在距地表45cm处剪去，剪下的植株残体应及时清除，保持环境的清洁。

（6）疏芽和花萼带箍　大花品种只留中间一具花蕾，在顶花芽下到基部约6节之间的侧芽都应去掉。小型多花香石竹则需要去掉顶花芽或中心花芽，使侧花芽均衡发育。疏芽是一项连续性的操作，7～10d就要进行2次，在香石竹栽培中也是最花费劳力的操作。

生产中可用6mm宽的塑料带圈箍在花蕾的最肥大部位。套箍时期以花蕾的花瓣尖端已完全露出萼筒时最合适，这样能够防止萼片开裂。

5. 采收

当外层花瓣已打开与花茎近成直角时为适采期。采收后往往需要贮藏、中转、处理等，因此，比较好的采收时间是花朵花瓣呈较紧裹状态，花瓣的露色部位长1.2～2.5cm时采收为宜。花蕾比花朵耐贮藏，在贮运中也耐压。多头型香石竹的花枝，则宜当二朵花开放、其他花蕾现色时采收。

采收时既要考虑到切花花枝的长度，又要考虑下一茬花枝的形成，通常第一茬花枝较短，为下茬花枝留下较好的侧枝。在仲冬或早春剪花时，可将花茎剪长，以减少仲夏的生长量，提高早春花的质量。如果打算7月份换茬，1月份后，尽可能按需要长度剪取切花茎。

剪下的花枝顺序放到两头有支撑的帆布兜上，使花枝舒坦放置，集中到分级包装处。

分级的基本要求：无病虫害，花叶上无污点，花朵有光泽，茎秆挺直，蕾发育正常，花瓣无褪色现象。

花枝收获后，在大多数地区，冬夏季花朵寿命只有春、秋季的一半。在花枝绑束后，对花枝进行处理，有利于花枝寿命的延长。主要操作程序如下：绑束后，将花茎末端剪齐（齐茎）。修剪后，立即将茎端放入盛有37℃保存液的塑料桶中2～4h，室温21℃。最低光量10800lx。从上述处理中转移到0～2℃冷冻室中12～24h，然后才适宜上市。上市前将花枝浸入10%的糖液中12～18h，使花枝增加营养，保持挺直，提高销售质量。

为调节市场用花，收获后可以贮藏2~4周，在上市前24h，做处理分级与绑束等工作。少许花瓣显色的“紧蕾”需要4~5d才可以开放；从花萼中完全伸出花瓣的，需要2d才能开放。花蕾状态特别好的花枝，用保鲜剂预处理后，放在聚乙烯袋内冷藏，可以贮藏8~10周。通常维持4~5周，到需要开花时，再插入保鲜剂内，加温至23~26℃，加光2000lx，每天16h，相对湿度90%以上，催花。冷藏条件是保持温度0℃，均匀一致，相对湿度为90%~95%，通气良好，与外界蒸汽、不良烟雾严格隔离。

准备上市的花束，用充气纸板箱包装。纸箱必须先预冷。装箱前内垫聚乙烯膜垫衬，花朵头平放在箱两头，箱中间有两个横楔，固定在箱底，防止花头移动。装好花枝后，将垫膜松松地折到上部，再盖上盖。纸箱规格高30cm，宽50cm，长122cm，每箱装800支花。装箱后，暂存贮藏时，为了保证空气流通，纸板箱垛间应用板条隔开，箱垛应与贮藏室的墙保持一定距离。

纸箱预冷温度为0℃，相对湿度不小于95%；冷气通过纸箱的速度是180~275m/min。

（四）菊花（图4-4）

菊科，菊属，别名寿客、金英、黄华等。

菊花作为世界四大名切花之一，以其色彩鲜艳、姿态高雅等优点深受顾客青睐。菊花不但色彩多变，种类丰富，而且花形、花瓣变化无穷。牡丹虽高贵、梅花虽古朴、杜鹃虽艳丽，但均不如菊花隽美多姿。在世界切花总销售量中，高居榜首，约占切花总量的30%左右。

1. 识别要点

菊花株高60~180cm，茎直立、粗壮、多分枝，青绿色或带有紫褐色，上被灰色柔毛。叶互生，绿色至浓绿色，具深缺刻，基部楔形，表面较粗糙，叶背生有绒毛。头状花序，花单生或数朵聚生，边缘为舌状花，中部为筒状花。花序的形状、颜色及大小变化很大，有球形、托桂形、卷散形、松针形、莲座形、翎管形等。花色可分成黄、白、红、紫、粉等几个色系。小型花单花直径为2~5cm，大型花直径可达10~20cm。

2. 生态习性

菊花适应性强，从华南到华北都有栽培。喜阳光充足、气候凉爽、地势高燥、通风良好的环境。要求富含腐殖质、肥沃疏松、排水良好的砂质壤土，耐旱也耐弱碱，但不耐潮湿，忌低洼积水，否则会导致整个植株枯黄而死。菊花忌重茬，连作易发生病虫害和养分缺乏症。地下宿根在华北地区可露地越冬。有些菊花宿根能耐-30℃的低温。菊花的生长发育过程包括：休眠期、幼苗期、感光期和成熟期（开花期）。

3. 繁殖方法

切花菊主要用扦插法繁殖。菊花再生力强，采用扦插法繁殖，操作方便，易于成活，不受季节限制，全年均可进行。初冬选择健壮无病的植株，剪除地上部，将根部入冷室留作种株。春季萌发长出脚芽，采作插穗，在最基部的叶片下0.2cm处，用利刀削成马蹄形，并去除下部叶片，仅保留上部2、3枚叶片，插入插床中（基质为沙、蛭石或珍珠岩）。也可用枝条顶梢或茎段作插穗，插入基质深度为2~3cm，株行距为3~4cm。插后将基质压实，立即浇透水。插后15d生根，25~30d即可移栽。一般秋菊于5~6月扦插，晚秋菊与寒菊于6~7月扦插。扦插苗高15~18cm时，从顶端截取7~8cm作为插穗重新扦插。取顶梢后15~20d，由原植株基部萌生出较多的侧枝，也可作为插穗使用，只要时间允许，可如此反复进行。

生产中的具体扦插时间，要根据定植和产花时间而定。

4. 各种类型菊花的栽培

(1) 秋菊　秋菊的生育过程全部在露地完成，自然花期为8月中下旬至11月上中旬。

1）种株保存。当花朵刚刚绽开、切花还未采收时，应及时挑选花色纯正、长势健壮、无病虫害的优良植株作为种株，系上品种标牌。至11月中旬前后，切花采收后，按照标牌上的品种分类囤入阳畦越冬。挖种株时要将菊花根部带土挖起，再用手将多余的土轻轻掰掉，只在根的中心位置留些护心土。囤放种株时，先开一条沟，然后将种株依次码放整齐，种株之间尽量不留空隙，码好之后，用土将根覆盖严实。囤好之后浇1次透水。阳畦上的塑料薄膜要经常清扫，保持干净，以保证菊花种株能接受足够的光照。阳畦内的温度一般控制在夜晚12℃，白天8℃以下。

2）扦插繁殖。3月下旬，将阳畦里的种株挖出，定植于露地，株行距为30cm×40cm，栽后对种株整形修剪，并给予良好的水肥管理，以便获得高质量的插条。4月中旬至5月下旬为扦插适期，种株萌发的新芽，可以反复剪取枝条顶部8～10cm健壮嫩梢作为插穗。插穗采下后，应立即浸入水中，并应随采随插，扦插之前去掉基部1/3的叶片，将插穗基部修成马蹄形。菊花最适宜的生根温度为15～20℃。温度过低，生根所需时间延长；温度过高，则易造成插穗腐烂。

3）组织培养繁殖。以嫩茎为外植体接种在MS培养基上，待成苗后，移出试管进行土栽。

4）定植。定植前应“炼苗”2～3d，定植适期在5月中下旬至6月初。定植前，应深翻土地，施足底肥。一般多选用腐熟的畜粪、饼肥、麻酱渣及少量的骨粉、过磷酸钙等混合使用，施量1000～1500 kg/亩。一般做成1～1.2m宽的畦。定植株行距为20cm×25cm。缓苗后，应及时进行第一次摘心，留下基部5、6枚叶片，每棵植株抽生5、6个分枝，形成5、6支切花。在生长前期，需要多次中耕除草。

5）施肥。菊花喜肥，在整个生育期内需要大量养分供应。栽培过程中，应根据土壤的肥力程度适当增施肥料，农家肥与化肥配合使用。除施足基肥以外，还要根据不同季节、不同生长发育时期，适时、适量追肥。生长初期，应追含氮量高的肥料，如尿素、麻酱渣等，以促进植株的营养生长。生长后期，进入花芽分化阶段，应增施磷钾复合肥。每周叶面喷施一次0.2%～0.5%的磷酸二氢钾或硝酸钾水溶液。施肥时应注意：苗小时施肥量要少，随着植株的生长可逐渐增加施肥量和施肥次数。高温季节，应少施肥。施肥浓度不宜过大，应掌握薄肥勤施的原则。

6）张网。切花菊生长茂盛，植株高大，为使茎秆挺直，防止植株倒伏或折断，应及时加设1、2层花网。在畦四周间隔1m左右插1根竿，将花网穿上铁丝固定其上。花网的高度应随着植株的生长而上调。

摘心以后腋芽很快萌发，形成多个分枝，此时要及时整枝。每株选留5、6个生长健壮、长势均匀的分枝，其余全部除去。为使养分集中，保证每支切花的质量，对分枝上萌发的腋芽应及时摘除。现蕾后，还要及时剥除所有的侧蕾。对多头小花型品种，则要求下部打杈，上部保留全部侧枝和花蕾。但为使多花头发育整齐一致，应适时将中央的主蕾摘除，可使花头丰满整齐。

(2) 夏菊　夏菊的自然花期为4～11月，在此期间，不需要人工遮光或补光。做切花用的夏菊有独头大花型品种和多头小花型品种。

夏菊对日照不敏感，属中性反应，其花芽分化及开花与日照长短关系不大。只要具备一定的温度及养分条件，即可进行花芽分化。花芽分化的适宜温度为10～13℃，15～20℃即可开花。夏菊一般是在保护地内栽培。

夏菊可用分株法或扦插法繁殖，一般多采用分株法。在切花采收之后，对母株加强肥水管理。7、8月份进行修剪，促进蘖芽发生，11月上中旬，将母株掘起，掰下脚芽栽植。

定植前对土壤进行消毒，并施足底肥，做成宽1～1.2m的畦。栽植后充分灌水。

温室的温度应控制在2～10℃之间，初期白天室内温度高，应打开窗户放风，夜晚气温过低时，要加盖苇席。至翌年3月，气温升高，植株生长加快，此时应及时给予充足的水分和养分，早花品种大约在5月初即可开花，晚花品种可在6月中下旬开花。

夏菊的其他管理措施，如施肥、打药、上花网、打杈、剥蕾等均同秋菊。

切花采收之后，应对植株进行平茬，加强肥水管理，使其抽出新枝，还可继续开花，花期可一直持续到11月。

（3）寒菊　露地及无加温大棚栽培，用这种方式栽培易受到夏季高温、冬季低温及降雨量等的影响。花芽分化在高温期会受到抑制，而花芽分化后的低温又会使其生长发育延迟。因此，此种栽培方式应限定在年平均气温15℃以上的地区，如昆明、广州等地。特别是1～2月上市的寒菊，多数情况下应在温暖无霜的地区栽培。

定植期为：12月上市者6月下旬定植；1月上市者7月上中旬定植。定植后15～20d摘心，留5、6片展开叶。在早植情况下进行两次摘心：第一次在定植10～15d后进行，留4片叶；第二次在8月中下旬进行。1～2月开花的9月上旬进行。

摘心后，株高约20cm时，结合除草及施肥，进行第一次覆土。第二次覆土在株高50～60 cm时进行。寒菊的栽培期较长，覆土可以促进新根发育，防止下部枯萎和植株倒伏。

其他管理同秋菊。12月以后，应注意采取防寒措施。

北方受气候条件限制，不能露地栽培，只能栽于温室。扦插可于7月进行，8月定植。温室要经常保持通风。温室内生长的寒菊可按照秋菊的管理方法进行摘心、打杈、上网、剥蕾等工作。

（五）非洲菊（图4-5）

菊科，大丁草属，别名扶郎花。

1. 识别要点

非洲菊为多年生草本植物，株高30～40cm，叶多数基生，叶柄长10～20cm，叶片矩圆状匙形，羽状线裂或深裂，顶端裂片最大，缘具有疏齿，叶背被白绒毛。头状花序单生，直径约10cm，花朵高出叶丛。舌状花1～2轮或多轮，位于外层的舌状花2唇形，外唇舌状伸展，线状披针形，先端具3齿裂，内唇细小2裂；位于内层的舌状花较短，近管状。管状花也呈2唇形，外唇3裂，内唇2裂。花朵橙红、黄红、淡红至黄白等色。盛花期为5～6月或9～10月，如栽培环境条件合适，全年均可开花。

2. 生态习性

非洲菊原产于南非德兰士瓦地区，性喜冬季温暖、夏季凉爽、空气流通、阳光充足的环境，要求疏松肥沃、排水良好、富含腐殖质、土层深厚、微酸性的砂质壤土。对日照长度不敏感，在强光下花朵发育最好。生长期最适温度为20～25℃，冬季休眠期适温为12～15℃，低于7℃停止生长。耐寒性不强，在华南地区可露地越冬，华东地区需覆盖越冬；北方寒冷地区需保护越冬。

3. 繁殖方法

（1）组织培养　其为非洲菊的主要繁殖方法。取直径1cm左右的花蕾洗净后，用70%的酒精消毒45s，用饱和的漂白粉上清液消毒15~20min，再用无菌水冲洗3、4次。剥去苞片和小花，留下花托。将花托切成2~4块，接种在MS+BA 10 mg/L+IAA0.5 mg/L培养基上。置于25℃，光照16h/日的条件下培养。逐渐形成愈伤组织，经1~2个月培养即可由愈伤组织形成花芽（但有些品种要半年以上的时间）。

当试管苗的叶片长达2cm时，便可将其转移至生根培养基上。生根培养基为1/2 MS+IBA1mg/L。根长1cm即可移栽，移栽基质为木屑加泥炭（1:1）或蛭石加珍珠岩（1:1）均可。在空气湿度大的地区每天浇水1次，每周供给1次营养液。2~3周后，可以定植。空气干燥的地区，最好间歇喷雾，以提高移栽成活率。

（2）扦插繁殖　将优选的健壮母株挖起，除去根部泥土，去除叶片，切去生长点，保留根茎部，将其栽植种植箱内培养。种植箱置于温度22~24℃，空气相对湿度70%~80%条件下，以后根茎会陆续长出叶腋芽和不定芽，形成扦插用插条。将具有4、5枚叶片的短缩茎剪下，插于基质中，室温控制在25℃，相对湿度保持在80%~90%。培养3~4周后便可生根。最好于3~4月进行扦插。新株当年就能开花。如在夏季扦插，则新株要第二年才能开花。在四季温暖的地区，则不受季节的限制。

（3）分株繁殖　4~5月间将在温室促成栽培的老株掘起，每丛分切4、5株，每株须带4、5枚叶片，另行栽植即可。

（4）播种繁殖　非洲菊种子在21~24℃条件下10d可发芽。最适宜的播种时间为1月，在温室播种，也可于3月后露地育苗，秋季移入温室栽培。

4. 栽培要点

（1）定植　非洲菊根系发达，栽植床至少需要有25cm以上、土质疏松肥沃、富含有机质的砂质壤土层，以微酸性为好。定植前应施足基肥，与土壤充分混匀，做成一垄一沟形式，垄宽40cm，沟宽30cm。植株定植于垄上，双行交错栽植，株距25cm。栽植时应注意将根茎部略露于土表，否则易引起根茎腐烂。定植后在沟内灌水。

（2）定植后的管理

1）环境调控。植株生长期最适宜的温度为20~25℃。冬季若能维持在12~15℃以上，夏季不超过26℃，可以终年开花。冬季应有强光照，夏季则应注意适当遮阴，并加强通风，以降低温度，防止高温引起休眠。

2）肥水管理。非洲菊为喜肥花卉，其氮、磷、钾的比例为15:8:25。追肥时要特别注意钾肥的补充，在每100m^{2}种植面积上每次施用硝酸钾0.4kg、硝酸铵0.2kg、磷酸铵0.2kg。春秋季每5~6d追肥1次，冬夏季每10d追肥1次。若植株处半休眠状态，则应停止施肥。露地栽植要注意防涝。生长旺盛期应供水充足。小苗期则保持适度湿润，以促使根系发展，花期浇水要注意勿使叶丛中心沾水，否则易引起花芽的腐烂。

拓展任务2　切叶类花卉

（一）铁线蕨（图4-6）

铁线蕨科，铁线蕨属，别名铁线草。

1. 识别要点

株高15～40cm，根状茎横走，密生棕色鳞毛。叶片为2～4回羽状复叶，小叶片呈斜扇形或似银杏叶片，深绿色，孢子囊群生于叶背顶部。叶薄革质，叶柄黑色，光滑油亮，细而坚硬如铁线，茎叶常青，姿态优雅独特。

2. 生态习性

铁线蕨分布于长江以南各省，是钙质土和石灰岩的指示植物。性喜温暖湿润和半阴环境，忌强光直射，生长适温为18～25℃，喜疏松肥沃和含少量石灰质的砂壤土，冬季气温达10℃才能使叶色鲜绿，要求空气湿度大的环境。

3. 繁殖方法

常用分株和孢子繁殖，分株在春季新芽未萌发之前进行，从外层向内切块，每块内有3、4个小株，孢子繁殖常在地面自行繁殖，待长出3、4叶时，即可移栽，人工扩繁同肾蕨。

4. 栽培要点

选择阴湿环境栽培，配制培养土要求疏松通透，偏碱性，含有机质的土壤。按30cm×30cm定植，苗期叶面喷水保湿，防直射光。生产期应2周追1次稀肥水，不能浓肥沾叶，以免造成叶片枯斑。冬季气温12℃以上才能正常生长，定期剪除老叶，叶过密或强光直射都会造成叶片发黄。

铁线蕨常植于热带园林之树下，可增添几分野趣。

（二）肾蕨（图4-7）

骨碎补科，肾蕨属，别名蜈蚣草。

1. 识别要点

肾蕨地下具有肉质块茎，块茎上可着生匍匐茎和根状茎，叶片羽状深裂，密集丛生，鲜绿色，叶背具孢子囊群，呈褐色颗粒状。

2. 生态习性

肾蕨喜温暖潮湿，半阴环境，忌阳光直射。生长适温为20～22℃，不耐寒，怕霜冻。冬季需保持在5℃以上的夜温。喜富含腐殖质、排水良好的微酸性土壤，要求高湿，不耐旱，忌积水。

3. 繁殖方法

肾蕨生产上以分株繁殖为主。通常在春季新叶抽生前进行，分株前保持土壤干燥，掘起老株。自叶丛间切成几块，5、6叶一丛，分栽定植即可。

4. 栽培要点

切叶肾蕨栽培可采用床植或盆栽。栽培床宽90～100cm，3条种植，株距为20～25cm。定植后，春、夏、秋三季需遮阴，冬季注意保温，生长季内每隔2～3周后追施一次肥料，经常保持土壤湿润并保持较高的空气湿度。

（三）天门冬（图4-8）

百合科，天门冬属，别名天冬草、武竹、郁金山草。

1. 识别要点

根呈块状，茎丛生、蔓性、分枝力强。叶退化成鳞片状，着生茎节处，基部有3～5cm硬刺。总状花序，花小，浆果，鲜红色，花期为6～8月，果实成熟期为11～12月。

2. 生态习性

天门冬宜在温暖湿润和荫蔽的环境下生长，不耐寒，最适生长温度为20~30℃，冬季最好在10℃左右。忌烈日及阳光直射、高温，易造成枝叶色发黄。对土壤要求不严，喜疏松肥沃、排水良好的沙质壤土，耐干旱，忌积水。

3. 繁殖方法

播种或分株繁殖。播种可在3~4月进行。去除浆果皮，浸种12d。播种间距2cm左右。播后覆土，保温。温度控制在20~25℃左右，约1个月发芽。由于天门冬用种子繁殖时间长，成苗慢。生产上常常在春、夏季采用分株繁殖方法。选取二年以上的植株，用利刀将株丛切成2~4份。剔除被切伤的纺锤状肉质根，分栽极易成活。

4. 栽培要点

天门冬生长快，适应性强，栽培管理简易。春夏季生长旺盛期，需要充足水分，每天应浇透水1次。注意不能有积水，一旦积水易造成烂根。秋后气温下降，应逐渐减少浇水。每半个月施肥1次，以氮、钾肥为主。天门冬怕强光照射，夏季应适当遮阴，并经常喷水降温。保持株丛翠绿。冬季应做好防寒保温工作，加强通风。三年以上的天门冬植株茎蔓老化，应淘汰或修剪更新。

5. 采收

天门冬枝叶从基部剪除，并与疏枝结合起来。注意切枝叶不可过量，以保持足够的营养面积。剪后放在水中吸足水分，20支1束上市。

拓展任务3　切枝类花卉

（一）常春藤（图4-9）

五加科，常春藤属，别名中华常春藤，爬树藤。

1. 识别要点

常绿藤本，长可达20余米，茎上有附生根，嫩枝上有锈色鳞片。叶二型，不育枝上叶为三角状卵形或戟形，全缘或3裂；花枝上叶椭圆状披针形或披针形，全缘；叶柄细长，伞形花序顶生；花淡绿白色，芳香；果球形，熟时红色或黄色，径为1cm。

2. 生态习性

常春藤性强健，较耐寒。喜稍微蔽阴之地，但在光线充足或不见直射阳光的室内环境下均可正常生长。对土壤和水分要求不严，土壤以中性或微酸性为好。

3. 繁殖栽培

常用扦插、分株、压条法繁殖。除严冬期外，全年皆可繁殖；若温室栽培，则任何季节都可进行。切下有气根的半成熟枝1至数节扦插，扦插适期为4~5月和9~10月。匍匐地上的枝条在条节处自然生根，故分株、压条都很容易。

常春藤生长强健，栽培容易，多在水藓、腐叶土和园土的混合土中栽培。表土干燥，即充分灌水。在光照弱，气温高的季节，容易生长衰弱，要注意通风，喷水降温。

没有致命的病害，生长势衰弱多是由于长久不换盆，根在盆中过挤；水分过多或不足；营养不良等生理原因。为害害虫较多，主要是红蜘蛛、蚧壳虫等，可用内吸式杀虫剂埋于植株基部防除。在室内盆栽时，冬季通风透光不良，即常受蚧壳虫危害，要注意观察及时防治。

（二）栀子（图4-10）

茜草科，栀子属。

1. 识别要点

常绿灌木，高1~2m，枝丛生，幼时绿色，具细毛。单叶对生或3叶轮生，有短柄，革质，倒卵形或矩圆状倒卵形，叶色浓绿。顶端渐尖而稍钝，长5~13cm，革质，全缘，翠绿色有光泽。花大，白色，芳香，单生枝顶。花期为春、夏两季。

2. 生态习性

喜温暖、湿润、光照充足环境，不耐干旱、瘠薄。能耐半阴，生长适温为18~28℃。较耐寒，越冬5℃不会受害。适宜空气相对湿度高、半阴通风良好的环境。要求富含腐殖质、疏松、肥沃的酸性壤土。

3. 繁殖方法

扦插繁殖，于5~6月剪取一年生健壮枝条，截成长15cm左右的插穗，保留2枚叶片，插入沙或蛭石中，深度为插穗的1/2，保持湿度，容易成活。也可用水插法，生根后移植。压条在生长前期进行，保持湿度，约1个月后生根。也可播种繁殖。

4. 栽培要点

盆栽可用松针土，生长期浇灌矾肥水，可增强土壤肥力，又可保持土壤的酸性状态，否则，多使叶色变黄；萌芽力强，耐修剪。可于花后修剪1次，维持树形美观，有利下次开花。盆栽每年换盆1次，初春为适期；生长期保持盆土湿润和较高空气相对湿度；若想冬季开花，温度应保持在18℃以上；光照不足会影响开花。

拓展任务4 切果类花卉

（一）火棘（图4-11）

蔷薇科，火棘属，别名红果树、救兵粮、火把果、救军粮。

1. 识别要点

常绿小灌木，其侧枝短，顶端呈刺状。单叶互生，倒卵状长椭圆形，先端钝圆或微凹，叶缘有圆钝锯齿，基部渐狭而全缘，两面无毛。复伞房花序，花白色。梨果近圆形，橘红或深红色，缀满枝头，经久不落。花期为4~5月，果期为10月。

2. 生态习性

火棘原产于我国华东、华中及西南地区。喜光、喜温暖、湿润的气候，抗旱耐瘠薄，山坡、路边、灌丛、田埂均有生长。其适生于疏松、肥沃、排水良好的土壤上。萌芽力强，耐修剪。

3、繁殖方法

采用播种或扦插法繁殖。播种，可于果熟后采收，随采随播，也可将种子阴干贮藏至翌年春播。扦插可在2~3月进行，也可在雨季进行嫩枝扦插。

4. 栽培要点

火棘是喜阳树种，要求植株全年都要放在全日照环境下养护，特别是秋季要求光照充足，使植株健壮并形成花芽。火棘耐旱不耐湿，浇水应以“不干不浇、浇则浇透”的原则进行，盆土不能太潮湿。

由于火棘开花多，挂果时间长，且挂果较多，营养消耗快，从春季萌芽时开始，每隔15~30d要施肥1次。秋季果实逐渐成熟，需肥量加大，所以秋季施肥量要适当加大，每隔10~20d施1次，施肥以富含磷、钾的有机肥为主，少施无机肥。

火棘生长快，要经常进行修剪和摘芽。秋季修剪时，剪去徒长枝、细弱枝和过密枝，留下能开花结果的枝头，并确保挂果枝能享受充足的光照。结果后再长出的新枝可随时剪除，保持植株的冠幅不变，且结出的果实都在冠幅的外层，果熟后，观赏效果更佳。

为防止冻害，冬季可将火棘移到背风向阳处或移到室内越冬。越冬期间要经常检查盆土，如盆土过分干旱，要浇1次透水防冻。1～2年换盆1次，以春季进行最好，需带土球栽植。盆土选用疏松肥沃的腐叶土或园土。

（二）冬珊瑚（图4-12）

茄科，茄属，别名珊瑚樱、看豆。

1. 识别要点

小灌木，常作一、二年生栽培。株高60～100cm，叶互生，狭矩形至倒披针形。花单生或呈蝎尾状花序，腋生，小花白色。花期为夏、秋季。浆果球形，深橙红色，稀有黄毛，留枝经久不落，观果期为秋、冬季。

2. 生态习性

冬珊瑚原产于欧亚热带，我国华东、华南地区有野生分布。喜温暖，半耐寒，喜光，宜排水良好的土壤。

3. 繁殖方法

播种或扦插繁殖，春季盆播，春、秋季嫩枝扦插。

4. 栽培要点

选在阳光充足、通风良好之处栽培。管理粗放，易栽。

知识归纳

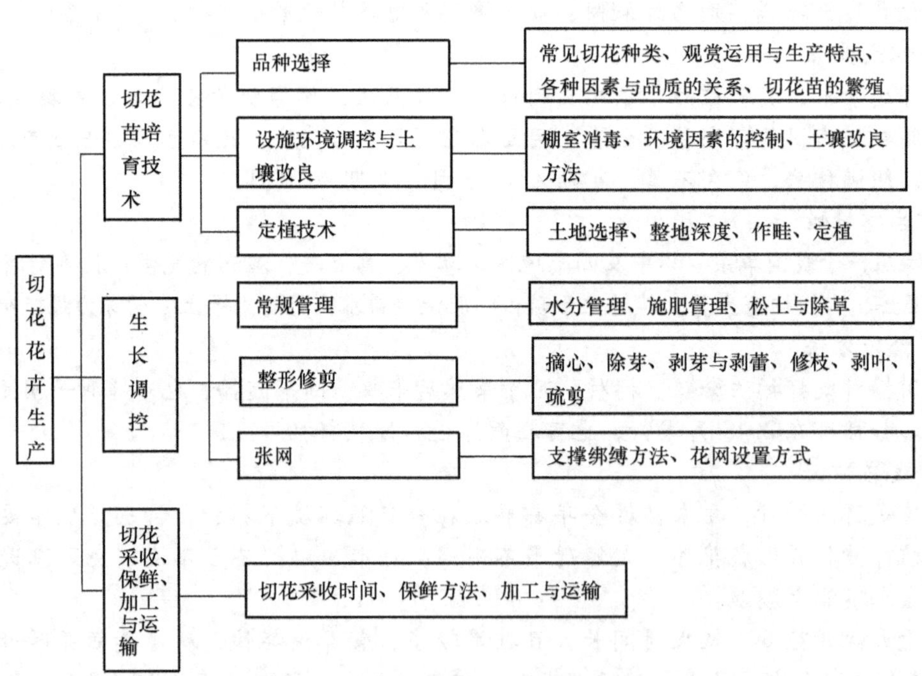

复习思考题

1. 切花菊栽培类型有哪些？各种类型的市场需求状况如何？
2. 简述切花月季的栽培技术要点。
3. 比较香石竹不同摘心方式对切花产量、品质及花期有何影响？
4. 非洲菊优质高产的关键技术有哪些？
5. 如何提高唐菖蒲的开花质量？

病虫害防治

基本任务1　苗期病虫害防治

> 知识目标

- 了解苗期病虫害的病症和发生规律。
- 理解苗期各种花卉易发生的病虫害类型。

> 能力目标

- 能够正确识别花卉苗期的病虫害类型。
- 掌握苗期常见病虫害的防治技术。

花卉苗期病害是指花卉在生长发育过程中，因受有害物质的侵害和不良环境的影响，使其在外部形态和生理上发生一系列的病理变化，致使花卉生长不良，甚至引起花卉的死亡。花卉的虫害是指花卉在生长发育过程中，因受有害昆虫食取其叶、茎、花、果实等，造成花卉的这些部位缺损、畸形，致使花卉生长不良，甚至引起植株的死亡。

一、苗期病害

苗期病害主要是猝倒病、立枯病、根腐病三大病害。

（一）猝倒病

1. 病症

猝倒病属真菌性病害，苗期茎基部呈水浸状，后变成黄褐色干枯缩为线状，常见幼苗猝倒伏贴地面，子叶不萎蔫；也有苗未出土子叶已腐烂的情况。湿度大时，病株附近长出白色棉絮状菌丝。当地温为15～20℃时猝倒病菌繁殖最快，温度为10～30℃都可发病。一、二年生草本花卉植物的幼苗普遍容易遭受猝倒病的侵害，尤其对凤仙花、秋海棠、瓜叶菊、翠菊等幼苗的危害最为严重。

2. 防治方法

选用无病种子；育苗土壤用百菌清消毒，切断传播途径。土壤消毒还可以用40%福尔

马林50g浇水10 L灌注，然后用塑料薄膜覆盖4d左右，揭膜后，待药效挥发完毕，即可种植。也可在发病初期喷50%克菌丹500倍液或75%百菌清800倍液进行防治。

（二）立枯病

1. 病症

发病最初是在花苗茎基部出现椭圆形或不规则形的暗褐色病斑，逐渐向里扩大、凹陷，扩展后绕茎一周，茎部萎缩干枯死亡；但不折倒，区别于猝倒病，有时白天萎蔫，夜晚恢复。立枯病主要危害一串红、石竹、瓜叶菊、鸡冠花、金鱼草等花卉幼苗。

2. 防治方法

育苗时防止高温高湿，在幼苗出土后，加强苗床水分及通风的管理；发病初期，要及时根除染病苗，并且烧毁，同时用15%恶霉灵450倍液或20%甲基立枯磷乳油1200倍液喷洒，可起到有效防治、杜绝病害再次传播的作用。

（三）根腐病

1. 病症

根腐病主要危害幼苗，成株期也能发病。发病初期，仅仅是个别支根和须根感病，并逐渐向主根扩展，在茎基部或根部产生褐斑，逐渐扩大后凹陷，主根感病后，早期植株不表现症状，后随着根部腐烂程度的加剧，吸收水分和养分的功能逐渐减弱，地上部分因养分供应不良，在中午前后光照强、蒸发量大时，植株上部叶片才出现萎蔫，但夜间又能恢复。病情严重时，萎蔫状况夜间也不能再恢复。此时，根皮变褐，后导致地上部枯萎，根部及茎基部导管变褐，有时着生黑点，最后全株死亡。应严格区别于生理性病害沤根。在此环境下，不仅采取播种、扦插的草本花卉易受害，采取扦插、分株、压条繁殖的月季、木芙蓉、扶桑等木本花卉也易发病。

2. 防治方法

苗床选择在避风向阳、利于排灌、升降温的地块。可在播种前15～20d用药土撒在床面上，可兼治立枯病。

二、苗期虫害

苗期虫害主要以防治地下害虫为主。

（一）蝼蛄

1. 危害状及发生规律

以成虫、若虫食害多种花木的根和近地面的嫩茎，使幼苗枯死，还可食害刚播下的种子。同时成虫、若虫常在表土层活动，使根与土分离，吸收不到水分，影响生长。蝼蛄活动与土壤温、湿度关系很大，土温16～20℃，含水22%～27%最适宜，一般春、秋两季危害严重，土壤中施用未腐熟肥料时也加重危害。

2. 防治方法

精细管理，采取轮作，深翻土壤，适时中耕。人工捕捉幼虫，黑光灯诱杀成虫。用药剂防治，施用毒饵，毒饵做法可用炒香的麦麸15kg，50%锌硫磷乳剂0.5kg，混匀加适量水制成，可施入土内或撒于地面，用量为45kg/km^2。

（二）地老虎

1. 危害状及发生规律

地老虎俗称土蚕、地蚕、切根虫等，对花木的危害主要是从地面截断植株或啃食未出土幼苗。小地老虎是分布最广的一种。成虫发生盛期为3~4月份，多于傍晚活动、取食、交尾，并对黑光灯、糖蜜等有较强趋性。

2. 防治方法

用绿肥或青草堆成一小堆，上喷90%晶体敌百虫400倍诱杀幼虫；也可用米糠炒后拌敌百虫溶液诱杀。在3~4月间用糖醋诱杀蛾子消灭虫源，糖醋配制比例为糖3份、醋4份、酒1份、水2份，再加少许90%晶体敌百虫，调拌均匀后置于盆或钵中，放在离地面高1m左右，昼盖夜揭，每亩3、4盆；掌握在1~2龄幼虫防治关键时期，喷90%晶体敌百虫800倍或40%敌敌畏1200倍防治。

（三）金龟子

1. 危害状及发生规律

金龟子分布广、食性杂、种类多。成虫食害叶、花、嫩梢。幼虫俗称蛴螬，是主要的地下害虫，啃食幼苗的地下部分，使苗木发育不良，萎黄枯死。以幼虫或成虫在土中越冬，也有以蛹越冬的，一般翌年5月初至6月出现成虫，5~7月为危害盛期。成虫一般具有假死性和趋光性，日间潜伏土中或枝叶背面，早晚出来活动。成虫交尾后产卵于松软的表土或杂草中，幼虫解化后在土中咬食根系。

2. 防治方法

人工捕杀，于清晨或傍晚振动枝条，集中处死；黑光灯诱杀；也可用药剂防治：成虫大量发生危害时，可喷洒10%氯氰菊酯乳油2500倍液、2.5%溴氰菊酯乳油3000倍液、90%敌百虫晶体1000倍液、50%马拉硫磷乳油1000倍液。防治金龟子的幼虫（即蛴螬）时，可选用3%呋喃丹颗粒剂对土拌匀，翻入土中。盆栽花卉埋施3%呋喃丹颗粒剂，内径30cm的花盆，每盆用20~25g；或用15%铁灭克颗粒剂，内径30cm的花盆，每盆用5g。采用50%锌硫磷拌种对防治蛴螬效果良好，一般用药量为种子重量的0.1%~0.2%。

基本任务2　草花、盆花常见病虫害防治

➢ 知识目标

- 了解草花、盆花常见病虫害的病症和发生规律。
- 理解当地草花、盆花易发生的病虫害类型。

➢ 能力目标

- 能够正确识别草花、盆花常见的病虫害类型。
- 掌握草花、盆花常见病虫害的防治技术。

一、病害防治

常见的病害种类多样，主要分为非侵染性病害和侵染性病害。

（一）非侵染性病害

非侵染性病害是由非生物因子引起的病害。这类病害主要包括缺铁性黄化病、日灼病等。

1. 缺铁性黄化病

缺铁性黄化病在南花北养的花卉上最易产生，如杜鹃、山茶、米兰、兰花、茉莉、栀子及近年兴起的观叶植物等。

（1）症状与病因 发病初期叶肉褪绿、发黄，叶脉保持绿色，形成网状脉，随着病情加重，全叶变黄脱落，影响生长。病因是由于北方地区土壤偏碱性，一般pH值在7.5～8.5之间。土壤中缺少可溶性二价铁，植株因缺铁而不能合成叶绿素，因而发病。由于北方地区水质偏碱，即使使用酸性栽培基质，时间长了也易产生黄化病。

（2）防治方法 施用矾肥水，选用黑矾（硫酸亚铁）2.5～3kg，饼肥5～7kg，粪便10～15kg，加水200～250kg，经一个月的沤制后即可使用，用时再稀释1倍浇灌即可。也可按1份黑矾、5份饼肥、100份水的比例配制；喷洒食醋液，将食醋液按1:250～1:300的比例喷洒，每10d喷1次，连喷3、4次；黑矾水浇喷，将黑矾配成0.2%～0.5%的溶液叶面喷洒或浇灌。

2. 日灼病

喜阴花卉由于受强光照射而产生的一种病态，也属于生理病害。易发病的花卉有兰花、君子兰、山茶、杜鹃、蕨类植物、喜林芋属观叶植物等。

（1）症状与病因 嫩叶受害后叶面粗糙，失去原有光泽，有时叶片向光面形成褪绿的黄褐色或黄白色枯斑，严重时叶缘叶尖变白焦枯。病因是因为兰花、君子兰、杜鹃等花卉在原产地多生活在茂密的山林中，性喜半阴，怕强光直射，如在夏季将其置于直射光下，嫩叶的组织易被阳光杀死，产生日灼病。

（2）防治方法 清明至寒露之间的这段时间，将喜阴花卉置于遮光率为50%～70%的荫棚中，避免强光直射。

（二）侵染性病害

侵染性病害是由微生物侵染而引起的病害。这类病害主要包括黑斑病、褐斑病、炭疽病、白粉病、锈病、灰霉病、黑霉病、根瘤病、白绢病、软腐病、病毒病等。

1. 黑斑病

黑斑病是蔷薇科花卉常见发生的病害之一，是一种世界性病害，危害严重。

（1）症状与病因 为叶片、叶柄、嫩枝、花梗受害。一般月季、蔷薇等植株受到侵害时，初期叶上产生红褐至紫褐色小点，逐渐扩大为圆形或近圆形病斑，边缘放射状，黄褐色，后期病斑上散生黑色小粒点，即病菌的分生孢子盘。发病严重时，老叶枯黄脱落，只有花卉植株顶部残存几片叶子，甚至枝条枯死。榆叶梅、樱花、君子兰等感病时，叶上出现褐色到暗褐色近圆形或不规则形的轮纹斑，其上着生黑色霉状物，即病菌的分生孢子。病原为蔷薇黑斑放线孢、荷花链格孢、樱桃链格孢。黑斑病是病原菌以菌丝体或分生孢子在病叶、枯枝或土壤中越冬，翌年春雨后借助风雨及浇水淋溅等传播，一般7～9月雨季时发病严重，病弱株易于感病。低洼积水、通风不良、光照不足等易诱发病害产生。

（2）防治方法 商品化生产中尽量选用优良抗病品种；冬季对植株重剪，清除并烧毁月季花圃中的病残枝、落叶，消灭越冬病源；药剂防治，早期防治效果较好。可喷洒75%

百菌清500倍液、80%代森锌800倍液、70%甲基托布津800~1000倍液、50%多菌灵500~1000倍液，每7~10d喷1次，连喷3、4次即可。

2. 褐斑病

侵染植物叶的真菌病害，对牡丹、芍药、菊花、榆叶梅等均有危害。

(1) 症状与病因　发病初期叶上出现紫褐色斑点，后逐渐扩大。病斑为圆形、近圆形，中央淡黄褐色，边缘暗紫褐色。病斑上有同心轮纹状排列的黑色小点。严重时从下部叶片开始顺次向上枯死，影响开花。病原为半知菌门球壳菌目真菌，有壳单隔孢、菊壳针孢、翠菊壳针孢。病菌以菌丝和分生孢子在病叶、病枝上越冬，翌春侵染下部叶，7~8月份高温多湿时发病严重。

(2) 防治方法　同黑斑病的防治。

3. 炭疽病

炭疽病危害的花木有山茶、米兰、兰花、君子兰、万年青、橡皮树、仙人掌等。

(1) 症状与病因　炭疽病主要危害叶片和嫩茎，老叶尤易感病。大多数花卉感染后，叶上产生圆形或近圆形病斑，叶缘叶尖处病斑则呈半圆形、不规则形。初期病斑小，红褐色，后逐渐扩大，颜色也加深，中央则转为灰白色，有时边缘有黄晕。最后病斑呈深褐色，轮纹状，上生黑色小点，即病菌的分生孢子盘。仙人掌类感染炭疽病后，茎上产生圆形或近圆形病斑，淡褐色，其上有黑色小点轮状排列。病原是半知菌亚门黑盘孢目、毛盘孢属、盘圆孢属的几种真菌。炭疽病主要以菌丝在寄主残体或土壤中越冬，翌年4月初开始老叶发病，5~6月22~28℃时发展迅速，高温高湿的梅雨季节发病严重。分生孢子靠气流、风雨、浇水等传播，多从伤口处侵入。

(2) 防治方法　加强栽培管理，培育健康植株；发现病叶及时剪除烧毁；药剂防治可于发病初期喷洒50%多菌灵可湿性粉剂700~800倍液、50%炭疽福美可湿性粉剂500倍液、70%甲基托布津可湿性粉剂800~1000倍液、75%百菌清500倍液。

4. 白粉病

白粉病主要危害月季、蔷薇、菊花、瓜叶菊、报春花等花卉。

(1) 症状与病因　叶片、叶柄、花蕾、嫩梢等均可感染。初期，病部出现白色粉霉层，边缘不明显，后逐渐扩大并渐变为浅灰色，并产生黑色小粒点。植株受害后，矮小、畸形，花小而少或不能开花，影响观赏价值。病原菌以菌丝体在病芽、病叶、病枝上越冬，翌年随新芽的萌发而感染，并随风力传播。白粉病一般春秋两季发病严重，但在温室生产菊花、月季切花和瓜叶菊叶，周年均可发病。阳光不足、通风不良、偏施氮肥等均可诱发白粉病。

(2) 防治措施　精心养护，合理施肥，加强通风透光，保持适当株行距，减少病害发生；剪除病枝叶及时烧毁；药剂防治：早春萌芽前喷洒3~4°Be′石硫合剂或1:2:100~1:2:200波尔多液。发病初期喷洒50%多菌灵800~1000倍液、70%甲基托布津1000倍液等。也可喷施25%粉锈宁可湿性粉剂2000倍液。

5. 锈病

锈病常危害花卉及松柏、月季花等。锈病可危害多种花卉，依寄主不同可分为蔷薇锈病、芍药锈病、菊花锈病、萱草锈病等。

(1) 症状与病因　锈病属真菌性病害，锈病菌是专性寄生菌，病灶呈红褐色斑点。植株受害后，叶正面出现小黄点，背面出现小黄斑，外围有褪色环。随病情发展，病部产生粉

红色粉末，即病菌的锈孢子器，以后叶背又产生多角形的较大病斑，约3~5mm，并着生黄粉状夏孢子堆。秋末，病斑上产生棕黑色粉状冬孢子堆。嫩梢、叶柄、果实受害后病斑隆起。病菌以菌丝或冬孢子在病芽、病枝上越冬，翌年产生担孢子，从气孔侵入寄主植物幼嫩部位开始感染，一般9~27℃萌发侵染率最高。温暖多雨、潮湿多雾、偏施氮肥时易发病。

（2）防治方法　精细管理，合理施肥，培育抗病植株；保护地栽培时应加强通风透光，降低湿度；结合修剪及时清除病体烧毁；药剂防治：早春萌芽前喷洒3~4°Be′石硫合剂；展叶后可选喷25%粉锈宁1500~2000倍液、敌锈钠250~300倍液、50%代森锰锌500倍液、0.2~0.4°Be′石硫合剂、75%氧化萎锈灵3000倍液等。

6. 灰霉病

灰霉病对多种花卉均有危害，仙客来、菊花、芍药、牡丹等发病较重。

（1）症状与病因　叶、花、果实、茎基等均可感染。叶受害后产生褐色病斑，继而大片水渍状腐烂，病部覆盖一层灰霉层，即病菌的菌丝层。花芽受害后变黑枯萎。病原为灰葡萄孢、牡丹葡萄孢。病菌以菌核在病残植物体和土壤中越冬，翌年萌发产生分生孢子，借风雨传播，连绵多雨或多雾潮湿时发生严重。

（2）防治方法　清除病残植物体，消除病原；实行轮作；土壤消毒等。

7. 黑霉病

黑霉病对山茶、米兰、桂花、紫薇、柑橘、牡丹等均有危害，北方的温室大棚中发生普遍。

（1）症状与病因　黑霉病主要危害枝、叶、果实等。发病初期，病部散生灰黑色至黑色辐射状病斑，后连接成片，形成煤污状黑霉，影响光合作用，降低了花木的观赏价值。病原菌有性态为小煤炱菌和煤炱菌，无性态为烟霉菌和枝孢霉。病菌以菌丝体、分生孢子、子囊孢子在病部越冬，通过气流、风雨及蚜虫、粉虱、介壳虫等传播，并以这些害虫的分泌物为养料进行繁殖。高温高湿、通风不良、荫蔽闷热及虫害严重的地方，黑霉病害严重。

（2）防治方法　保护地栽培花卉时，注意通风透光，降低湿度，盆花摆放保持一定株行距，合理修剪。发病轻时可用清水擦拭、冲洗；消灭蚜虫、蚧类等害虫是重要的防治措施；药剂防治可喷洒50%多菌灵可湿性粉剂500~800倍液、70%甲基托布津500倍液等。

8. 根瘤病

根瘤病在月季、樱花、碧桃、梅花等花木上危害严重。

（1）症状与病因　病害主要发生在靠近地面的根茎处，根和地上部也偶有发生。发病初期病部形成近圆形的小肿瘤，淡褐色，表面粗糙，柔软或略呈海绵状，后逐渐增大变硬，颜色加深。肿瘤大小不等。病株矮化、发育不良，重者死亡。引起根瘤病的病原菌是野杆菌属癌肿野杆菌。病原菌在病瘤及土壤中越冬，并通过嫁接口、虫伤等侵入寄生。在潮湿、偏碱的土壤中发病率高。

（2）防治方法　加强检疫，严禁苗木从病区流往无病区；选用无菌土或轮作；防治地下害虫，避免机械创伤，改劈接法为芽接法；发现病株应拔除烧毁并进行土壤消毒；苗木消毒可用0.1%升汞水或1%硫酸铜液浸根5min，再放入2%石灰水中浸1min，也可用500~2000μL/L农用链霉素或土霉素浸泡。

9. 白绢病

白绢病可以危害多种花木，如君子兰、兰花、牡丹、芍药、柑橘、刺槐、桃等。

（1）症状与病因　植株近地面的根茎处发病。初期病部产生水渍状紫褐色斑点，后蔓延扩展，叶基腐烂，病部及附近土表有明显白色菌丝层，并有许多油菜籽大小的菌核，初为白色，后渐变为黄色，褐色，植株萎蔫枯死。引起白绢病的病菌系小核菌属白绢病菌。病原菌菌丝、菌核能在土壤中存活很长时间，条件适宜时，菌丝从花木根颈处或根部侵入，约1周左右即可发病。高温潮湿、土壤积水、通风透光不良时病害易于传播蔓延。

（2）防治方法　加强栽培管理：浇水适量，合理施肥，栽植不宜过深；土壤消毒：可在苗木栽植前用福尔马林消毒；发现病株及时切除病部，涂以硫黄粉或草木灰重新栽植。

10. 软腐病

软腐病或称为腐烂病，属细菌性病害，可感染仙客来、君子兰等花木，是一种毁灭性病害，危害极大。

（1）症状与病因　仙客来细菌性软腐病一般首先侵染叶柄、花梗。受害部位产生水渍状病斑，暗绿色或褐色粘滑状软腐，很快萎蔫倒落，并向下延伸至块茎，造成植株死亡。细菌有时单独感染球茎，球茎外皮正常但内部组织崩溃，植株很快死亡。君子兰感病后，发病初期心叶和心叶基部出现淡黄色油滴状病斑，扩展后连成一片形状不规则的大病斑，一直蔓延到根部，后期褐色软腐，呈糊状，严重时植株死亡。仙客来细菌性软腐病是由软腐欧氏杆菌引起的。病原菌寄主范围广，腐生能力强，在病残植物体、土壤、堆肥中长期生存，靠土壤、水流、工具、昆虫接触等传播。细菌一般从伤口侵入，迅速发病，每年7～8月份高温高湿时极易发病。

（2）防治方法　精细管理，高温季节注意通风避免雨淋，浇水时不要浇到块茎顶端，移栽、搬动时防止人工创伤，同时预防虫害发生；避免交叉感染，发现病叶、病株及时拔除烧毁，感病土壤未经消毒不可再用，工具、花盆等须经0.1%高锰酸钾消毒后再用；发病初期立即喷洒或浇灌400μg/g链霉素或土霉素液。

11. 病毒病

病毒病近年来有日渐扩大侵染的趋势，对香石竹、美人蕉、菊花、百合、郁金香等多种花卉均有危害。

（1）症状与病因　植株受害后，可表现为花叶褪绿、条斑、环斑、坏死、花碎色、矮缩、畸形等多种症状。发生规律大多数病毒是通过蚜虫、叶蝉、飞虱等传播，嫁接和插条传染也是有效的传染方式。此外，染病和健康植株接触也易传染病毒。

（2）防治方法　加强植物检疫，控制病毒传播；选用抗病耐病优良品种，挑选无毒种植材料，加强栽培养护，培育健康植株；有效防治害虫；发现病株及时拔除烧毁；种子用50～55℃温水浸泡10～15min，无性繁殖材料在高温下放置一定时间再进行种植等。

二、虫害防治

花卉害虫种类很多，有危害根、茎、叶、花的，不仅造成经济损失，而且大大降低了观赏性，使花卉在各方面的价值都大打折扣。为了防止或减少害虫的危害，采取的措施有保护或放养天敌，创造害虫不适宜的环境，严格进行植物检疫和施用除虫剂，以控制其数量、活动和发展，最后达到消灭的目的。

（一）蚜虫

蚜虫又称为蜜虫、腻虫等，多属于同翅目蚜科，为刺吸式口器的害虫，种类多，分布

广，常群集于叶片、嫩茎、花蕾、顶芽等部位。

1. 症状与发生规律

成虫、若虫以刺吸式口器在叶背或嫩枝吸取营养汁液，受害枝叶常呈卷缩状，使植物生长停滞，甚至枯萎死亡，并且常诱发烟煤病，传染病毒病等。蚜虫虫体细小、柔软。触角长，6节，分为基部和鞭部两部分，第3~6节基部常有圆形或椭圆形的感觉圈。多数蚜虫腹部第六节背面有一对腹管，腹部末端有尾片。蚜虫有具翅、无翅个体，生殖方式有孤雌生殖和两性生殖、卵胎生和卵生。蚜虫的体色有绿、黄、浅绿、深青等。蚜虫的繁殖力很强，繁殖代数因种类、气候及营养条件的不同而有较大差异。对园林花卉造成危害的常见蚜虫主要有桃蚜、桃粉蚜、棉蚜、菊蚜、月季长管蚜等。

（1）桃蚜　桃蚜又称为桃赤蚜、烟蚜等，分布范围广，危害植物多，对梅花、樱花、碧桃、山桃、兰花、蜀葵等均有危害。北方地区桃蚜一年发生10~30代，以卵或孤雌蚜在桃树或温室中越冬，翌春2月下旬至3月初羽化，危害开始。5月初繁殖加快，产生有翅蚜后迁飞到其他寄主上。10~11月返回桃树越冬。

（2）桃粉蚜　桃粉蚜主要危害碧桃、山桃、樱花、梅、杏、李等。一年发生多代，冬季以卵在桃、梅等枝条或芽缝外越冬，翌年4月初孵化，以无翅胎生雌蚜不断进行繁殖，5月出现有翅蚜后迁往禾本科的杂草上危害。

（3）棉蚜　棉蚜主要危害蜀葵、扶桑、木槿、石榴、紫荆、兰花、菊花、梅等。一般一年发生20~30代。冬寄主为木槿、石榴等，棉蚜在其上产卵越冬。夏寄主为菊花、柑橘等。

（4）菊蚜　菊蚜主要危害栀子花、海桐、桂花、红叶李、马氏含笑、石楠、珊瑚树等。一年发生10多代，以卵在枝杈、芽旁及皮缝处越冬。翌春寄主萌动后越冬卵孵化为干母，4月下旬在芽、嫩梢顶端、新生叶的背面为害，5月下旬开始出现有翅孤雌胎生蚜，并迁飞扩散；6~7月繁殖最快，枝梢、叶柄、叶背布满蚜虫，是虫口密度迅速增长的危害严重期，导致叶片向叶背横卷，叶尖向叶背、叶柄方向弯曲。8~9月雨季虫口密度下降，10~11月产生有性蚜交配产卵，一般初霜前产下的卵均可安全越冬。

（5）月季长管蚜　月季长管蚜主要危害月季、蔷薇等花卉。一年发生多代，胎生为主。一般以成蚜在寄主的叶芽和叶背越冬，翌年4月上旬起在月季新梢、幼叶、花蕾上寄生繁殖，4月中旬开始出现有翅蚜，迅速繁殖，危害严重。

蚜虫在20℃左右、气候干燥的条件下繁殖迅速，高温高湿不利于繁殖，危害及繁殖高峰一般在5月中旬和10月中下旬，须适时防治。

2. 防治方法

应尽快抓紧治疗，避免蚜虫大量发生。在盆栽花卉上零星发生时就可用毛笔蘸水刷掉，但刷的时候注意不要碰伤嫩梢嫩叶。刷下的蚜虫要及时清理干净。冬春季节要经常铲除杂草，喷洒氧化乐果消灭越冬寄主上的蚜虫，减少虫源。由于危害花卉的蚜虫种类较多，有时单一发生，有时混合发生，并且蚜虫繁殖和适应力强，所以各种防治方法都很难取得根治的效果。

（二）蚧壳虫

蚧壳虫在温室花卉中分布广泛，种类繁殖多。该虫常群集于枝、叶、果实上，刺吸植物汁液，使枝叶枯萎死亡。同时，蚧壳虫排泄的蜜露还易诱发黑霉病。

1. 症状与发生规律

蚧壳虫是一类小型昆虫，体长0.5~7mm。虫体一般被有蜡质的粉状、毛状、丝状分泌

物或各种形状的蚧壳。雌雄异形，雌虫没有明显的头、胸、腹分区，无翅，雄虫有一对膜质前翅，后翅变为平衡棒，寿命短，交配后死亡。介壳虫固定后即较难移动，主要通过苗木流通等传播。由于其虫体外被蜡质，一般药剂难以侵入，较难防治。花卉上常见的有吹棉蚧、日本龟蜡蚧、红蜡蚧、糠片蚧等，其形态特征主要为蚧壳被蜡质。若虫、成虫吸食木本花卉嫩枝与叶片的汁液，排泄蜜露，诱发烟煤病，严重时引起枝叶枯死甚至全株死亡。

（1）吹棉蚧　吹棉蚧即绵团蚧壳虫、棉籽虫等，主要危害黄杨、海桐、扶桑、无花果、柑橘、月季、米兰、桂花、含笑等。吹绵蚧是一类体形较大的蚧壳虫。雌成虫体长4～7mm。椭圆形，橘红色，腹面扁平、背面隆起呈龟甲状，身上密被灰黑色细柔毛，虫体外被白色蜡质。成熟雌虫腹部附有白色卵囊，椭圆形，上有脊状隆起线14～16条，卵囊内有大量卵粒。雄成虫体长约3mm，橘红色。卵长椭圆形，初产时橙黄色，后变橘红色。在北方地区一年发生2、3代，主要以若虫及雌成虫越冬，翌年5月为产卵盛期，5月下旬至6月上旬为盛孵期。若虫孵化后先在卵囊中过一段时间，后转移到枝干阴面固定危害。每只雌虫产卵数百粒，危害极大。

（2）日本龟蜡蚧　日本龟蜡蚧主要危害山茶、栀子花、石榴、樱花、桂花、白兰、含笑等。雌成虫扁椭圆形，紫红色，背部隆起，蜡壳长约4mm，白至灰白色，蜡壳表面有龟状纹，周缘有8个粗糙隆起。雄成虫体长约1mm，翅半透明。卵长椭圆形，孵化前呈紫红色。一年发生1代，以受精雌成虫在枝条上越冬，翌年3～4月开始取食危害，5月上旬至6月产卵，每只雌虫可产卵100～2000粒，6～7月若虫孵化，群集危害，逐渐固定并形成蜡壳。雄成虫8月中旬成形，9月上旬羽化，多在叶上危害，雌成虫则多在枝条上危害。

（3）红蜡蚧　红蜡蚧又称为红粉蚧壳虫、胭脂虫，对山茶、苏铁、柑橘等花木均有危害。雌成虫体长约3～4mm，椭圆形，老熟时蜡壳紫红色，中央隆起呈半球形，顶部凹陷呈脐状。蜡壳下的虫体紫红色。雄成虫体长1mm，暗红色。卵椭圆形，淡紫红色。一年发生1代，以受精雌虫越冬，翌年5月下旬至6月上旬为越冬雌虫产卵盛期。温室中世代交替现象严重。

（4）糠片蚧　糠片蚧又名灰点蚧、圆点蚧等，因介壳形状、色泽和糠片相似而得名。其主要危害柑橘、蔷薇、山茶等花木。雌成虫体长约1mm，椭圆形，紫红色，蚧壳长圆形，灰白色或灰褐色，中部稍隆起。雄成虫淡紫色，有触角和翅各1对，足3对，腹末有针状交尾器，雄虫蚧壳细长。卵椭圆形或长卵形，长约0.3mm、淡紫色。一年发生3、4代，以受精雌成虫或卵越冬，第二年4月开始危害。

2. 防治方法

加强植物检疫，在花木的引种调运过程中密切检查蚧壳虫；蚧壳虫自身传播扩散能力差，密度小时，可用牙刷、牙签等刮除虫体，也可结合修剪剪除虫枝；防治可在若虫被蜡前喷洒25%西维因可湿性粉剂200倍液、50%安得利乳剂1000～1500倍液或50%敌敌畏乳剂800～1000倍液。若虫被蜡后喷松脂合剂，冬季稀释20倍，夏季稀释30～40倍，也可用机械油乳剂60倍液。此外还可以用40%氧化乐果、50%杀螟硫磷、50%久效磷1000倍液，自开始孵化起每隔10d喷药一次，连续3次，也可达到杀除的效果。

（三）刺蛾

刺蛾俗称痒辣子、刺毛虫等，系鳞翅目刺蛾科昆虫，主要危害月季、黄刺玫、蔷薇、海棠、樱花、梅花、紫薇、芍药、石榴等。

1. 症状与发生规律

幼虫群食害叶片，使叶上形成孔洞，呈不规则缺口，严重时只剩叶柄、叶脉。刺蛾种类繁多，如黄刺蛾、褐刺蛾、扁刺蛾、绿刺蛾等，在此仅就黄刺蛾略作介绍。黄刺蛾成虫密生厚鳞毛，黄褐色，体长13~16mm，翅展30~39mm。前翅黄色，有两个暗褐斑，翅顶有近扇形棕褐色宽带，后翅淡黄褐色，边缘色深。幼虫短而肥，成熟时长25mm，椭圆形，黄绿色，背部有鞋底状淡紫色斑纹，虫体上有刺和毒毛。茧灰白色，质地坚硬并且表面光滑，有暗褐色条纹，形如麻雀蛋。卵扁椭圆形，黄白色。一年发生1、2代，以幼虫在枝干上结茧越冬，翌年5月下旬至6月上旬化蛹，6月中旬至7月上旬出现成虫。幼虫7~8月开始危害。

2. 防治方法

冬季结合清园修剪摘除虫茧，黑光灯诱杀。用药剂防治，幼虫发生期喷洒90%敌百虫1000~1500倍液、40%久效磷1500倍液、50%杀螟乳剂800~1000倍液等。

（四）红蜘蛛

红蜘蛛危害花卉范围很广，如大丽花、菊花、梅花、月季、石竹、玉兰、碧桃、杜鹃、佛手、仙人掌等多种花卉。

1. 症状

多发生在高温干燥的环境下，喜欢在叶背结网掩体，在网下刺吸花卉汁液，破坏叶绿素，使叶片枯黄后脱落。严重时整株枯黄乃至死亡。

2. 防治方法

注意及时发现及时打药，若叶片已黄，则打药也不能挽救被害的叶片。打药时要注意将叶子背面喷布均匀，才能提高防治效果。增加空气湿度，并注意通风。也可喷洒40%乐果1200~1500倍液或30%敌敌畏乳剂1500~2000倍液或用300~4000倍中性洗衣粉溶液等。

（五）线虫

线虫主要危害仙客来、菊花、蔷薇、大丽花、凤仙花等多种花卉。

1. 症状

该虫主要是在土壤中危害花卉根、球根、鳞茎以及插条的伤口愈合组织，受害后根部出现瘤状物，并逐渐增大。受害植株生长衰弱，叶片枯黄甚至死亡。

2. 防治方法

用锅蒸、炒法对土壤进行高温消毒30min；把带病的部位浸泡在热水中，50℃用10min或55℃用5min，即可杀死线虫而不伤寄主；用1500倍40%乐果乳剂或80%敌敌畏乳剂溶液灌入土中，发现病株，及时拔除烧毁，避免重茬。

（六）白粉虱

常见被害的有月季、茉莉、五色梅、金莲花、扶桑、倒挂金钟、一品红、瓜叶菊、菊花、大丽菊、万寿菊、一串红、杜鹃、佛手等。

1. 症状

造成花卉生长不良，叶片枯黄，乃至整株枯死。

2. 防治方法

喷洒80%敌敌畏乳剂1000~1500倍液，每隔5~6d喷1次，连续喷3、4次；盆花可用80%敌敌畏乳剂熏蒸，用1mL/m^{3}原液。先将敌敌畏原液撒入塑料袋内，然后再将盆花装进袋里，并用绳子捆紧，密封10h左右打开，取出盆花，这样即能将成虫熏死，以后每隔5、6d，发现又有一批卵孵化成幼虫时，再用此法熏蒸，如此反复进行3、4次，即可将此虫彻底消灭。

基本任务3　切花常见病虫害防治

> 知识目标

- 了解切花花卉病虫害的病症和发生规律。
- 理解常见切花花卉易发生的病虫害类型。

> 能力目标

- 能够正确识别切花花卉的病虫害类型。
- 掌握切花花卉常见病虫害的防治技术。

由于切花多采用保护地生产，而棚室内部终年高温多湿，为这些害虫的繁衍和越冬创造了有利条件。近年来随着切花生产面积急速扩散，各种切花病虫害也随之增多，防治不力情况下会给切花生产带来巨大损失。病虫害的发生量和发病率，既与切花自身的抗性有关，又受到环境的极大影响。在切花病虫害防治过程中，要认真落实“预防为主、综合防治”的植保方针，才能降低生产风险和成本，实现切花的优质高效栽培。

一、切花病害

（一）常见生理性病害

1. 切花菊常见生理性病害

（1）叶和花变色　叶和花变色主要是指高温引起的花托白枯（尤其是粉花品种）、花托黑枯（阳光灼伤）和花色减退等症状。夜间温度过低，还会引起粉色花品种花托颜色加深，白色花的花托变成粉色；在植株成熟期间受到低温刺激，叶片会变成青铜色；有些品种因低温造成花瓣变色。

防治措施主要是根据不同品种的具体特性，通过通风、换气等措施，严格控制好温度。

（2）萎缩症　萎缩症是指幼叶叶色变淡，叶畸形，生长点丧失顶端优势，出现异常的分枝萎缩症状。其主要由强光照、高温、土壤过于潮湿等原因引起。

可通过通风降温、合理灌溉等管理措施来减少萎缩病的发生。

（3）畸形花　畸形花是指花器产生的花苞扁平、花苞椭圆或双头花苞现象。畸形花产生原因比较多，但主要有以下几个方面：一是冬季母株越冬温度过低，花芽分化期遭遇高温；二是从退化了的母本植株上连续采穗；三是施肥过量损伤了根系，降低了植株生长势。这些原因都会增加畸形花的发生概率。

为防止畸形花的大量发生，切花菊营养生长期和花芽分化期日间气温保持在30℃以下；冬季必须对母本植株进行加温，避免在过低的温度条件下越冬；及时更新复壮母本植株；合理施肥灌水，促进菊苗的正常生长。

(4) 贯生花　贯生花是指在花芽分化开始形成小花过程中，花蕾中心部反而进行营养生长，中心部再次形成花苞，构成“花中花”的现象。产生原因是花芽诱导时的高温阻碍了花芽发育。

通过选择贯生花发生率低的品种；遮光栽培开始后，保持棚室内昼温在30℃以下等措施来防止。

(5) 花梗弯曲　花梗弯曲是指切花菊的花梗不定向弯曲的现象。一般认为花芽分化、发育期的低温、光照不足、肥水过量是最主要的原因。通过适当提高夜温、合理追肥和灌溉、改善光照条件、叶面喷施800mg/L的B9控制花梗长度等措施，可以较好地防止花梗弯曲。

(6) 柳芽　柳芽是指植株到了现蕾期，而生长点仍不断产生柳叶状细叶，造成植株节间密集、枝叶簇生、生长减缓而不现蕾的现象。其主要由于日照时数没达到菊花花芽分化所需的临界日长要求所致。其次，肥水过多，植株初期生长特别旺盛，植株过于粗壮也容易发生柳芽。

防治方法主要是根据菊花的类型，通过采取补光或遮光措施满足该类型花芽分化需要的日照时数；进行合理的水肥和温度管理。

(7) 莲座化　莲座化是指在晚秋或初冬发生的脚芽不能伸长而呈莲座状的现象。这种莲座状的脚芽（称为冬芽）无论在温暖地区的露地，还是在夜温为10℃的适当生育温度下栽培，都不能正常伸长和开花。其原因是植株受外界条件的变化影响生长活性低下。

只有满足不同品种菊花必要的低温条件，莲座化才能解除；或者用75mg/L的赤霉素进行叶面喷施。

2. 百合常见生理性病害

(1) 叶烧病　症状是幼叶的端部至中部稍向内卷曲、皱缩，呈现黄绿色至白色的斑点，若焦枯严重，白色斑点可转变为褐色，叶片弯曲，叶片脱落，植株停止发育。一般而言，当氮肥过多、水分太高、根系生长不良、温差大、空气湿度变化剧烈、土壤含盐量高及植株茎叶生长超过根系发育时，易发生叶烧病。

栽培中应注意适当深栽、淋洗土壤盐分、阳光过强时提前采取遮阴、喷水、通风等管理措施预防。

(2) 盲芽、消蕾、落蕾　盲芽是指整个花芽分化失败，在叶片完全开张时看不到花芽形成。消蕾是指虽然有花芽分化，也有肉眼可见得小花蕾，但小花蕾滞育，随后即自行萎凋。落蕾则是指花芽分化正常且部分花芽已肥大生长，但花蕾未及成熟即产生离层黄化而掉落。

引起盲芽、消蕾、落蕾的原因，主要和品种、种球贮藏、栽培温度及光照有关。一般而言，种球冷藏贮存越久，种植后发生盲芽、消蕾、落蕾的几率越高。此外，短期浸水、土壤盐分含量过高、氮肥施用过量等也会造成消蕾。

为防止这些现象的产生，应避免种球过度冷藏，萌芽鳞茎种植深度不超过3cm。棚室内昼温尽量保持在25℃以下，夜温15℃左右，避免25℃以上的高温和强烈光照。对高温敏感亚洲型品种，夏季种植温度控制在28℃以下，可有效减少落蕾率。

(3) 日灼病　日灼病是指叶片、花苞被阳光灼伤的现象。由于叶片、花苞被强烈光线照射而造成细胞坏死，在叶面和花苞上产生均匀白化斑。搭设遮阳网，适当遮阴可以防止日灼病的产生。

(4) 带化茎　带化茎是指茎的外形仿佛由两个或更多的茎融合在一起生长而形成扁平状茎秆。带化茎产生常由种球生产阶段的环境不良造成，或者因为大种球过分旺盛生长所致。一般带化茎上所着生的花朵数会明显增加，但是花朵略小。通常带化茎植株会在下一个生长季节恢复正常性状，因此要避免发生带化茎只要加强对种球生产管理，选择优质鳞茎来生产百合切花就可以消除这一不良现象。

3. 切花香石竹常见生理性病害

(1) 裂苞　裂苞是指一些大花品种，在开花时花萼破裂（通称为裂苞）的现象。产生原因主要是在成花阶段昼夜温差较大，低温期浇水施肥过多，氮、磷、钾三要素不均衡，尤其是磷肥过多，使花瓣生长迅速超过花萼生长，过多的花瓣挤破花萼，造成裂苞。裂苞也和品种特性有关。

防止裂苞须提高夜间温度，白天充分换气，减小昼夜温差；低温季节减少施肥供水量，忌大肥、大水，避免土壤忽干忽湿；选择不易裂苞的品种；也可在花蕾膨大时期对花萼包扎，或用30～50mg/L的赤霉素处理黄豆大小的花蕾，也可减少裂苞发生。

(2) 花头弯曲　花头弯曲是指花头不正，偏向一侧的现象。造成花头弯曲的主要原因是花芽分化期施肥量过大、营养过剩，或者由于日照时间短、温度低引起。

4. 切花月季常见生理性病害

(1) 花畸形　花畸形表现为双心花和平头花。双心花指切花月季在生长发育过程中，1朵花形成2个或2个以上的花心。其发生主要与品种、气温和营养水平有关；一般冬、春季低温时期发生较多，夏、秋季发生较少，但长期高温及温差过大或营养过剩也会形成双心。平头花指高芯花型品种在生长发育过程中，内花瓣和外花瓣生长一样高，花开放后形成平头，失去品种原有的高芯花型特征。出现平头花现象多与温度和光照有关，一般冬季棚室内温度低于5℃、每天光照时间短于10h、光强长期低于40000lx容易产生平头。

防止措施是选择耐低温、耐弱光的品种，加强栽培管理，合理施肥，冬季提高棚室内温度，增加光照时间及光照强度，夏季注意棚室内通风降温。

(2) 弯头　弯头是指花茎和花蕾不垂直，花蕾长大后形状似鸟头。弯头的出现与品种和栽培时间有关。一般新定植的植株发生弯头率较高，2年以后弯头率逐步降低。此外，弯头的发生还与季节有关，春季发生率较高，夏季发生几率较低。由于低温、低光照、水肥不均匀也会造成弯头。

因此，减少弯头花枝的办法是注意观察，发现及时剪除。同时保持适当的温度和光照，水肥供应均匀并保持相对平衡，才能减少和避免弯头的发生。

(3) 弯枝　弯枝是指玫瑰植株在生长过程中，枝条生长弯曲，引起切花品质下降。低温、低光照、水肥不均匀、侧芽不及时抹除和植株向光都易造成弯枝。此外，抹除侧芽时操作不当对主枝造成伤口，在伤口愈合时使枝条发生弯曲等也容易形成弯枝，可通过严格的规范化操作来解决。

(4) 盲芽　盲芽是指植株的芽受温度、光照、营养生长过旺等因素影响，不能发育成花芽开花，称为盲枝或盲芽。冬季低温弱光易发生，盲枝一般作营养枝用，着生位置不好或

低矮的可直接剪去。保温和提高大棚的透光性是减少盲枝的主要方法。有的品种还会出现徒长枝，枝条长至1～2m还不会分化花芽，从基部剪去即可。

（二）切花真菌性病害

真菌性病害是花卉病害中最主要的一类，据统计，真菌性病害占花卉病害种类总数的80%以上。真菌的菌丝体为营养体，无性和有性孢子为繁殖体，借助风、雨、昆虫或种苗、杂草传播，也可由土壤继代传播，通过花卉植物表皮的气孔、皮孔等自然孔口和各种伤口侵入植株体内。

真菌病害常常造成植株腐烂、萎蔫、变色等症状，病症特别明显，用肉眼即可观察到菌丝体或其变态形式，如白粉、灰霉、黑霉、炭疽、菌核等症状，真菌性坏死是真菌性病害最主要的症状之一。常见花卉真菌性病害有：白粉病、炭疽病、黑霉病、锈病等（参见草花、盆花生长期病害防治）。

（三）切花细菌性病害

由细菌引起的花卉病害，如防治不及时，常会造成毁灭性灾害。细菌性病害主要有条斑、斑点、溃斑、萎蔫及腐烂等类型。细菌性叶斑病一般表现为急性坏死斑，呈水渍状，病斑周围有一个黄色晕圈，如菊花、红掌的细菌性叶斑病。细菌性腐烂病有一种腥臭味，且腐烂组织带有黄色的菌脓，如百合软腐病，马蹄莲软腐病。细菌性萎蔫病往往造成青枯（而真菌性萎蔫常伴有黄化），如菊花、大丽花的青枯病，香石竹的细菌性枯萎病，菊花的细菌性枯萎病。

1. 细菌性叶斑病

病原菌为黛粉黄单胞杆菌。该细菌有两种侵染方式。第一种类型为叶部侵染，叶部侵染通常开始于叶缘及叶片下部气孔较多的地方。初期，在叶背面可见水浸状斑点，后期，叶缘出现褐斑，且边缘有黄色晕环。第二种类型为茎部侵染，通过维管束系统迅速传遍整个植株，称为系统侵染（或称为维管束侵染）。系统侵染可以通过变黄的叶子被发现，在细菌侵染初期新叶叶色暗淡。维管束被细菌填堵，使叶色暗淡，叶片发黄。在较短的时间内，该类型的侵染就能导致花梗和叶片从植株上脱落，生长点迅速腐烂，并有菌脓涌出。

防治措施：销毁病株，病穴基质也要消毒或去除。切花、切叶刀具应在每次使用后用85%的酒精消毒。药剂防治可选用72%的硫酸链霉素4000倍液、10%的溃枯宁可湿性粉剂1000倍液、20%的噻枯唑可湿性粉剂1000倍液轮换使用，每周喷一次。由于铜制剂对红掌植株有毒害作用，铜制剂农药要慎重选择使用。

2. 细菌性软腐病

细菌性软腐病是由欧文氏杆菌属欧文氏软腐细菌和假单孢杆属的一些细菌引起的病症。细菌主要侵染根茎、球茎、鳞茎、块根、叶柄、叶片等营养器官。

常见的细菌性软腐病有唐菖蒲软腐病、鸢尾软腐病、大丽花软腐病、风信子软腐病、马蹄莲软腐病等，这些花卉受害后，发病初期茎干、叶片、花、花梗出现微小的褐色水浸状斑，随后扩大成灰色、潮湿的斑块，呈现暗绿色和褐色的粘状软腐，向上或向下蔓延，进而向健康体发展，维管束变褐发黑，严重时病部软腐，呈现黄白色粘状物，发出臭味。

防治措施：严格执行检疫制度，对棚室、土壤和用具进行消毒；避免连作。在播种前，要严格挑选根茎、球根、球茎、鳞茎等种植材料，使用农用链霉素350～700单位/mL浸泡30～40min。发病初期，可喷施72%农用链霉素可湿性粉剂4000倍液、50%克菌丹500倍

液、50%退苗特1000倍液。

3. 细菌性萎蔫病

该病为系统性浸染病害，发生初期首先表现在下部叶片上，叶片上有褪绿萎蔫现象，受害植株叶片和小枝突然萎蔫，茎基部外表为暗褐色，茎基内部软腐。剖开茎部，可见维管束变为深褐色，断面上有黄色菌液渗出。病株根系少，若是块根受害则块根组织变褐，并散发腐臭味。随后病情逐渐扩展约7～10d后全株枯死。

防治措施：严格检疫，选用抗病的品种，实行轮作；栽植前对土壤消毒；发病初期喷施70%甲基托布津可湿性粉剂800倍液加50%福美双可湿性粉剂800倍液或20%甲基立枯磷乳油1000倍液、50%溶菌灵可湿性粉剂800倍液。

（四）切花病毒性病害

花卉的病毒病是由病毒引起的全株性的慢性病，外部表现的症状常为花或叶褪绿、环斑、起泡、黄化、枯斑、丛斑，叶片变细、皱缩，枝叶、花和果实畸形等。病毒病只有病状，没有病症，这与真菌性、细菌性病害不同。有些病毒病表现的症状易与生理性病害相混淆，区别之处在于，病毒病的发生具有明显的由点到面逐渐扩展的蔓延性，病株上出现的病状常从顶端开始，然后扩展到植株的其他部位。病毒病主要通过刺吸式口器的害虫如蚜虫、白粉虱等传播，也会通过土壤中的线虫和真菌、种苗和花粉传播；同时在花卉苗木的嫁接、管理过程中，病株与健株的接触，无性繁殖的插穗、接穗、块茎、球茎、鳞茎等都可能是病毒病传播的机会，甚至在剪枝、切花时，人的手和工具都是传播的条件。

1. 常见切花病毒病

（1）非洲菊病毒病　染病株叶片上产生褪绿斑驳、环斑、斑点或叶片皱缩、发脆，严重的叶片变小，花朵小，畸形，花色不艳，植株矮缩发脆。因品种不同，受害花有的花瓣形成碎色，有的花色暗淡或花朵畸形。该病多发生在毛刺线虫喜欢栖息的沙质土或泥炭土中，主要通过汁液、毛刺线虫和寄生性杂草传毒，种子传毒率很低。

（2）唐菖蒲病毒病　由于病毒的侵染，使唐菖蒲植株产生茎叶萎缩，根部腐烂，花朵变形、变态，影响或失去观赏价值。条斑病症状叶片产生褪绿斑点，至使扭曲变形，植株矮小，花朵变态、变小。病毒通过汁液、蚜虫以及农事操作传播。

（3）石竹病毒病　患病香石竹叶片形成灰白色至浅黄色轮纹状、环状或宽条状坏死斑，表现出叶色斑驳、花碎色、卷叶、畸形等症状，有时植株基部叶还可产生紫红色点状或条状斑。随着植株的生长，症状蔓延，导致叶子枯黄坏死。病毒通过汁液和桃蚜传播。

（4）菊花病毒病　危害菊花的病毒种类很多。不同的病毒在菊花上引起不同的症状，有时不同品种的菊花感染同一种病毒，症状也有差异。菊花在栽培中，往往会同时受到几种病毒的混合侵染，症状加重。随病毒种类的不同，有的表现出矮化症状，患病菊花子叶变小、畸形、植株矮花，一些品种出现碎色花。有的叶片上出现脉纹状黄色斑驳，叶片萎靡不振状、花朵小，不能开放。敏感品种染病后，叶片出现明显的花叶症状或坏死斑，严重感病的产生褐色枯斑。耐病品种在叶片仅表现出轻度花叶症状或不表现症状。病毒经汁液、扦插条、桃蚜等传播。

（5）百合病毒病　百合病毒病主要表现为叶面呈现浅深相间的斑驳花叶状或产生坏死斑，严重的叶片分叉扭曲；花变形扭曲或畸变呈舌状，有的品种无花或蕾发育不良；全株矮化无主杆呈丛簇状，幼叶向下反卷扭曲。病毒通过汁液、蚜虫传播。

(6) 月季病毒病　病株只在适宜季节出现症状，一般仅在部分叶片出现淡绿或黄色斑驳状轻度花叶，少数品种上产生环状斑。病毒经线虫、嫁接、农事操作等途径传播。

2. 切花病毒病防治措施

导致切花病毒病的病毒种类很多，有的病毒病由单一病毒引起，有的由多种病毒混合感染造成，表现症状复杂，甚至在不同的品种上有不同的表现。病毒病是危害花卉植物的一类特殊病害，近几年来有逐渐加重的趋势。目前对花卉病毒病的防治，需要采用以预防为主的多种措施进行综合防治才能取得较好效果，控制其发展，减轻其危害。

防治措施有：

1）选育选用耐病和抗病品种是防治病毒病的根本途径。

2）加强检疫，严格挑选不带病毒的繁殖材料来进行切花生产，以减少传染来源。

3）利用组培脱毒技术繁殖无毒苗进行切花生产。

4）清除杂草寄主，以消灭侵染来源；杀灭蚜虫、白粉虱、菟丝子等传毒生物，切断传毒途径。

5）销毁病株，防止人为的摩擦传毒，接触过病株的手和工具都要及时洗净。

6）用热力钝化病毒，对种子进行温汤浸种处理，无性繁殖材料也可在高温条件下搁置一定时间，均可收到治疗效果。

7）加强栽培管理，促进花卉健壮生长，可减轻病毒病的危害。

二、切花虫害

虫害是指由昆虫、螨类等咬食引起的非生理性病害。危害切花的害虫种类很多，其中危害性较大的有蚜虫、温室白粉虱、地老虎、金针虫等。

（一）虫害的常见症状

1. 缺刻或穿孔

这是咀嚼式口器害虫蚕食花卉叶片后留下的特征。如叶蜂、天蛾等的幼虫造成叶片的缺刻或将整片叶吃光，而蓑蛾及部分叶蝉的幼虫常造成叶片穿孔。低龄幼虫只啃食叶肉，使叶片仅留下叶脉和表皮。

2. 斑点

这是刺吸性口器害虫危害花卉叶片后留下的特征，如温室白粉虱、叶螨、叶蝉等。

3. 潜道

潜叶蝇等的幼虫危害叶部，常在叶内留下各种形状的潜道。

4. 畸形

有些害虫可使叶部形成虫瘿或伪虫瘿。

5. 枯梢

有些害虫如食叶虫等危害花卉后，可使之形成枯梢。

6. 卷叶或织叶

有些害虫危害花卉叶部后，使叶片纵卷，或将叶片包卷成各种性状。有吐丝织叶习性的害虫，危害后常由丝状物将数片叶粘连在一起。

7. 爬痕

蜗牛、蛞蝓等害虫爬过的茎叶上，当露水干时，常留下灰白色或银白色的爬痕。

8. 虫粪及排泄物

害虫取食后，会排出虫粪或分泌排泄物。如天牛等蛀食花卉茎秆时排出大量虫粪及木渣，蚜虫分泌的蜜露等。

（二）虫害防治

虫害的防治措施参见草花、盆花生长期虫害防治。

知识归纳

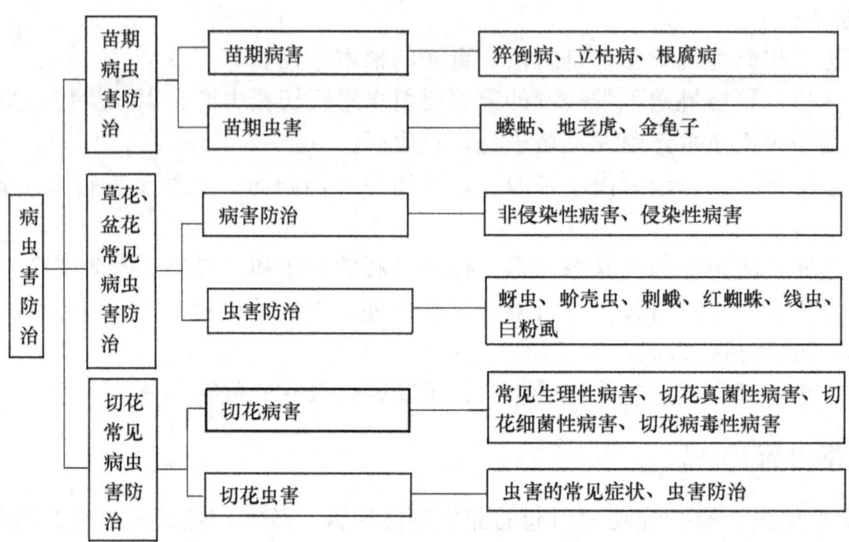

复习思考题

1. 花卉苗期易出现的病害有哪几种？如何防治？
2. 草花、盆花生产中易出现的病虫害有哪些？如何防治？
3. 切花虫害的常见症状有哪些？
4. 切花菊和百合常见生理性病害有哪些？如何防治？
5. 切花病毒病有哪几类？如何防治？

项目6

花卉生产经营与管理

基本任务1　花卉经营与销售

> 知识目标

- 了解花卉的产业结构与经营方式。
- 能根据花卉产品特点，掌握花卉经营策略。

> 能力目标

- 能够分析多方面因素科学预测花卉市场。
- 根据市场预测来确定花卉相关产品的销售渠道及促销方式。

一、花卉的产业结构与经营方式

（一）花卉的产业结构

1. 切花

切花要求生产栽培技术较高。我国切花的生产相对集中在经济较发达的地区，在生产成本较低的地区也有生产。

2. 盆花与盆景

盆花包括家庭用花，室内观叶植物、多浆植物、兰科花卉等，是我国目前生产量最大、应用范围最广的花卉，也是目前花卉产品的主要形式。

盆景也广泛受到人们的喜爱，加上我国盆景出口量逐渐增加，可在出口方便的地区布置生产。

3. 草花

草花包括一、二年生和多年生花卉。应根据市场的具体需求组织生产，一般来说，经济越发达，城市绿化水平越高，对此类花卉的需求量也就越大。

4. 种球

种球生产是以培养高质量的球根花卉的地下营养器官为目的的生产方式，它是培育优良切花和球根花卉的前提条件。

5. 种苗

种苗生产是专门为花卉生产公司提供优质种苗的生产方式。所生产的种苗要求质量优良，规格齐备，品种纯正，是形成花卉产业的重要组成部分。

6. 种子生产

专门的花卉种子公司从事花卉种子的制种、销售和推广，并且肩负着良种繁育、防止品种退化的重任。

（二）花卉经营的特点

1. 专业性

花卉经营必须要有专业机构来组织实施，这是由花卉生产、流通的特点所决定的。花卉经营的专业性还表现在作为花卉生产的部门，每一公司或企业仅对一两种重点花卉进行生产，这样使各生产单位形成自己的特色，进而形成产业优势。

2. 集约性

花卉经营是在一定的空间内最高效地利用人力物力的生产方式，它要求技术水平高，生产设备齐备，在一定范围内扩大生产规划，进而降低生产成本，提高花卉的市场竞争力。

3. 高技术性

花卉经营是以经营有生命的新鲜产品为主题的事业，而这些产品从生产到售出的各个环节中，都要求相应的技术，如花卉采收、分级、包装、贮运等各个环节，都必须严格按照技术规程办事。因此，花卉经营必须要有一套完备的技术做后盾。

（三）花卉的经营方式

1. 专业经营

在一定的范围内，形成规模化，以一、二种花卉为主集中生产，并按照市场的需要进入专业流通的领域。此方式的特点是便于形成高技术产品，形成规模效益，提高市场竞争力，是经营的主题。

2. 分散经营

以农户或小集体为单位的花卉生产，并按自身的特点进入相应的流通渠道。这种方式比较灵活，是地区性生产的一种补充。

二、花卉经营策略

经营策略是指花卉生产企业在经营方针的指导下，为实现企业的经营目标而采取的各种对策，如市场营销策略、产品开发策略等。而经营方针是企业经营思想与经营环境相结合的产物，它规定企业一定时期的经营方向，是企业用于指导生产经营活动的方针，也是解决各种经营管理问题的依据。

花卉同其他商品一样，经营也是以盈利为主，但其在追求经济利益的同时，必须兼顾社会效益。花卉产品的消费最重视优质优价，成本相差不大而质量优良者，可占有良好的市场份额，否则只能在花卉市场中被淘汰。因此，花卉质量是经营管理的重点。优质花卉的生产，需要选择适宜的生长环境，给予花卉植物最适宜的商品。目前一些国际知名花卉公司投巨资进行技术研究，充分发挥技术优势，生产优质产品，来夺取市场上的最大份额，这就是花卉生产企业最基本的经营方针。

经营方针是由经营计划来具体体现的。经营计划的制订，取决于具体的条件，如资金、技

术、市场预测、花卉种类与品种选择等，此外，还要根据选择的花卉种类与品种，确定栽培的地区，包括栽培区的气候、土质、交通运输以及市场、设备物资的供应、劳动力的报酬等。

在花卉生产经营方针的指导下，最有效地利用企业经营计划，确定的地理条件、自然资源和花卉生产的各种要素，合理地组织生产，如进行各项技术研究、开发市场适销产品等，尽一切可能地充分利用自然条件和各种栽培设施，降低成本，生产最优质价廉的花卉产品，并运用各种营销渠道和策略，扩大市场份额，以获得尽可能好的企业经济效益。

三、市场的预测

市场预测是花卉生产企业了解消费者的需求、变化和市场发展趋势作出的预计和推测，用以指导花卉生产经营活动。

（一）市场需求的预测

影响市场需求的因素很多，花卉企业在进行预测时，首先要搞好人口数量、年龄结构及其发展趋势的预测。因为人口数量通常决定某地区的平均消费水平，而人口年龄结构则影响着花卉产品的结构，如青年人居多的城市，对表达爱情寓意的鲜切花产品需求量大。其次是家庭的收入水平，家庭收入水平的高低决定着花卉消费支出占家庭消费支出的比例。此外，风俗习惯也影响花卉产品市场的需求，在市场预测中应加以注意。

（二）市场占有率的预测

市场占有率是指企业的某种产品的销售量或销售额与市场上同类产品的全部销售量或销售额之间的比率。影响市场占有率的因素主要有花卉的品种、质量、价格、花期、销售渠道、包装、保鲜程度、运输方式和广告宣传等。某个企业生产的花卉能否被消费者接受，主要取决于与其他企业生产的同类花卉相比，在质量、价格、花期应时与否、包装等方面处于什么地位，若处于优势，则销售量大，市场占有率高，反之则低。

（三）科技发展的预测

科技发展预测是指预测科学技术的发展对花卉生产的影响，随着现代科技的发展，特别是无土栽培、化学控制、生物技术、无毒种苗繁育工程的发展运用，智能化、自动化温室的建立，花卉生产的工厂化、规模化运作等，对花卉的质量、价格具有决定性的影响。由于新产品质优价廉，进而会挤掉老产品的市场份额。因此，要保证企业长期稳定发展，必须对科学技术发展作出预测，以便及早掌握运用高新技术，开发生产优质产品。

（四）资源预测

资源预测是指花卉企业在生产活动中对所使用的或将要使用的资料的保证程度和发展趋势的预测。资源供应直接关系到花卉的生产，是花卉生产发育所必需的，如栽培基质、栽培容器、电力、煤、油、水等。资源预测包括资源的需要量、潜在量、可供应量、可利用量和可代用量等。资源供应不仅影响花卉的生产发育，而且花卉生产成本也会受到一定的影响。

四、产品的营销渠道

花卉产品的营销是指花卉生产者和消费者转移所经过的途径，是花卉生产发展的关键。产品的主要营销渠道是花卉市场和花店，进行花卉的批发和零售。

（一）花卉市场

花卉市场是花卉生产者、经营者和消费者从事商品交换活动的场所。花卉市场的建立，可以促进花卉生产和经营活动的发展，促使花卉生产逐步形成产、供、销一条龙的生产经营网络。目前，国内的花卉市场建设，已有较好的基础。遍布城镇的花店、前店后场式区域性市场、具有一定规模和档次的批发市场，承担了80%的交易量。我国在北京建立了国内的第一家大型花卉拍卖市场——北京莱太花卉市场交易中心后，又在云南建成了云南国际花卉拍卖中心，该市场以荷兰阿斯米尔鲜切花拍卖市场为蓝本进行运作，并通过这种先进的花卉营销模式推动整个花卉产业的发展，促进云南花卉尽快与国际接轨，力争发展成为中国乃至亚洲最大的花卉交易中心。

花卉拍卖市场是花卉交易市场的发展方向，它可实现生产与贸易的分工，可减少中间环节，有利于公平竞争，使生产者和经营者的利益得到保障。

（二）花店经营

花店属于花卉的零售市场，是直接将花卉卖给消费者。花店经营者应根据市场动态因地制宜地运用营销策略，紧跟时代潮流选择花色品种，想顾客所想，将生产做好、做活。

1. 花店经营的可行性

开设花店前，应对花店经营与发展情况做好市场调查分析，作出可行性报告。报告的数据主要包括所在地区的人口数量、年龄结构，同类相关的花店，交通情况，本地花卉的产量与消费者，外地花卉进入本地的渠道及费用等。可行性报告应解决的问题有花卉如何促销，花卉市场如何开拓，向主要用花单位如何取得供应权，训练花店人员和扩展连锁店等，同时，还应根据市场调查确定花店的经营形式、花店的规模、花店的外观设计等。

2. 花店经营形式

花店经营形式可分为一般水平或高档水平，一般零售或批零兼营，零售兼花艺服务等。经营者应根据市场情况、服务对象及自身技术水平确定适当的经营形式。

3. 花店的经营规模

花店经营规模应根据市场消费量和本地自产花卉量确定，如花木公司可在城市郊区，建立大型花圃，作为花卉的生产基地，主要生产各种盆花、各式盆景和鲜切花，在市中心设立中心花店，进行花卉的批发和零售业务。个人开设花店可根据花店所处的位置和环境，确定适当的规模，切不可盲目经营。

4. 花店门面装饰

花店的门面装饰要符合花卉生长发育规律，最好将花店建造得如同现代化温室，上有透明的天棚和能启闭自如的遮阳系统，四旁为落地明窗，中央及四周为梯级花架。出售的花卉明码标价，任凭顾客开架选购，出口为花卉结算付款处。为保持鲜花新鲜度，盆花除要定期浇喷水外，还应设立喷雾系统，以保持一定的空气湿度，并通风良好，冬季有保温设施，夏季有降温设备，四季如春，终年鲜花盛开，花香扑鼻。

5. 花店的经营项目

花店的经营项目常见的有鲜花（盆花）的零售与批发，花卉材料的零售与批发，如培养土、花肥、花药等，缎带、包装纸、礼品盒等的零售服务，花艺设施与外送各种礼品花的服务，室内花卉装饰及养护管理，花卉租摆业务，婚丧喜事的会场，环境布置，花艺培训，花艺期刊、书籍的发售，花卉咨询及其他业务等。

经营花店有许多实务工作要做，鲜花的采购是确保品质的第一步，鲜花的保鲜不仅影响鲜花的质量，而且关系到花店的形象。

此外，还有多种营销花卉的渠道，如超级市场设立鲜花柜台、饭店内设柜台、集贸市场摆摊设点、电话送花上门服务、鲜花礼仪电报等。

五、产品的促销

产品的促销是指运用各种方式和方法，向消费者传递产品信息，激发出购买欲望，促进其购买的活动过程。

1）要正确分析市场环境，确定适当的促销形式。花卉市场比较集中，应以人员推销为主，它既能发挥人员推销的作用，又能节省广告宣传费用。市场比较分散，则宜用广告宣传，以快速全方位地把信息传递给消费者。

2）应根据企业实力确定促销形式。企业规模小，产量小，资金不足，应以人员推销为主；反之，则以广告为主，人员推销为辅。

3）还应根据花卉产品的性质来确定。鲜切花、应时盆花，生命周期短，销售时效性强，多选用人员推销的策略。对盆景、大型高档盆栽等商品，应通过广告宣传、媒体介绍来吸引客户。

4）根据产品的寿命周期确定产品的促销形式。竞争激烈，多用公共关系手段，以突出产品和企业的特点；产品成熟饱和期，质量、价格等趋于稳定，宣传重点应针对消费者，保护和争取客户。此外，产品的促销还可举办各种花卉展览，花卉知识讲座和咨询活动，引导人们消费。

总之，花卉经营者应根据企业内外环境，采取合理的促销形式，以扩大花卉经营领域，维持和提高产品的市场占有率。

基本任务2　花卉生产管理

➢ 知识目标

- 了解花卉的市场需求信息和生产现状。
- 能根据花卉产品特点，掌握花卉的生产管理方式。

➢ 能力目标

- 掌握独立制订花卉生产计划的能力。
- 根据花卉销售情况，能进行花卉生产成本核算。

一、花卉生产计划制订

花卉生产计划是花卉生产企业经营计划中的重要组成部分，通常是对花卉企业在计划期内的生产任务作出统筹安排，规定计划期内生产的花卉品种、质量及数量等指标，是花卉日常管理工作的依据。生产计划是根据花卉生产的性质，花卉生产企业的发展规划、生产需求

和市场供求状况来制订的。

制订花卉生产计划的任务就是充分利用花卉生产企业的生产能力和生产资源，保证各类花卉在适宜的环境条件下生产发育，进行花卉的周年供应，保质、保量、按时提供花卉产品，并按期限完成订货合同，满足市场需求，尽可能地提高生产企业的经济效益，增加利润。

花卉生产计划通常有年度计划、季度计划和月份计划，对花卉年度、季度、月份的花事做好安排，并做好跨年度花卉连续生产。

生产计划的内容包括花卉的种植计划、技术措施计划、用工计划、生产用物资供应计划及产品销售计划等。其具体内容为种植花卉的种类与品种、数量、规格、供应时间、工人工资、生产所需材料、种苗、肥料农药、维修及产品收入和利润等。季度和月份计划是保证年度计划实施的基础。在生产计划实施过程中，要经常督促和检查计划的执行情况，以保证生产计划的落实完成。

花卉生产是以盈利为目的的，生产者要根据每年的销售情况、市场变化、生产设施等，及时对生产计划作出相应的调整，以适应市场经济的发展变化。

二、花卉生产技术管理

（一）花卉生产技术管理概述

花卉生产技术管理是指花卉生产中对各项技术活动过程和技术工作的各种要素进行科学管理的总称。

技术工作的各种要求包括：技术人才、技术装备、技术信息、技术文件、技术资料、技术档案、技术标准规程、技术责任制等技术管理的基础工作。

技术管理是管理工作中重要的组成部分。加强技术管理，有利于建立良好生产秩序，提高技术水平，提高产品质量，降低产品成本等，尤其是现代大规模的工厂化花卉生产，对技术的组织、运用工作要求更为严格，技术管理就越显重要。但技术管理主要是对技术工作的管理，而不是技术本身。企业生产效果的好坏决定于技术水平，但在相同的技术水平条件下，如何发挥技术，则取决于对技术工作的科学组织及管理。

（二）花卉生产技术管理的特点

1. 多样性

花卉种类繁多，各类花卉有其不同的生产技术要求，业务涉及面广，如花卉的繁殖、生长、开花、花后的贮藏、销售、花卉应用及养护管理等。形式多样的业务管理，必然带来不同的技术和要求，以适应花卉生产的需要。

2. 综合性

花卉的生产与应用，涉及众多学科领域，如植物与植物生理、植物遗传育种、土壤肥料、农业气象、植物保护、规划设计等。因此，花卉技术管理具有综合性。

3. 季节性

花卉的繁殖、栽培、养护等均有较强的季节性，季节不同，采用的各项技术措施也相应不同，同时还受自然因素和环境条件等多方面的制约。为此，各项技术措施要相互结合，才能发挥花卉生产的效益。

4. 阶段性与连续性

花卉有其不同的生产发育阶段，不同的生长发育阶段要求不同的技术措施，如育苗期要

求苗全、苗壮及成苗率高，栽植期要求成活率高，养护管理则要求保存率高和发挥花卉功能。各阶段均具有各自的质量标准和技术要求，但在整个生长发育过程中，各阶段不同的技术措施又不能截然分开，每一个阶段的技术直接影响下一阶段的生长，而下一阶段的生长又是上一阶段技术的延续，每个阶段都密切相关，具有时间上的连续性，缺一不可。

（三）花卉生产技术管理的任务

1. 要符合科学技术规律

花卉技术管理要符合花卉生长发育的规律，遵循科学技术的原理，用科学的态度和科学的工作方法进行技术管理。

2. 要切实贯彻国家技术政策

认真执行国家对花卉生产及涉及花卉生产所规定的技术发展方向和技术标准。

3. 要讲求技术工作的综合效益

花卉技术管理工作一定要最大限度地发挥社会效益、经济效益和环境效益，同时要求在管理工作中力求节俭，以降低管理费用。

（四）花卉生产技术管理的内容

1. 建立健全技术管理体系

其目的在于加强技术管理，提高技术管理水平，充分发挥科学技术优势。大型花卉生产企业（公司）可设以总工程师为首的三级技术管理体系，即公司设总工程师和技术部（处），部（处）设主任工程师和技术科，技术科内设各类技术人员。小型花卉企业可不设专门机构，但要设专人负责，负责企业内部的技术管理工作。

2. 建立健全技术管理制度

（1）技术责任制　为充分发挥各级技术人员的积极性和创造性，应赋予他们一定的职权和责任，以便很好地完成各自分管范围内的技术任务。其一般分为技术领导责任制、技术管理机构责任制，技术管理人员责任制和技术员技术责任制。

（2）制定技术规范及技术规程　技术规范是对生产质量、规格及检验方法作出的技术规定，是人们在生产中从事活动的统一技术准则。技术规程是为了贯彻技术规范对生产技术各方面所作的技术规定。技术规范是技术要求，技术规程是要达到的手段。技术规范及规程是进行技术管理的依据和基础，是保证生产秩序、产品质量、提高生产效益的重要前提。

技术规范可分为国家标准、行业标准及企业标准，而技术规程是在保证达到国家技术标准的前提下，可以由各地区、部门、企业根据自身的实际情况和具体条件，自行制定执行。

三、生产成本核算管理

花卉种类繁多，生产形式多样，其生产成本核算也不尽相同，通常在花卉成本核算中分为单株、单盆的成本核算和大面积种植花卉的成本核算。

（一）单株、单盆的成本核算

单株、单盆的成本核算，采用的方法是单件成本法，核算过程是根据单件产品设成本计算单，即将单盆、单株的花卉生产所消耗的一切费用，全都归集到该项产品成本计算单上。单株、单盆花卉成本费用一般包括种子购买价值，培育管理中耗用的设备及肥料、农药、栽培容器的价值，栽培管理中支付的工人工资，以及其他管理费用等。

（二）大面积种植花卉的成本核算

进行大面积种植花卉的成本核算，首先要明确成本核算的对象。成本核算对象就是承担成本费用的产品，其次是对产品生产过程耗费的各种费用进行认真的分类。其费用按生产费用要素可分为：

1）原材料费用：包括购入种苗的费用，在生长期间所施用的肥料和农药等。

2）燃料动力费用：包括花卉生产中进行的机械作业、排灌作业、遮阳、降温、加温供热所耗用的燃料费、燃油费和电费等。

3）生产及管理人员的工资及附加费用。

4）折旧费：在生产过程中使用的各种机具及生产设备按一定折旧率提取的折旧费用。

5）废品损失费用：在生产过程中，未达到产量质量要求的，应由成品花卉负担的费用。

6）其他费用：指管理中耗费的其他支出，如差旅费、技术资料费、邮电通讯费、利息支出等。

7）花卉生产成本：花卉生产成本项目见表6-1。

表6-1　花卉生产成本项目

项目 名称	种子	花盆	基质	肥料	农药	机械作业费	排灌作业费	工人工资	设备折旧费	废品损失	其他支出	成本合计	成品数量	单位成本

花卉生产管理中，可制成花卉成本项目表，科学地组织好费用汇集和费用分摊，以及总成本与单位成本的计算，还可通过成本项目表分析产品成本的构成，寻求降低花卉成本的途径等。

四、花卉的分级包装

花卉的分级包装是花卉产业贮运销的重要环节之一。花卉分级包装的好坏直接影响花卉的品质和交易价格。分级包装工作做得好，很容易激发消费者购买的欲望，提高消费者的购买信心，促进产品市场销售。

（一）盆花

1. 分级和定价

出售的盆花应根据运输路途的远近，运输工具的速度以及气候条件等情况，选择花朵适度开放的盆花准备出售，然后按照品种、株龄和生长情况，结合市场行情定价。

观花类盆花主要分级依据是株龄的大小、花蕾的大小和着花的多少。观叶类盆花大多按照主干或株丛的直径、高度冠幅的大小、株形以及植株的丰满程度来分级，而苏铁及棕榈状乔木树种，则常按老桩的重量及叶片的数目来分级，观果类花卉主要根据每盆植株上挂果的数量，确定出售价格。出售或推广优良品种时，价格可高些。

2. 包装

盆花在出售时大多数不需要严格的包装。大型木本或草本盆花在外运时需将枝叶拢起绑扎，以免在运输途中折断或损伤叶片。幼嫩的草本盆花在运输中容易将花朵碰损或振落，有的需要用软纸把它们包裹起来，有的则需设立支柱绑扎，以减少运输途中晃动。

用汽车运输时，在车厢内应铺垫碎草或沙土，否则容易把花盆颠碎。用火车作长途运输时，都必须装入竹筐或木框，盆间的空隙用毛纸或草填衬好，对于一些怕相互挤压的盆花，

还要用钢丝把花盆和筐、框加以连接固定。

瓜叶菊、蒲包花、四季海棠、紫罗兰、樱草等小型盆花，在大量外运时为了减轻体积和重量，大多脱盆外运，并且用厚纸逐棵包裹，然后依次横放在大木框或网篮内，共可摆放3～5层。各类桩景或盆花则应装入牢固的透孔木箱内，每箱1～3盆，周围用毛纸垫好并用钢丝固定，盆土表面还应覆盖青苔保温。

包装外的标签必须易于识别，要写清楚必要的信息，如生产者、包装场、生产企业的名称，种类、品种或花色等。若为混装，标记必须写清楚。

（二）切花

1. 分级

切花的分级通常是以肉眼评估，主要基于总的外观，如切花形态、色泽、新鲜度和健康状况，其他品质测定包括物理测定和化学测定，如花茎长度、花朵直径、每朵花序中小花数量和重量等。在田间剪取花枝时，应同时按照大小和优劣把它们分开，区分花色品种，并按一定的记数单位把它们放好，以减少费用和损失。

2. 包装

出场的切花要按品种、等级和一定的数量捆扎成束，捆扎时既不要使花束松动，也不宜太紧将花朵挤伤。每捆的记数单位因切花的种类和各地的习惯而不同，通常根据切花大小或购买者的要求以10、12、15或更多捆扎成束。总之，凡是花形大、比较名贵和容易碰损的切花，每束的支数要少，反之每束的支数可多。

大多数切花包装在用聚乙烯或抗湿纸衬里的双层纤维板箱或纸箱中，以保持箱内的湿度。包装时应小心地将用耐湿纸或塑料套包裹的花束分层交替、水平放置于箱内，各层间要放置衬垫，以防压伤切花，直至放满。对向性弯曲敏感的切花，如水仙、唐菖蒲、小菖兰、金鱼草等，应以垂直状态贮运。

知识归纳

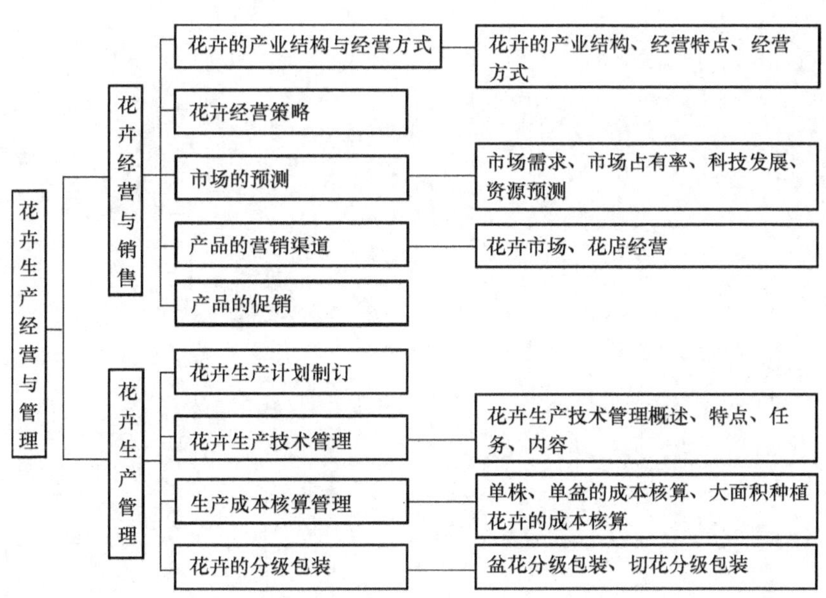

复习思考题

1. 花卉产品的营销渠道有哪些？怎样做好花店经营的可行性研究报告？
2. 花卉经营的特点有哪些？
3. 作为一个花卉公司的经理，怎样做才能盈利？采取怎样的花卉生产及经营管理措施？
4. 盆花和切花如何进行分级包装？

参考文献

[1] 曹春英．花卉栽培[M]．北京：中国农业出版社，2001.
[2] 许荣彦．花卉学[M]．北京：中国林业出版社，2002.
[3] 吴志华．花卉生产技术[M]．北京：中国林业出版社，2003.
[4] 陈健辉．观赏园艺[M]．广州：广东科技出版社，2004.
[5] 李景侠，康永祥．观赏植物学[M]．北京：中国林业出版社，2005.
[6] 钟秀媚．DIY 手册：秋冬篇[M]．广州：广东科技出版社，2001.
[7] 刘艳．园林花卉学[M]．北京：中国林业出版社，2003.
[8] 芦建国，杨艳容．园林花卉[M]．北京：中国林业出版社，2007.
[9] 王秀娟，张兴．园林植物栽培技术[M]．北京：化学工业出版社，2007.
[10] 金为民．土壤肥料[M]．北京：中国农业出版社，2001.
[11] 赵祥云，侯芳梅，陈沛仁．花卉学[M]．北京：气象出版社，2001.
[12] 刘燕．园林花卉学[M]．北京：中国林业出版社，2003.
[13] 张福墁．设施园艺学[M]．北京：中国农业大学出版社，2001.
[14] 宛成刚．花卉栽培学[M]．上海：上海交通大学出版社，2002.
[15] 刘庆华．花卉栽培学[M]．北京：中国广播电视大学出版社，2001.
[16] 古润泽．高级花卉工培训考试教程[M]．北京：中国林业出版社，2006.
[17] 陈卫元．花卉栽培[M]．北京：化学工业出版社，2005.
[18] 彭东辉．园林景观花卉学[M]．北京：机械工业出版社，2008.
[19] 王三根．常见花卉调控保鲜贮藏实用技术[M]．北京：金盾出版社，2005.
[20] 付玉兰．花卉学[M]．北京：中国农业出版社，2001.
[21] 刘会超，等．花卉学[M]．北京：中国农业出版社，2006.
[22] 毛洪玉．园林花卉学[M]．北京：化学工业出版社，2005.
[23] 岳桦．园林花卉[M]．北京：高等教育出版社，2006.
[24] 包满珠．花卉学[M]．北京：中国农业出版社，2003.
[25] 陈俊愉．中国花卉品种分类学[M]．北京：中国林业出版社，2001.
[26] 刘金海，等．观赏植物栽培[M]．北京：高等教育出版社，2005.
[27] 古润泽．中级花卉工培训考试教程[M]．北京：中国林业出版社，2006.
[28] 刁慧琴，居丽．花卉布置艺术[M]．南京：东南大学出版社，2001.
[29] 魏钰，等．花境设计与应用大全[M]．北京：北京出版社，2006.
[30] 戴文平，等．一串红栽培管理技术[J]．现代农业科技，2007（3）：22-24.
[31] 郑秀珍．一串红的栽培及花期控制[J]．湖北林业科技，2005，131（1）：56-57.
[32] 廖继红，等．鸡冠花主要病害的综合防治[J]．江西园艺，2001（1）：36-37.
[33] 吴玉堂．金盏菊栽培技术[J]．中国林副特产，2007，90（5）：56.
[34] 赵淑君．玉簪的栽培技术[J]．中国林副特产，2006（2）：54.
[35] 张扬城，等．三色堇的生物学特征特性及栽培技术特点[J]．福建农业科技，2006（5）：49.
[36] 张晓平，等．万寿菊栽培技术[J]．北方园艺，2007（6）：192-193.
[37] 张伟详，等．万寿菊栽培技术[J]．现代农业科技，2007（19）：67.
[38] 刘文华．矮牵牛育苗及栽培养护技术[J]．山西农业，2006（2）：55-51.